A VIDA
NO LIMITE

CB004875

A VIDA NO LIMITE

*Como o mundo quântico se comporta
quando ninguém está olhando*

Jim Al-Khalili
Johnjoe McFadden

TRADUÇÃO
Maria Beatriz de Medina

Título original em inglês: *Life on the Edge: The Coming of Age of Quantum Biology*
Original English language edition first published by Transworld Publishers
Text copyright © Jim Al-Khalili and Johnjoe McFadden, 2014
Copyright desta edição © Editora Edgard Blucher Ltda., 2016
Line illustrations HL Studios

1ª reimpressão – 2019

Publisher Edgard Blücher
Editor Eduardo Blücher
Produção editorial Bonie Santos, Camila Ribeiro, Isabel Silva
Diagramação Maurelio Barbosa | designioseditoriais.com.br
Preparação de texto Bárbara Waida
Revisão de texto Davi Miranda
Capa Leandro Cunha

Blucher

Rua Pedroso Alvarenga, 1245, 4º andar
04531-934 – São Paulo – SP – Brasil
Tel.: 55 11 3078-5366
contato@blucher.com.br
www.blucher.com.br

Segundo o Novo Acordo Ortográfico, conforme
5. ed. do *Vocabulário Ortográfico da Língua
Portuguesa*, Academia Brasileira de Letras,
março de 2009.

FICHA CATALOGRÁFICA

Al-Khalili, Jim
    A vida no limite: como o mundo quântico se comporta
quando ninguém está olhando / Jim Al-Khalili, Johnjoe
McFadden; tradução de Maria Beatriz de Medina. – São
Paulo: Blucher, 2016.
    424 p.: il.

    Bibliografia
    ISBN 978-85-212-1048-1
    Título original: *Life on the Edge: The Coming of Age of
Quantum Biology*

    1. Biologia 2. Bioquímica quântica 3. Evolução (Bio-
logia) 4. Teoria quântica I. Título II. McFadden, Johnjoe
III. Medina, Maria Beatriz de

16-0202   CDD 572.36

Índices para catálogo sistemático:
1. Bioquímica quântica

Para
Penny e Ollie
Julie, David e Kate

Sumário

Agradecimentos

Este livro levou três anos para ser escrito, embora durante quase duas décadas os autores tenham colaborado na pesquisa desse campo novo e empolgante que une a física quântica, a bioquímica e a biologia. Mas, quando se trata de uma área da ciência tão interdisciplinar quanto a biologia quântica, é impossível se especializar a ponto de explicar com profundidade e confiança suficientes toda a ciência necessária para pintar o quatro completo – ainda mais quando se vai escrever o primeiríssimo livro sobre o tema para o público leigo.

É verdade, sem dúvida, que nenhum dos autores conseguiria escrever este livro sozinho, uma vez que cada um de nós contribuiu com nossos conhecimentos sobre os mundos, respectivamente, da física e da biologia. É mais verdade ainda que não seríamos capazes de produzir este livro, do qual ambos nos orgulhamos imensamente, sem a ajuda e a orientação de muita gente, na maioria líderes mundiais em suas áreas de pesquisa.

Somos gratos a Paul Davies por muitas discussões frutíferas que teve conosco nos últimos quinze anos sobre a mecânica quântica e sua possível relevância na biologia. Também somos gratos aos muitos físicos, químicos e biólogos que vêm dando grandes passos nesse novo campo e cuja experiência e profundo conhecimento de suas áreas de especialização não tínhamos nem temos. Especificamente, agradecemos a Jennifer Brookes, Gregory Engel, Adam Godbeer, Seth Lloyd, Alexandra Olaya-Castro, Martin Plenio, Sandu Popescu, Thorsten Ritz, Gregory Scholes, Nigel Scrutton, Paul Stevenson, Luca Turin e Vlatko Vedral. Também queremos agradecer a Mirela Dumic, coordenadora do Institute of Advanced Studies (IAS; Instituto de Estudos Avançados, em português) da Universidade de Surrey, que, quase sozinha, organizou naquela cidade, em 2012, nossa oficina internacional "Quantum Biology: Current Status and Opportunities" (Biologia quântica: situação atual e oportunidades), um grande sucesso financiado conjuntamente pelo IAS, pelo BBSRC (Biotechnology and Biological Sciences Research Council, ou Conselho de Pesquisa em Biotecnologia e Ciências Biológicas) e pelo projeto MILES (Models and Mathematics in Life and Social Sciences, ou Modelos e Matemática nas Ciências da Vida e Sociais). Essa oficina reuniu muitos personagens importantes – este ainda é um campo em surgimento e o número dos que trabalham nele é relativamente pequeno – envolvidos hoje na pesquisa em biologia quântica no mundo inteiro e nos ajudou a sentir que realmente fazíamos parte dessa empolgante comunidade de pesquisa.

Quando o livro estava na fase de rascunho, pedimos a vários colegas supracitados que lessem e nos dessem sua opinião. Portanto, somos especialmente gratos a Martin Plenio, Jennifer Brookes, Alexandra Olaya-Castro, Gregory Scholes, Nigel Scrutton e Luca Turin. Também gostaríamos de agradecer a Philip Ball, Pete Downes e Greg Knowles por lerem o rascunho final, no todo ou em parte, e fazerem tantos comentários úteis e pertinentes que melhoraram tremendamente o livro. Um grande muito obrigado vai para nosso agente Patrick Walsh, sem o qual o livro não decolaria, e para Sally

Gaminara, da Random House, por sua fé em nós e por ficar tão empolgada com o projeto. Um "muito obrigado" ainda maior tem de ir para Patrick e Carrie Plitt, da Conville & Walsh, pelos conselhos e sugestões sobre a estrutura e o formato do livro e por ajudarem a moldá-lo numa versão final que fica a anos-luz de distância de seu desajeitado estado inicial. Também somos gratos a Gillian Somerscales pela genialidade editorial.

Finalmente, e com a mesma importância, desejamos agradecer a nossas famílias o apoio irrestrito, principalmente naqueles períodos em que precisávamos cumprir prazos impostos por nós ou pelos editores e tivemos de pôr de lado todos os outros compromissos e nos isolar com nossos *laptops*. Perdemos a conta das noites, dos fins de semana e das férias em que a biologia quântica teve que ficar em primeiro lugar. Esperamos que o livro valha a pena.

Por nós dois e pelo novo campo da biologia quântica, esperamos que essa jornada tenha apenas começado.

Jim Al-Khalili e Johnjoe McFadden

Agosto de 2014

1. Introdução

Este ano, o gelo do inverno chegou cedo à Europa, e há um frio penetrante no ar da noite. Bem no fundo da mente de uma jovem fêmea de pisco-de-peito-ruivo, a sensação de propósito e decisão, antes vaga, fica mais forte.

O passarinho passou as últimas semanas devorando muito mais que o quinhão normal de insetos, aranhas, minhocas e frutinhas, e agora pesa quase o dobro de quando sua ninhada voou do ninho em agosto. Esse peso a mais é principalmente uma reserva de gordura, da qual ela precisará como combustível na árdua viagem que está prestes a começar.

Essa será sua primeira migração para longe da floresta de abetos no centro da Suécia, onde passou toda a sua curta vida e onde criou seus filhotinhos poucos meses antes. Para sua sorte, o inverno anterior não foi rigoroso demais, pois um ano antes ela ainda não estava adulta e não teria força suficiente para uma viagem tão longa. Mas agora, com as responsabilidades maternas encerradas até a próxima primavera, ela só precisa pensar em si e está pronta para fugir do inverno iminente, seguindo para o sul em busca de um clima mais quente.

Passaram-se algumas horas desde o pôr do sol. Em vez de se instalar para dormir, ela saltita na escuridão crescente até a ponta de um galho perto da base da árvore imensa que se tornou seu lar desde a primavera. Ela sacode rapidamente o corpo, como o maratonista que relaxa os músculos antes da corrida. O peito alaranjado brilha ao luar. Agora, o esforço e o cuidado meticulosos investidos na construção do ninho – a pouca distância dali, parcialmente escondido junto à casca coberta de musgo do tronco da árvore – são uma lembrança apagada.

Ela não é o único passarinho que se prepara para partir, pois outros piscos-de-peito-ruivo, machos e fêmeas, também decidiram que esta é a noite certa para começar a longa migração para o sul. Nas árvores em volta, ela ouve o canto alto e agudo que abafa os sons comuns das outras criaturas noturnas do bosque. É como se as aves se sentissem obrigadas a anunciar a partida, enviando aos outros habitantes da floresta a mensagem de que é melhor pensar duas vezes antes de invadir o território e os ninhos vazios dos passarinhos enquanto estiverem fora. Porque esses piscos certamente planejam voltar na primavera.

Ela vira rapidamente a cabeça de um lado para o outro para se certificar de que o caminho está livre e sobe no céu noturno. As noites têm ficado mais longas com o avanço do inverno, e ela tem pela frente umas boas dez horas de voo até poder descansar de novo.

Ela parte num rumo de 195° (15° a oeste do sul propriamente dito). Nos próximos dias, ela continuará voando mais ou menos na mesma direção e percorrerá uns trezentos quilômetros num dia bom. Ela não tem ideia do que esperar durante a viagem nem a mínima noção de quanto tempo levará. O terreno em torno do bosque de abetos é conhecido, mas depois de alguns quilômetros ela estará sobrevoando uma paisagem estrangeira enluarada, com lagos, vales e cidades.

Em algum ponto próximo ao Mediterrâneo, ela chegará a seu destino; embora não vá para nenhum local específico, quando chegar a um ponto favorável, ela vai parar e decorar os marcos locais para retornar em anos vindouros. Se tiver forças, pode até mesmo chegar ao litoral norte da África. Mas essa é sua primeira migração, e agora a única prioridade é escapar do frio penetrante do inverno nórdico que se aproxima.

Ela parece não perceber os piscos em torno, todos voando mais ou menos na mesma direção, alguns dos quais já fizeram a viagem muitas vezes. Sua visão noturna é excelente, mas ela não procura nenhum marco geográfico – como faríamos nós se empreendêssemos uma jornada dessas – nem acompanha o padrão das estrelas no limpo céu noturno consultando seu mapa celeste interno, como fazem muitos outros pássaros que migram à noite. Em vez disso, ela tem uma habilidade extraordinária e vários milhões de anos de evolução a agradecer pela capacidade de fazer a migração anual de outono, uma viagem de mais de três mil quilômetros.

É claro que a migração é comum no reino animal. Todo inverno, por exemplo, o salmão desova nos rios e lagos do norte da Europa e deixa alevinos que, depois de eclodirem, seguem o curso do rio até o mar e chegam ao norte do Atlântico, onde crescem e amadurecem; três anos depois, esses jovens salmões voltam para desovar nos mesmos rios e lagos onde nasceram. As borboletas-monarcas do Novo Mundo migram milhares de quilômetros para o sul no outono, atravessando os Estados Unidos de ponta a ponta. Então, elas ou seus descendentes (já que procriarão pelo caminho) retornam ao norte, às mesmas árvores onde foram pupas na primavera. As tartarugas-verdes das praias da ilha de Ascensão, no sul do Atlântico, nadam milhares de quilômetros pelo oceano antes de voltar, de três em três anos, para procriar na mesmíssima praia cheia de cascas de ovos de onde eclodiram. A lista continua: muitas espécies de pássaros, baleias, caribus, lagostas, rãs, salamandras e até abelhas são capazes de realizar viagens que seriam um desafio para os maiores exploradores humanos.

O modo como os animais conseguem se orientar pelo globo tem sido um mistério há séculos. Hoje sabemos que eles empregam vários métodos: alguns usam navegação solar durante o dia e navegação celeste à noite; alguns decoram marcos geográficos; outros conseguem até *farejar* o caminho pelo planeta. Mas o sentido de navegação mais misterioso de todos é o do pisco-de-peito-ruivo: a capacidade de perceber a direção e a intensidade do campo magnético da Terra, chamada de magnetorrecepção. E, embora hoje conheçamos algumas outras criaturas com essa capacidade, o modo como o pisco-de-peito-ruivo (*Erithacus rubecula*) encontra seu caminho pelo globo é o que mais interessa em nossa história.

O mecanismo que permite à nossa fêmea de pisco saber em que direção e até onde voar está codificado no DNA que herdou dos pais. Essa capacidade é sofisticada e incomum: um *sexto sentido* que ela usa para traçar sua rota. Afinal, como muitos outros pássaros, e até insetos e criaturas marinhas, ela tem a habilidade de perceber o fraco campo magnético da Terra e tirar dele informações direcionais usando um sentido de navegação embutido, que, em seu caso, exige um tipo inovador de bússola química.

A magnetorrecepção é um enigma. O problema é que o campo magnético da Terra é fraquíssimo, entre 30 e 70 microteslas na superfície: o suficiente para mover a agulha de uma bússola, delicadamente equilibrada e quase sem fricção, mas com apenas cerca de um centésimo da força de um ímã de geladeira comum. Isso nos apresenta um enigma: para ser percebido por um animal, o campo magnético da Terra precisa influenciar de algum modo uma reação química num ponto do corpo do animal; afinal de contas, é assim que todas as criaturas vivas – nós, inclusive – sentem qualquer sinal externo. Mas a energia fornecida pela interação do campo magnético da Terra com as moléculas dentro de células vivas é menos de um bilionésimo do necessário para romper ou formar ligações químicas. Então, como o campo magnético é percebido pelo pisco?

Os mistérios, por menores que sejam, são fascinantes, porque há sempre a possibilidade de que sua solução provoque uma mudança fundamental em nosso entendimento do mundo. Por exemplo, no século XVI, as ponderações de Copérnico sobre um problema relativamente menor da geometria do modelo geocêntrico do sistema solar o levaram a deslocar o centro de gravidade de todo o universo para longe da humanidade. A obsessão de Darwin com a distribuição geográfica das espécies animais e com o mistério das espécies de tentilhões e mimídeos que, em ilhas isoladas, tendem a ser tão especializadas o levou a propor a teoria da evolução. E a solução do físico alemão Max Planck para o mistério da radiação de corpo negro, relativo ao modo como objetos quentes emitem calor, levou-o a sugerir que a energia era emitida em lotes discretos chamados "quanta", o que trouxe o nascimento da teoria quântica no ano de 1900. Será que a solução do mistério de como as aves acham o caminho pelo globo provocaria uma revolução na biologia? A resposta, por mais estranho que pareça, é: sim.

Mas mistérios como esse também são um ponto de encontro de místicos e pseudocientistas; como o químico de Oxford Peter Atkins afirmou em 1976, "o estudo dos efeitos do campo magnético sobre as reações químicas tem sido há tempos local de estripulias de charlatães".[1] Na verdade, explicações exóticas de todos os tipos, da telepatia e das antigas linhas de Ley (vias invisíveis que interligam vários sítios arqueológicos e geográficos supostamente dotados de energia espiritual) ao conceito de "ressonância mórfica" inventado pelo controverso parapsicólogo Rupert Sheldrake, foram propostas em algum momento como mecanismos usados pelas aves migratórias para se orientar ao longo das rotas. Portanto, as reservas de Atkins na década de 1970 são compreensíveis e refletem o ceticismo predominante nos cientistas da época diante de qualquer sugestão de que os animais fossem capazes de sentir o campo magnético da Terra. Simplesmente parecia não haver nenhum mecanismo molecular que permitisse a um animal uma coisa dessas – pelo menos, não no campo da bioquímica convencional.

Mas, no mesmo ano em que Peter Atkins declarou seu ceticismo, Wolfgang e Roswitha Wiltschko, um casal de ornitologistas alemães de Frankfurt, publicaram um artigo inovador na *Science*, uma das principais revistas acadêmicas do mundo, que determinava, sem sombra de dúvida, que os piscos realmente conseguem perceber o campo magnético da Terra.[2] De modo ainda mais extraordinário, eles demonstraram que esse sentido dos pássaros não funcionava do mesmo modo que as bússolas normais, pois, enquanto as bússolas revelam a diferença entre os polos magnéticos norte e sul, o pisco só consegue distinguir o polo do Equador.

Para entender como uma bússola dessas funciona, precisamos considerar as linhas do campo magnético, as trilhas invisíveis que definem sua direção e com as quais a agulha da bússola se alinha quando colocada em algum ponto desse campo – que conhecemos melhor como o padrão formado pela limalha de ferro em cima de uma folha de papel posta sobre um ímã retangular. Agora, imagine a Terra inteira como um ímã retangular gigantesco, com as linhas do campo saindo do polo sul e se irradiando para fora, curvando-se em alças e entrando no polo norte (Figura 1.1). Perto de cada polo, a direção dessas linhas é quase vertical, entrando no chão ou saindo dele, mas elas ficam mais planas e quase paralelas à superfície do planeta conforme se aproximam do Equador. Assim, uma bússola que meça o ângulo de inclinação entre as linhas do campo magnético e a superfície da Terra, a chamada *bússola de inclinação*, permite distinguir o sentido do polo e o sentido do Equador; mas não permite distinguir os polos norte e sul, já que as linhas do campo formam com o chão o mesmo ângulo nas duas extremidades do globo. O estudo de 1976 dos Wiltschko determinou que a percepção magnética do pisco funcionava exatamente como uma bússola de inclinação. O problema era que ninguém fazia ideia de como essa bússola de inclinação biológica funcionaria, porque na época não havia nenhum mecanismo conhecido, nem mesmo concebível, para explicar como o ângulo de inclinação do campo magnético da Terra poderia ser percebido dentro do corpo de um animal. A resposta estava numa das teorias científicas mais espantosas dos tempos modernos e tinha a ver com a estranha ciência da mecânica quântica.

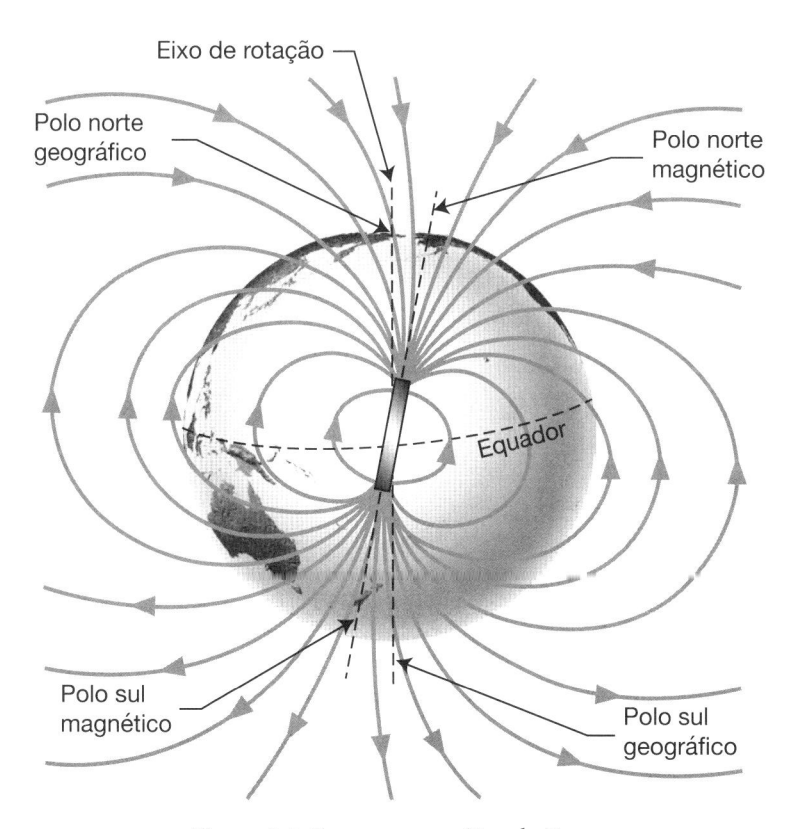

Figura 1.1 *O campo magnético da Terra.*

Uma realidade oculta e fantasmagórica

Faça uma pesquisa informal entre os cientistas de hoje: pergunte-lhes qual é a teoria mais bem-sucedida, de maior alcance e mais importante de toda a Ciência e, provavelmente, a resposta dependerá da área de atuação do entrevistado: as ciências físicas ou as ciências da vida. A maioria dos biólogos considera a teoria de Darwin de evolução por seleção natural a ideia mais profunda já concebida. No entanto, é provável que um físico defenda que a mecânica quântica deva ocupar o lugar de destaque; afinal de contas, ela é a base sobre a qual se constrói boa parte da física e da química e nos dá um quadro extremamente completo dos componentes do universo como um todo. Na verdade, sem seu poder explicativo, boa parte de nosso entendimento atual do funcionamento do mundo desapareceria.

Quase todo mundo já ouviu falar de "mecânica quântica", e a ideia de que é uma área difícil e desconcertante da ciência, só entendida por uma minoria bem pequena de seres humanos inteligentíssimos, está entranhada na cultura popular. Mas na verdade a mecânica quântica faz parte de toda a nossa vida desde o início do século XX. A ciência se desenvolveu como teoria matemática em meados da década de 1920 para explicar o mundo pequeníssimo (o micromundo, como é chamado), ou seja, o comportamento dos átomos que formam tudo o que vemos à nossa volta e as propriedades das partículas ainda menores que formam esses átomos. Por exemplo, por descrever as regras obedecidas pelos elétrons e o modo como eles se arrumam dentro dos átomos, a mecânica quântica está por trás de toda a química, da ciência dos materiais e até da eletrônica. Apesar da estranheza, suas regras matemáticas estão no âmago da maioria dos avanços tecnológicos do último meio século. Sem a explicação da mecânica quântica do movimento dos elétrons através dos materiais, não teríamos entendido o comportamento dos semicondutores, a base da eletrônica moderna, e sem entender os semicondutores não desenvolveríamos o transistor de silício e, mais tarde, o *microchip* e o computador moderno. A lista continua: sem os avanços de nosso conhecimento graças à mecânica quântica, não haveria *lasers* e, portanto, nenhum leitor de CD, DVD nem *Blu-ray*; sem a mecânica quântica, não teríamos *smartphones*, navegação por satélite nem exames de ressonância magnética. Na verdade, já se estimou que mais de um terço do produto interno bruto do mundo desenvolvido depende de aplicações que simplesmente não existiriam sem nossa compreensão da mecânica do mundo quântico.

E isso é apenas o começo. Podemos esperar um futuro quântico, com toda a probabilidade ainda durante nossa vida, em que eletricidade quase ilimitada ficará disponível com a fusão nuclear a *laser*; em que máquinas moleculares artificiais realizarão uma série imensa de tarefas no campo da engenharia, da bioquímica e da medicina; em que computadores quânticos fornecerão inteligência artificial; e em que, potencialmente, até a tecnologia do teletransporte da ficção científica será usada de forma rotineira para transmitir informações. A revolução quântica do século XX está se acelerando no século XXI e transformará nossa vida de um jeito inimaginável.

Mas exatamente o que *é* a mecânica quântica? Essa é uma questão que esmiuçaremos no decorrer deste livro; como aperitivo, comecemos aqui com alguns exemplos da realidade quântica por trás de nossa vida.

Nosso primeiro exemplo ilustra uma das características estranhas do mundo quântico, provavelmente a característica que o define: a dualidade onda-partícula. Estamos familiarizados com o fato de que nós e tudo o que nos cerca somos compostos de muitas partículas minúsculas e discretas, como átomos, elétrons, prótons e nêutrons. Talvez você também saiba que a energia, como a luz ou o som, vem em ondas em vez de partículas. As ondas são espalhadas e não particuladas, e se deslocam pelo espaço como... bom, como ondas, com picos e vales, como as ondas do mar. A mecânica quântica nasceu quando se descobriu, nos primeiros anos do século XX, que as partículas subatômicas podem se comportar como ondas e que as ondas luminosas podem se comportar como partículas.

Embora ninguém precise pensar nela todo dia, a dualidade onda-partícula é a base de muitas máquinas importantíssimas, como os microscópios eletrônicos, que permitem que médicos e cientistas vejam, identifiquem e estudem objetos minúsculos, pequenos demais para aparecer em microscópios ópticos tradicionais, como os vírus que causam AIDS ou resfriados. O microscópio eletrônico foi inspirado pela descoberta de que os elétrons têm propriedades ondulatórias. Os cientistas alemães Max Knoll e Ernst Ruska perceberam que, como o comprimento de onda (a distância entre picos ou vales sucessivos de qualquer onda) associado aos elétrons era muito menor que o comprimento de onda da luz visível, um microscópio baseado em elétrons seria capaz de captar muito mais detalhes que um microscópio óptico, porque qualquer objeto ou detalhe minúsculo com dimensões menores que a onda que cai sobre ele não influenciará nem afetará a onda. Pense nas ondas do oceano, com comprimento de onda de vários metros, caindo sobre os seixos da praia. Não é possível descobrir nada sobre o formato ou o tamanho de um único seixo estudando as ondas. Seria preciso um comprimento de onda muito menor, como o produzido numa cuba de ondas, do tipo que encontramos em aulas de ciência da escola, para "ver" o seixo pelo modo como as ondas se refletem ou se difratam. Assim, em 1931, Knoll e Ruska construíram o primeiro microscópio eletrônico do mundo e usaram-no para produzir as primeiras fotografias de vírus, e por isso Ernst Ruska recebeu o Prêmio Nobel, talvez bastante atrasado, em 1986 (dois anos antes de morrer).

Nosso segundo exemplo é ainda mais fundamental. Por que o Sol brilha? A maioria provavelmente sabe que, em essência, o Sol é um reator de fusão nuclear que queima hidrogênio para liberar o calor e a luz que sustentam toda a vida na Terra; mas menos gente sabe que ele não brilharia de jeito nenhum se não fosse uma propriedade quântica extraordinária que permite que partículas "atravessem paredes". O Sol, e na verdade todas as estrelas do universo, consegue emitir essa quantidade imensa de energia porque os núcleos dos átomos de hidrogênio, cada um composto de uma única partícula de carga positiva chamada próton, são capazes de se fundir e, em consequência, liberar energia sob a forma da radiação eletromagnética que chamamos de luz do Sol. Dois núcleos de hidrogênio têm de chegar muito perto um do outro para se fundir; mas, quanto mais próximos ficam, mais aumenta a força de repulsão entre eles, já que ambos têm carga elétrica positiva e cargas "iguais" se repelem. Na verdade, para se aproximarem o suficiente para a fusão, as partículas têm de passar pelo equivalente subatômico de um muro de tijolos: uma barreira de energia aparentemente impenetrável. A física clássica˙ – construída com base nas leis de movimento, mecânica e gravitação de Isaac Newton, que descrevem muito bem o mundo cotidiano de bolas, molas e motores a vapor (e até dos planetas) – preveria que isso não deveria acontecer; as partículas não deveriam ser capazes de atravessar paredes e, portanto, o Sol não deveria brilhar.

Mas as partículas que obedecem às regras da mecânica quântica, como os nucleos atomicos, tem um belo truque na manga: elas conseguem passar facilmente por essas barreiras por um processo chamado "tunelamento quântico". Em essência, sua dualidade onda-partícula é que lhes permite fazer isso. Assim como fluem em

---

* Em termos convencionais, as teorias físicas deterministas que precederam a mecânica quântica, inclusive a relatividade especial e geral, são chamadas, coletivamente, de física clássica, em oposição à mecânica quântica não clássica.

torno dos objetos, como os seixos na praia, as ondas também podem fluir através de objetos, como as ondas sonoras que atravessam sua parede quando você escuta a TV do vizinho. É claro que, na verdade, o ar que transporta as ondas sonoras não atravessa a parede propriamente dita. São as vibrações do ar – o som – que fazem a parede comum vibrar e forçam o ar da sua sala a transmitir as mesmas ondas sonoras até seu ouvido. Mas quem conseguisse se comportar como um núcleo atômico seria capaz, às vezes, de atravessar uma parede maciça*, como um fantasma. O núcleo de hidrogênio no interior do Sol consegue fazer exatamente isso: espalhar-se e "vazar" através da barreira de energia, como um fantasma, aproximando-se o suficiente do parceiro do outro lado da parede para se fundir. Assim, quando voltar à praia para tomar sol, olhando as ondas se quebrarem na areia, lembre-se um pouquinho dos movimentos ondulatórios fantasmagóricos das partículas quânticas que, além de permitirem que você aprecie a luz solar, possibilitam todas as formas de vida de nosso planeta.

O terceiro exemplo está relacionado, mas ilustra uma característica diferente e ainda mais esquisita do mundo quântico: um fenômeno chamado *superposição*, por meio do qual as partículas podem fazer duas – ou cem, ou um milhão – de coisas ao mesmo tempo. Essa propriedade é responsável pelo fato de nosso universo ser ricamente complexo e interessante. Pouco depois do Big Bang que deu origem a este universo, o espaço ficou cheio de um só tipo de átomo: o de estrutura mais simples, hidrogênio, formado por um próton

---

* Embora esteja errado pensar que o tunelamento quântico provoque o vazamento de ondas físicas através das barreiras; na verdade, ele se deve a ondas matemáticas abstratas que nos dão a probabilidade de encontrar instantaneamente a partícula quântica do outro lado da barreira. Neste livro, tentamos oferecer, sempre que possível, analogias intuitivas para explicar os fenômenos quânticos, mas a realidade é que a mecânica quântica é absolutamente contraintuitiva e corremos o risco de supersimplificar com o propósito de esclarecer.

com carga positiva e um elétron com carga negativa. Era um lugar bastante sem graça, sem estrelas nem planetas e, definitivamente, sem nenhum organismo vivo, porque os constituintes elementares de tudo à nossa volta, incluindo nós mesmos, não consistem em apenas hidrogênio e incluem elementos mais pesados, como carbono, oxigênio e ferro. Por sorte, esses elementos mais pesados foram preparados dentro das estrelas cheias de hidrogênio; e seu ingrediente inicial, uma forma de hidrogênio chamada deutério, deve sua existência a um tiquinho de magia quântica.

O primeiro passo da receita é aquele que já descrevemos, no qual dois núcleos de hidrogênio – prótons – se aproximam o suficiente, pelo tunelamento quântico, para liberar parte daquela energia que se transforma na luz do Sol e aquece nosso planeta. Em seguida, os dois prótons têm de se ligar, e isso não é simples, porque as forças entre eles não proporcionam uma colagem muito forte. Todos os núcleos atômicos são compostos de dois tipos de partículas: prótons e seus parceiros eletricamente neutros, os nêutrons. Quando um núcleo tem muito mais um tipo que outro, as regras da mecânica quântica ditam que o equilíbrio tem de ser obtido e que as partículas em excesso se transformarão no outro tipo: os prótons se tornarão nêutrons, ou os nêutrons, prótons, por um processo chamado decaimento beta. É exatamente o que acontece quando dois prótons se reúnem: um composto de dois prótons não pode existir, e um deles sofrerá decaimento beta num nêutron. Então, o próton remanescente e o nêutron recém-transformado podem se unir para formar um objeto chamado dêuteron (núcleo do átomo do isótopo*

---

* Todos os elementos químicos têm variedades chamadas isótopos. Os elementos são definidos pelo número de prótons no núcleo dos átomos: o hidrogênio tem um, o hélio, dois, e assim por diante. Mas o número de nêutrons contidos no núcleo pode variar. Portanto, há três variedades (isótopos) de hidrogênio: o átomo de hidrogênio normal tem apenas um único próton, e o dos isótopos mais pesados, deutério e trítio, tem também um e dois nêutrons, respectivamente.

pesado de hidrogênio chamado deutério), e depois disso outras reações nucleares permitem a construção dos núcleos mais complexos de outros elementos mais pesados que o hidrogênio, de hélio (com dois prótons e um ou dois nêutrons) a carbono, nitrogênio, oxigênio e assim por diante.

O fundamental é que o dêuteron deve a existência à capacidade de existir em dois estados ao mesmo tempo em virtude da superposição quântica. Isso porque o próton e o nêutron conseguem se grudar de duas maneiras que se distinguem pelo modo como "rodopiam" – por seu *spin*, palavra inglesa que significa "giro", "rodopio". Mais adiante veremos que, na verdade, esse conceito de "*spin* quântico" é muito diferente do conhecido rodopio de um objeto grande, como uma bola de tênis; mas, por enquanto, sigamos nossa intuição clássica de uma partícula que rodopia e imaginemos o próton e o nêutron girando juntos dentro do dêuteron numa combinação cuidadosamente coreografada de uma valsa lenta e íntima com um veloz samba de gafieira. No final da década de 1930, descobriu-se que, dentro do dêuteron, essas duas partículas não dançam juntas *num* ou *noutro* desses dois estados, mas em ambos ao mesmo tempo – estão num borrão de valsa e samba simultâneos – e isso é que permite sua união[*].

Uma reação óbvia a essa afirmativa é: "Como é que a gente sabe?". Claro, os núcleos atômicos são pequenos demais para serem vistos; não seria mais sensato, portanto, supor que falta algo em nossa compreensão das forças nucleares? A resposta é não, pois foi confirmado várias vezes, em muitos laboratórios, que, se o próton e o nêutron realizassem o equivalente a uma valsa quântica *ou*

---

[*] Em termos técnicos, o dêuteron deve sua estabilidade a uma característica da força nuclear que une o próton e o nêutron, a chamada "interação tensorial", que força o par a uma superposição quântica de dois estados de momento angular chamados onda-S e onda-D.

um samba quântico, a "cola" nuclear entre eles não teria força para uni-los; só quando esses dois estados se superpõem – as duas realidades existindo ao mesmo tempo – a força de união é suficientemente forte. Pense nas duas realidades superpostas mais ou menos como misturar duas tintas coloridas, azul e amarela, para fazer a cor combinada resultante, verde. Embora saibamos que o verde é formado pelas duas cores primárias que o constituem, ele não é uma nem a outra. E proporções diferentes de azul e amarelo formarão tons de verde diferentes. Do mesmo modo, o dêuteron se une quando o próton e o nêutron estão unidos principalmente numa valsa, com só um pouquinho de samba de gafieira misturado.

Portanto, se as partículas não pudessem sambar e valsar ao mesmo tempo, nosso universo continuaria a ser uma sopa de hidrogênio e nada mais; nenhuma estrela brilharia, nenhum dos outros elementos se formaria e você não estaria lendo estas palavras. Existimos em razão da capacidade dos prótons e nêutrons de se comportar dessa maneira quântica e contraintuitiva.

Nosso último exemplo nos leva de volta ao mundo da tecnologia. A natureza do mundo quântico pode ser explorada não só para ver objetos minúsculos como os vírus, mas também para enxergar dentro dos nossos corpos. A ressonância magnética é um tipo de exame médico que gera imagens maravilhosamente detalhadas dos tecidos moles. As ressonâncias são usadas de forma rotineira para diagnosticar doenças, principalmente para perceber tumores dentro de órgãos internos. A maioria das descrições não técnicas da ressonância magnética evita mencionar o fato de que a técnica depende do funcionamento esquisito do mundo quântico. Esse tipo de exame emprega ímãs grandes e potentes para alinhar o eixo dos núcleos rodopiantes dos átomos de hidrogênio dentro do corpo do paciente. Então, esses átomos são bombardeados com um pulso de ondas de rádio, o que força os núcleos alinhados a existirem naquele estranho estado quântico de girar nos dois sentidos ao mesmo tempo. É inútil tentar visualizar o que isso provoca, porque é muito distante de nossa experiência cotidiana! O importante é que, quando voltam a relaxar em seu estado inicial – o modo como estavam antes de receber o pulso de energia que os jogou numa superposição quântica –, os núcleos atômicos liberam essa energia, captada pelo sistema eletrônico da máquina de ressonância magnética e usada para criar aquelas imagens detalhadíssimas de nossos órgãos internos.

Portanto, se um dia se encontrar deitado numa máquina de ressonância magnética, talvez escutando a música transmitida pelos fones de ouvido, reserve um momento para ponderar sobre o comportamento quântico contraintuitivo das partículas subatômicas que possibilitam essa tecnologia.

Biologia quântica

O que toda essa esquisitice quântica tem a ver com o voo do pisco-de-peito-ruivo que se orienta pelo globo? Bom, você se lembra da pesquisa dos Wiltschko que, no início da década de 1970, determinou que o sentido magnético do pisco funcionava como uma bússola de inclinação. Isso era um enigma extraordinário porque, na época, ninguém tinha a mínima ideia de como funcionaria uma bússola de inclinação biológica. No entanto, mais ou menos na mesma época, um cientista alemão chamado Klaus Schulten se interessou pela transferência de elétrons nas reações químicas que envolvem radicais livres. Estes são moléculas com elétrons solitários em sua órbita externa, ao contrário da maioria dos elétrons, que ficam emparelhados nas órbitas atômicas. Isso é importante quando se pensa naquela propriedade quântica esquisita do *spin*, já que os elétrons emparelhados tendem a rodopiar em sentidos opostos para que o *spin* total seja zero. Mas, sem um gêmeo para cancelar seu *spin*, os elétrons solitários dos radicais livres têm um *spin* total que lhes dá uma propriedade magnética: seu *spin* pode se alinhar a um campo magnético.

Schulten propôs que *pares* de radicais livres gerados por um processo conhecido como *reação rápida de tripletos* poderiam ficar com seus elétrons correspondentes em "emaranhamento quântico". Por razões sutis que mais tarde ficarão mais claras, esse delicado estado quântico dos dois elétrons separados é extremamente sensível à direção dos campos magnéticos externos. Então Schulten propôs que a enigmática bússola das aves talvez usasse esse tipo de mecanismo de emaranhamento quântico.

Ainda não mencionamos o emaranhamento porque é provável que seja a característica mais estranha da mecânica quântica. Ele permite que partículas que já estiveram juntas permaneçam em comunicação instantânea e quase mágica entre si, apesar de separadas por distâncias imensas. Por exemplo, partículas que já foram próximas, mas depois se tornaram tão separadas que ficaram em pontos opostos do universo podem, pelo menos em princípio, ainda estar ligadas. De fato, cutucar uma partícula faria sua parceira distante pular *instantaneamente**. Os pioneiros quânticos demonstraram que o emaranhamento surge naturalmente em suas equações, mas as consequências eram tão extraordinárias que até Einstein, que nos deu os buracos negros e o espaço-tempo curvo, recusou-se a aceitá-lo, zombando dele como "fantasmagórica ação a distância". E é mesmo essa fantasmagórica ação a distância que tanto fascina os "místicos quânticos", que fazem afirmativas extravagantes sobre o emaranhamento; por exemplo, ele explicaria "fenômenos" paranormais como a telepatia. Einstein era cético porque o emaranhamento

---

* Temos de esclarecer que físicos quânticos não usam esse tipo de linguagem simplista. Mais corretamente, diz-se que duas partículas distantes, mas emaranhadas, estão ligadas não localmente porque fazem parte do mesmo estado quântico. Mas explicar assim não ajuda muito, não é?

parecia violar a teoria da relatividade, que afirmava que nenhuma influência ou sinal pode viajar pelo espaço mais depressa que a luz. De acordo com ele, as partículas distantes não deveriam ter ligações fantasmagóricas instantâneas. Nisso, Einstein estava errado: hoje sabemos empiricamente que as partículas quânticas têm mesmo vínculos instantâneos de longa distância. Mas, caso você esteja se perguntando, o emaranhamento quântico não pode ser invocado para validar a telepatia.

No início da década de 1970, a ideia de que a esquisita propriedade quântica do emaranhamento estaria envolvida em reações químicas comuns foi considerada um disparate. Na época, muitos cientistas concordavam com Einstein e duvidavam que existissem partículas emaranhadas, já que até então ninguém as detectara. Mas, nas décadas passadas desde então, muitas experiências engenhosas em laboratório confirmaram a realidade dessas ligações fantasmagóricas; a mais famosa delas foi realizada ainda em 1982 por uma equipe de físicos franceses encabeçada por Alain Aspect, na Universidade Paris-Sul.

A equipe de Aspect gerou pares de fótons (partículas de luz) com estados de polarização emaranhados. A polarização da luz é provavelmente mais familiar por causa dos óculos de sol polarizados. Cada fóton de luz tem um tipo de direcionalidade, o ângulo de polarização, que é meio parecido com a propriedade do *spin* que já apresentamos[*]. Os fótons da luz do sol vêm em todos os ângulos de polarização possíveis, mas os óculos de sol polarizados os filtram, só deixando passar os que têm um ângulo específico. Aspect gerou pares de fótons com polarizações que, além de diferentes – digamos, um para cima, outro para baixo –, estavam emaranhados; e,

---

[*] No entanto, como a luz pode ser pensada como onda e como partícula, a noção de polarização (ao contrário do *spin* quântico) pode ser mais fácil de entender como a direção em que oscila a onda luminosa.

como nossos dançarinos anteriores, nenhum dos parceiros emaranhados realmente apontava para cá ou para lá: ambos apontavam nos dois sentidos ao mesmo tempo, *até serem medidos.*

A medição é um dos aspectos mais misteriosos – e, sem dúvida, o mais discutido – da mecânica quântica, já que diz respeito à questão que, com certeza, já lhe ocorreu: por que todos os objetos que vemos não fazem as mesmas coisas maravilhosas e esquisitas que as partículas quânticas? A resposta é que, no microscópico mundo quântico, as partículas só conseguem se comportar desse jeito estranho, como fazer duas coisas ao mesmo tempo, atravessar paredes e manter ligações fantasmagóricas, quando não há ninguém olhando. Assim que são observadas ou medidas de algum modo, elas perdem a esquisitice e se comportam como os objetos clássicos que vemos à nossa volta. Mas aí, é claro, isso só provoca outra pergunta: o que há de tão especial na medição que a faz converter o comportamento quântico em comportamento clássico?* A resposta a essa pergunta é fundamental em nossa história, porque a medição está na fronteira entre os mundos quântico e clássico, o limite quântico onde, como você já adivinhou pelo título do livro, afirmamos que também está a vida.

Exploraremos a medição quântica em todo este livro, e esperamos que, aos poucos, você faça as pazes com as sutilezas desse

---

* Em busca de clareza, aqui estamos sendo, mais uma vez, demasiada e deliberadamente simplistas. Medir certa propriedade de uma partícula quântica, sua posição, digamos, significa que não estamos mais incertos sobre sua posição, em certo sentido, ela entra em foco e deixa de ser nebulosa. No entanto, isso não significa que agora ela se comporte como uma partícula clássica. Em virtude do Princípio da Incerteza de Heisenberg, agora ela não tem mais velocidade fixa. Na verdade, numa posição definida naquele instante, a partícula estará numa superposição de se mover em todas as velocidades possíveis, em todas as direções possíveis. No caso do *spin* quântico, como essa propriedade só é encontrada no mundo quântico, medi-lo com certeza não fará a partícula se comportar classicamente.

processo misterioso. Por enquanto, consideraremos apenas a interpretação mais simples do fenômeno e diremos que, quando medida por um instrumento científico, uma propriedade quântica como o estado de polarização é instantaneamente forçada a esquecer sua capacidade quântica, como a de apontar várias direções ao mesmo tempo, e tem de adotar uma propriedade clássica convencional, como apontar apenas uma direção. Assim, quando Aspect mediu o estado de polarização de um dos fótons de qualquer par emaranhado, observando se conseguia passar por uma lente polarizada, instantaneamente esse fóton perdeu a ligação fantasmagórica com o parceiro e adotou uma única direção de polarização. E o mesmo fazia o parceiro, instantaneamente, por mais longe que estivesse; pelo menos, é o que previam as equações da mecânica quântica, e é claro que foi exatamente isso que deixou Einstein pouco à vontade.

Aspect e sua equipe realizaram sua famosa experiência com pares de fótons separados por vários metros no laboratório, distantes o suficiente para que nem mesmo uma influência que se deslocasse na velocidade da luz – e a relatividade nos diz que nada pode se deslocar mais depressa que a luz – pudesse ter passado entre eles para coordenar seus ângulos de polarização. Mas a medição das partículas emparelhadas estava inter-relacionada: quando a polarização de um fóton apontava para cima, a do outro apontava para baixo. Desde 1982, a experiência foi repetida com partículas separadas até por centenas de quilômetros, e elas ainda dispor daquela fantasmagórica ligação emaranhada que Einstein não conseguia aceitar.

O experimento de Aspect ainda estava para acontecer dali a alguns anos quando Schulten propôs que o emaranhamento estava envolvido na bússola das aves e o fenômeno ainda era controverso. Além disso, Schulten não fazia ideia de como uma reação química obscura como essa permitiria que o pisco visse o campo magnético da Terra. Aqui dizemos "ver" por causa de outra peculiaridade descoberta pelos Wiltschko. Apesar de o pisco-de--peito-ruivo ser um migrante noturno, a ativação de sua bússola magnética exigia uma pequena quantidade de luz (perto da extremidade azul do espectro visível), uma pista de que os olhos do pássaro tinham papel importante em seu funcionamento. Mas, além da visão, como os olhos também ajudavam a lhe dar um sentido magnético? Com ou sem um mecanismo de pares de radicais, esse mistério era total.

A teoria de que a bússola das aves tinha um mecanismo quântico ficou mais de vinte anos esquecida no fundo da gaveta científica. Schulten voltou aos Estados Unidos, onde fundou um grupo muito bem-sucedido de físico-química teórica no *campus* de Urbana-Champaign da Universidade de Illinois. Mas ele nunca esqueceu sua teoria inusitada e reescreveu continuamente um artigo que propunha biomoléculas (moléculas feitas por células vivas) candidatas a gerar os pares de radicais necessários para a reação rápida de tripletos. Mas nenhuma se encaixava direito no papel: não conseguiam gerar radicais livres ou não estavam presentes nos olhos dos pássaros. Mas, em 1998, Schulten leu que um enigmático receptor de luz chamado criptocromo fora encontrado em olhos de animais. Isso fez seu alarme científico soar imediatamente, porque se sabia que o criptocromo era uma proteína com potencial de gerar pares de radicais.

Um talentoso doutorando chamado Thorsten Ritz entrara recentemente no grupo de Schulten. Durante a graduação na Universidade de Frankfurt, Ritz tinha assistido a uma palestra de Schulten sobre a bússola das aves e se interessado. Quando surgiu a oportunidade, ele aproveitou a chance de fazer o doutorado no laboratório de Schulten, a princípio trabalhando com fotossíntese. Com a publicação da notícia sobre o criptocromo, ele passou a trabalhar com magnetorrecepção e, em 2000, escreveu com Schulten um artigo intitulado

"A model for photoreceptor-based magnetoreception in birds" (Um modelo de magnetorrecepção com base em fotorreceptores em aves) descrevendo como o criptocromo poderia fornecer aos olhos das aves uma bússola quântica. (Voltaremos ao assunto com mais detalhes no Capítulo 6.) Quatro anos depois, Ritz se juntou aos Wiltschko num estudo de piscos-de-peito-ruivo que obteve as primeiras provas experimentais a favor dessa teoria de que as aves usam o emaranhamento quântico para se orientar pelo planeta. Parece que Schulten estava certo desde o princípio. Seu artigo de 2004, publicado na prestigiada revista *Nature*, do Reino Unido, provocou um interesse descomunal, e a bússola quântica das aves se tornou instantaneamente o símbolo da nova ciência da biologia quântica.

Figura 1.2 *Participantes da oficina de biologia quântica de Surrey, em 2012. Da esquerda para a direita: os autores Jim Al-Khalili e Johnjoe McFadden; Vlatko Vedral, Greg Engel, Nigel Scrutton, Thorsten Ritz, Paul Davies, Jennifer Brookes e Greg Scholes.*

Se a mecânica quântica é normal, por que deveríamos nos empolgar com a biologia quântica?

Já descrevemos o tunelamento quântico e a superposição quântica, tanto no interior do Sol quanto em aparelhos tecnológicos como microscópios eletrônicos e máquinas de ressonância magnética. Então por que deveria nos surpreender se fenômenos quânticos aparecessem na biologia? Afinal de contas, a biologia é um tipo de química aplicada, e a química é um tipo de física aplicada. Portanto, tudo, inclusive nós e as outras criaturas vivas, não é apenas física, se formos realmente aos fundamentos? Na verdade, esse é o argumento de muitos cientistas que aceitam que a mecânica quântica deve, em nível profundo, estar envolvida na biologia; mas eles insistem que seu papel é trivial. Com isso, eles querem dizer que, como as regras da mecânica quântica governam o comportamento dos átomos e, em última análise, a biologia envolve interações de átomos, as regras do mundo quântico também devem valer na escala mais minúscula da biologia – mas *apenas* nessa escala, e o resultado é que terão pouco ou nenhum efeito sobre os processos importantes da vida em escala maior.

É claro que, pelo menos em parte, esses cientistas têm razão. As biomoléculas, como DNA e enzimas, são feitas de partículas fundamentais, como prótons e elétrons, cuja interação é governada pela mecânica quântica. Mas isso também se aplica à estrutura do livro que você está lendo ou da cadeira onde está sentado. O modo como andamos, falamos, comemos, dormimos e até pensamos tem de depender, em última análise, das forças mecânicas quânticas que governam elétrons, prótons e outras partículas, assim como o funcionamento de seu carro ou torradeira depende, em última análise, da mecânica quântica. Mas, em geral, ninguém precisa saber disso. Mecânicos de automóveis não precisam de cursos universitários de mecânica quântica, e a maioria dos currículos de biologia não inclui nenhuma menção a tunelamento, emaranhamento ou superposição quânticos. A maioria de nós consegue levar a vida sem saber que, num nível fundamental, o mundo funciona de acordo com um conjunto de regras totalmente diferentes daquelas com que estamos acostumados. As coisas quânticas esquisitas que acontecem em nível pequeníssimo não costumam fazer diferença em coisas grandes como os carros e as torradeiras que vemos e usamos todo dia.

Por que não? Bolas de futebol não atravessam paredes; ninguém tem ligações fantasmagóricas (apesar das pretensões fraudulentas de telepatia); e, infelizmente, não podemos estar ao mesmo tempo em casa e no escritório. Mas as partículas fundamentais dentro de uma bola de futebol ou uma pessoa conseguem fazer essas coisas. Por que há uma falha geológica, um limite, entre o mundo que vemos e o mundo que os físicos sabem que realmente existe por trás da superfície? Esse é um dos problemas mais profundos de toda a física, relacionado ao fenômeno da medição quântica que apresentamos um pouco antes. Quando interage com um aparelho clássico de medição, como a lente polarizadora do experimento de Alain Aspect, o sistema perde sua esquisitice quântica e se comporta como um objeto clássico. Mas as medições realizadas pelos físicos não podem ser responsáveis pelo modo como o mundo visível se apresenta. Então o que cumpre a função equivalente de destruir o comportamento quântico fora do laboratório de física?

A resposta tem a ver com o modo como as partículas se arrumam e se deslocam dentro de objetos grandes (macroscópicos). Os átomos e as moléculas tendem a se dispersar e vibrar erraticamente dentro de objetos sólidos inanimados; em líquidos e gases, também ficam num estado constante de movimento aleatório em razão do calor. Esses fatores aleatórios – dispersão, vibrações e movimento – fazem as propriedades ondulatórias quânticas das partículas se dissiparem bem depressa. Portanto, é a ação combinada de todos os constituintes quânticos de um corpo que realiza a "medição quântica" em cada um e em todos eles e, desse modo, faz o mundo à nossa volta parecer normal. Para observar a esquisitice quântica, é preciso ir a lugares incomuns (como o interior do Sol), espiar profundamente o micromundo (com instrumentos como os microscópios eletrônicos) ou alinhar cuidadosamente as partículas quânticas para que marchem em passo cadenciado (como acontece com o *spin* dos núcleos de hidrogênio do corpo quando estamos dentro da máquina de ressonância magnética – até desligarem o ímã e a orientação do *spin* dos núcleos voltar a ser aleatória, cancelando mais uma vez a coerência quântica). O mesmo tipo de randomização molecular é responsável pelo fato de nos virarmos sem a mecânica quântica a maior parte do tempo: toda a esquisitice quântica desaparece no interior molecular, com sua orientação aleatória e seu movimento constante, dos objetos inanimados que vemos.

A maior parte do tempo... mas nem sempre. Como Schulten descobriu, só era possível explicar a velocidade da reação química rápida de tripletos caso aquela delicada propriedade quântica do emaranhamento estivesse envolvida. Mas a reação rápida de tripletos é, simplesmente, rápida. E só envolve algumas moléculas. Para ser responsável pela orientação das aves, precisaria ter efeito duradouro sobre um pisco inteiro. Assim, a afirmação de que a bússola magnética era quanticamente emaranhada representava um nível de proposta totalmente diverso da afirmação de que o emaranhamento estava envolvido numa reação química exótica que envolvia apenas algumas partículas, e foi recebida com ceticismo considerável. Acreditava-se que as células vivas eram compostas principalmente de água e biomoléculas, num estado constante de agitação que mediria e dispersaria instantaneamente aqueles esquisitos efeitos quânticos. Com "medir", é claro que não queremos dizer que as moléculas de água ou as biomoléculas realizem medições do mesmo modo que medimos o peso ou a temperatura de um objeto e depois fazemos um registro permanente desse valor numa folha de papel ou no disco rígido de um computador, ou mesmo no cérebro. Aqui estamos falando do que acontece quando uma molécula de água se choca com uma das partículas de um par emaranhado: seu movimento subsequente será afetado pelo estado daquela partícula, de modo que, se fôssemos estudar o movimento subsequente da molécula de água, poderíamos deduzir algumas propriedades da partícula com a qual ela se chocou. Portanto, nesse sentido a molécula de água realizou uma "medição", porque seu movimento constitui um registro do estado do par emaranhado, haja ou não ali alguém que o examine. Esse tipo de medição *acidental* costuma ser suficiente para destruir estados emaranhados. Assim, a afirmativa de que estados quânticos emaranhados e delicadamente arranjados poderiam sobreviver no interior quente e complexo de células vivas foi considerada por muitos uma ideia inusitada, à beira da loucura.

Entretanto, em anos recentes, nosso conhecimento dessas coisas deu passos imensos – e não só em relação às aves. Fenômenos quânticos como a superposição e o tunelamento foram percebidos em muitos fenômenos biológicos, desde o modo como as plantas captam a luz do sol ao modo como todas as nossas células produzem biomoléculas. Até nosso sentido do olfato ou os genes que herdamos de nossos pais podem depender do esquisito mundo quântico. Artigos de pesquisa sobre biologia quântica vêm saindo regularmente nas páginas das revistas científicas mais prestigiadas do mundo; e existe um certo número, pequeno, mas crescente, de cientistas que insistem que aspectos da mecânica quântica realmente têm um papel não trivial e até fundamental no fenômeno da vida, e que esta tem condições inigualáveis de sustentar essas propriedades quânticas esquisitas no limite entre os mundos quântico e clássico.

O fato de esses cientistas serem realmente poucos ficou muito claro quando sediamos uma oficina internacional sobre biologia quântica na Universidade de Surrey, em setembro de 2012, à qual compareceram quase todos os que trabalham no campo, e conseguimos pôr todo mundo num auditório pequeno. Mas o campo cresce rapidamente, movido pela empolgação de descobrir o papel da mecânica quântica nos fenômenos biológicos cotidianos. E uma das áreas de pesquisa mais empolgantes, aquela que pode ter imensas consequências para o desenvolvimento de novas tecnologias quânticas, é a elucidação recente do mistério de como a esquisitice quântica consegue sobreviver em corpos vivos, quentes, úmidos e bagunçados.

Mas, para avaliar toda a importância desses achados, temos primeiro de fazer uma pergunta enganosamente simples: o que é vida?

2. O que é vida?

Uma das missões científicas mais bem-sucedidas de todos os tempos começou em 20 de agosto de 1977 quando a espaçonave Voyager 2 decolou rumo ao céu da Flórida, seguida, duas semanas depois, pela irmã Voyager 1. Dois anos mais tarde, a Voyager 1 chegou a Júpiter, seu primeiro destino, onde fotografou as nuvens rodopiantes do gigante gasoso e a famosa Grande Mancha Vermelha; em seguida, sobrevoou a superfície gelada de uma de suas luas, Ganimedes, e assistiu a uma erupção vulcânica em outra lua, Io. Enquanto isso, a Voyager 2 percorria uma trajetória diferente e, ao chegar a Saturno em agosto de 1981, começou a enviar fotografias belíssimas dos anéis do planeta, revelando-os como um colar finamente trançado de milhões de pedrinhas e luazinhas. Mas quase outra década se passou até que, em 14 de fevereiro de 1990, a Voyager 1 obtivesse uma das fotografias mais extraordinárias já tiradas: a imagem de um ponto azul minúsculo contra um fundo cinzento granulado.

No último meio século, as missões das Voyager e de outras espaçonaves exploradoras permitiram à humanidade andar na Lua, examinar remotamente os vales de Marte, espiar os desertos escaldantes de Vênus e até assistir a um cometa se chocar com a atmosfera gasosa de Júpiter. Mas, principalmente, elas descobriram pedras... montes de pedras. Na verdade, pode-se argumentar que a exploração dos nossos corpos planetários irmãos foi, principalmente, uma investigação de pedras, desde a tonelada de minerais trazidos da Lua pelos astronautas das missões Apolo e os fragmentos microscópicos de cometa recuperados pela visita da missão Stardust da NASA até o encontro direto da sonda Rosetta com um cometa em 2014 ou a análise da superfície de Marte pelo rover Curiosity: montes e montes de pedras.

É claro que as pedras do espaço são objetos fascinantes: sua estrutura e sua composição oferecem pistas da origem do sistema solar, da formação dos planetas e até dos eventos cósmicos anteriores à formação do Sol. Mas, para a maioria dos não geólogos, um condrito marciano (um tipo de meteorito rochoso não metálico) não é muito diferente de um troctolito lunar (um meteorito rico em ferro e magnésio). No entanto, há um lugar em nosso sistema solar onde os ingredientes básicos que formam as pedras e as rochas foram reunidos em tamanha variedade de forma, função e química que apenas um grama do material resultante excede em diversidade toda a matéria encontrada em outros pontos do universo conhecido. É claro que esse lugar é aquele pontinho azul-claro fotografado pela Voyager 1: o planeta que chamamos Terra. O mais extraordinário é que essas diversas matérias-primas que formam a superfície de nosso planeta tão inigualável se reuniram para criar vida.

A vida é excepcional. Já descobrimos o espantoso sentido de magnetorrecepção de nossa fêmea de pisco-de-peito-ruivo, mas essa habilidade especial é apenas uma de suas muitas e variadas capacidades. Ela consegue ver, cheirar, ouvir, pegar moscas; pode saltitar no chão ou entre os galhos de uma árvore; e sabe subir no ar e voar centenas de quilômetros. O mais notável de tudo é que, com uma pequena ajuda do parceiro, ela consegue fazer toda uma ninhada de criaturas semelhantes com as mesmas matérias-primas que formam todas aquelas pedras. E nossa fêmea de pisco é apenas um dos trilhões de organismos vivos capazes de realizar dezenas dessas e de muitas outras façanhas igualmente desconcertantes.

É claro que outro organismo extraordinário é você. Fite o céu noturno; fótons de luz entram em seus olhos e são transmutados, pelo tecido da retina, em minúsculas correntes elétricas que percorrem o nervo óptico até atingirem o tecido nervoso do cérebro. Ali, eles geram um padrão tremeluzente de disparos nervosos que percebemos como a estrela cintilante no céu lá em cima. Ao mesmo tempo, minúsculas variações de pressão, de menos de um bilionésimo da pressão atmosférica, são registradas pelos cílios do tecido celular do ouvido interno e geram sinais no nervo auditivo que nos informam que o vento assovia nas árvores. Um punhado de moléculas que flutua dentro do nariz é captado por receptores olfativos; sua identidade química é transmitida ao cérebro e nos revela que estamos no verão e que as madressilvas estão florindo. E cada movimento minúsculo do corpo, enquanto você observa as estrelas, escuta o vento e fareja o ar, é gerado pela ação coordenada de centenas de músculos.

Mas as façanhas físicas realizadas pelo tecido de nosso corpo, por mais extraordinárias que sejam, se apequenam quando comparadas às de muitas criaturas vivas, nossas companheiras. A formiga-cortadeira consegue carregar um peso trinta vezes maior que o do corpo, equivalente a levarmos um carro nas costas. E a formiga-de-estalo consegue acelerar os maxilares de 0 a 230 km/h em apenas 0,13 milissegundos, enquanto um carro de Fórmula 1 leva cerca de quarenta mil vezes mais tempo (uns cinco segundos) para chegar à mesma velocidade. A enguia-elétrica amazônica gera 600 volts de eletricidade potencialmente letal. Aves voam, peixes nadam, minhocas se enterram e macacos balançam nas árvores. E, como já descobrimos, muitos animais, como nosso pisco-de-peito-ruivo, conseguem encontrar seu caminho por milhares de quilômetros usando o campo magnético da Terra. Enquanto isso, no que diz respeito à capacidade biossintética, nada se iguala à variedade verde da vida na Terra, que junta moléculas de ar e água (mais alguns minerais) para fazer capim, carvalhos, algas, dentes-de-leão, sequoias gigantes e liquens.

Todos os organismos vivos têm talentos e especialidades particulares, como a magnetorrecepção do pisco-de-peito-ruivo e a mordida velocíssima da formiga-de-estalo, mas há um órgão humano cujo desempenho não tem igual. A capacidade de computação do material carnudo e cinzento trancado dentro dos ossos de nosso crânio excede todos os computadores do planeta e criou as pirâmides, a Teoria Geral da Relatividade, *O lago dos cisnes*, o *Rig Veda*, *Hamlet*, a porcelana Ming e o Pato Donald. E, talvez o mais extraordinário de tudo, o cérebro humano tem a capacidade de *saber* que existe.

Mas toda essa diversidade da matéria viva, com suas múltiplas formas e variedade interminável de funções, é formada praticamente com os mesmos átomos encontrados em aglomerados de condritos marcianos.

A maior questão da ciência, fundamental neste livro, é como átomos e moléculas inertes encontrados em rochas se transformam todo dia em coisas que correm, pulam, voam, se orientam, nadam, crescem, amam, odeiam, desejam, temem, pensam, riem, choram, *vivem*. A familiaridade torna trivial essa transformação extraordinária, mas vale lembrar que, mesmo nesta época de engenharia genética e biologia sintética, nada vivo jamais foi feito por seres humanos a partir unicamente de materiais não vivos. O fato de, até agora, nossa tecnologia não ter conseguido uma transformação que até o micróbio mais simples do planeta executa sem esforço indica que nosso conhecimento do que é necessário para fazer vida é incompleto. Será que deixamos de fora alguma fagulha vital que anima os vivos e está ausente nos não vivos?

Isso não é dizer que afirmaremos que algum tipo de força vital, espírito ou ingrediente mágico anima a vida. Nossa história é muito mais interessante que isso. Ao contrário, examinaremos pesquisas recentes que mostram que, das peças que faltam no quebra-cabeça da vida, pelo menos uma se encontra no mundo da mecânica quântica, no qual os objetos podem estar em dois lugares ao mesmo tempo, têm ligações fantasmagóricas e atravessam barreiras aparentemente impenetráveis. Parece que a vida tem um pé no mundo clássico dos objetos cotidianos e o outro plantado nas profundezas estranhas e peculiares do mundo quântico. A vida, argumentaremos, vive no limite quântico.

Mas animais, plantas e micróbios poderiam mesmo ser governados por leis da natureza que, até agora, acreditávamos descrever apenas o comportamento de partículas fundamentais? Sem dúvida, os organismos vivos, formados de trilhões de partículas, são objetos macroscópicos que, como as bolas de futebol, os carros e os trens a vapor, deveriam ser adequadamente descritos pelas regras clássicas, como as leis da mecânica de Newton ou a ciência da termodinâmica. Para descobrir por que precisamos do mundo oculto da mecânica quântica para explicar as propriedades espantosas da matéria viva, precisamos primeiro embarcar num curto passeio pelo esforço da ciência para entender o que há de tão especial na vida.

A "força vital"

O principal enigma da vida é o seguinte: por que a matéria se comporta de modo tão diferente quando forma uma criatura viva de quando é uma pedra? Os antigos gregos estiveram entre os primeiros a sondar essa questão. O filósofo Aristóteles, talvez o primeiro grande cientista do mundo, identificou corretamente algumas propriedades da matéria inanimada que eram confiáveis e previsíveis: por exemplo, a tendência de objetos sólidos a caírem, enquanto o fogo e os vapores tendiam a subir e os objetos celestes, a se mover em trajetórias circulares em torno da Terra. Mas a vida era diferente: embora caíssem, muitos animais também corriam; as plantas cresciam para cima, e as aves até voavam em torno da Terra. O que os tornava tão diferentes do resto do mundo? Uma resposta sugerida por Sócrates, pensador grego mais antigo, foi registrada por seu pupilo Platão: "O que é que, quando presente num corpo, o faz viver? – A alma". Aristóteles concordava com Sócrates que os seres vivos tinham alma, mas afirmava que as almas tinham graus diferentes. As inferiores habitavam as plantas, permitindo-lhes crescer e obter nutrição; as almas dos animais, em nível mais alto, dotavam seus hospedeiros de sensações e movimento; mas só a alma humana conferia razão e intelecto. Do mesmo modo, os antigos chineses acreditavam que os seres vivos eram animados por uma força vital incorpórea chamada Qi (pronuncia-se "tchi") que fluía através deles. Mais tarde, o conceito de alma foi incorporado a todas as principais religiões do mundo; mas sua natureza e sua ligação com o corpo continuavam misteriosas.

Outro enigma era a mortalidade. Em geral, acreditava-se que a alma era imortal, mas então por que a vida é efêmera? A resposta a que a maioria das culturas chegou é que a morte era acompanhada da partida da alma que animava o corpo. Já estávamos em 1907 quando o médico americano Duncan MacDougall afirmou ser capaz de medir a alma pesando seus pacientes moribundos imediatamente antes e depois da morte. Suas experiências o convenceram de que a alma pesava cerca de 21 gramas. Mas por que a alma tinha de partir do corpo depois do período a nós permitido continuava a ser um enigma.

O conceito de alma, embora não faça mais parte da ciência moderna, pelo menos separou o estudo dos vivos do estudo dos não vivos, permitindo que os cientistas investigassem as causas do movimento de objetos inanimados sem o estorvo das questões filosóficas e teológicas que atormentavam qualquer estudo das criaturas vivas. A história do estudo do conceito de movimento é longa, complicada e fascinante, mas neste capítulo vamos apenas espiá-la. Já mencionamos a opinião de Aristóteles de que os objetos tinham a tendência de se mover em direção à Terra, para longe da Terra ou em torno da Terra, movimentos que ele considerava *naturais*. Ele também reconhecia que objetos sólidos podiam ser empurrados, puxados e jogados, movimentos que chamava de "violentos" e que considerava iniciados por algum tipo de força feita por outro objeto, como a pessoa que o jogasse. Mas o que produzia o movimento de jogar – ou o voo de um pássaro? Não parecia haver uma causa externa. Aristóteles afirmava que as criaturas vivas, ao contrário dos objetos inanimados, eram capazes de iniciar seu próprio movimento e que, nesse caso, a causa desse movimento era a alma da criatura.

A opinião de Aristóteles sobre as fontes do movimento continuou a predominar até a Idade Média; então, algo extraordinário aconteceu. Os cientistas (que na época se descreviam como filósofos naturais) começaram a exprimir teorias sobre o movimento de objetos inanimados com a linguagem da lógica e da matemática. Pode-se discutir quem foi o responsável por essa mudança extraordinariamente produtiva do pensamento humano: sem dúvida, estudiosos medievais árabes e persas, como Alhazen e Avicena, tiveram seu papel, e depois a tendência foi adotada pelas instituições acadêmicas que surgiam na Europa, como as universidades de Paris e Oxford. Mas esse modo de descrever o mundo provavelmente produziu seu primeiro grande fruto na Universidade de Pádua, na Itália, onde Galileu entronizou as leis simples do movimento em fórmulas matemáticas. Em 1642, ano da morte de Galileu, Isaac Newton nasceu em Lincolnshire, na Inglaterra; mais tarde, ele elaborou, com extraordinário sucesso, uma descrição matemática de como o movimento de objetos inanimados pode ser alterado por forças, sistema que, até hoje, é chamado de mecânica newtoniana.

A princípio, as forças de Newton eram noções bastante misteriosas, mas nos séculos seguintes elas se tornaram cada vez mais identificadas com o conceito de *energia*. Dizia-se que os objetos em movimento tinham energia, que podia ser transferida aos objetos estacionários em que esbarrassem, fazendo com que estes se movessem. Mas as forças também podiam ser transmitidas *remotamente* entre objetos: exemplos seriam a força gravitacional da Terra, que atraiu a maçã de Newton para o chão, ou a força magnética que desviava a agulha da bússola.

Os incríveis avanços científicos iniciados por Galileu e Newton ganharam velocidade no século XVIII e, no final do século XIX, o arcabouço básico da chamada *física clássica* estava praticamente estabelecido. Naquela época, sabia-se que outras formas de energia, como o calor e a luz, também eram capazes de interagir com os constituintes da matéria, átomos e moléculas, deixando-os mais quentes, fazendo-os emitir luz ou mudando sua cor. Considerava-se que os objetos eram compostos de partículas cujo movimento era controlado pelas forças da gravidade ou do eletromagnetismo*. Assim, o mundo material, ou pelo menos os objetos inanimados que nele existiam, dividia-se em duas entidades distintas: a matéria visível, composta de partículas, e as forças invisíveis que atuavam sobre ela de modo ainda pouco entendido, quer como ondas de energia que se propagavam pelo espaço, quer em termos de campos de força. Mas e a matéria animada que formava os organismos vivos? De que era feita e como se movia?

---

* No final do século XIX, o físico escocês James Clerk Maxwell demonstrou que as forças elétrica e magnética eram duas facetas da mesma força eletromagnética.

Triunfo das máquinas

Pelo menos, a antiga ideia de que todas as criaturas vivas eram animadas por algum tipo de substância ou entidade sobrenatural oferecia algum tipo de explicação para as diferenças notáveis entre vivos e não vivos. A vida era diferente por ser movida por uma alma espiritual, e não por alguma daquelas forças mecânicas mundanas. Mas essa explicação era sempre insatisfatória, equivalente a explicar o movimento do Sol, da Lua e das estrelas com a afirmativa de que eram empurrados por anjos. Na verdade, não havia explicação real, já que a natureza das almas (e dos anjos) continuava inteiramente misteriosa.

No século XVII, o filósofo francês René Descartes trouxe um ponto de vista alternativo e radical. Impressionado pelos relógios, brinquedos e autômatos mecânicos, que divertiam as cortes da Europa na época, ele se inspirou em seus mecanismos para fazer a afirmativa revolucionária de que o corpo das plantas e dos animais, inclusive o do homem, eram meras máquinas complicadas, compostas de materiais convencionais e movidas por dispositivos mecânicos como bombas, engrenagens, pistões e eixos que, por sua vez, estavam sujeitos às mesmas forças que governavam o movimento da matéria inanimada. Descartes isentou a mente humana dessa visão mecanicista, deixando-a com uma alma imortal; mas sua filosofia tentou, pelo menos, oferecer um arcabouço científico que explicasse a vida em termos das leis físicas que, como se descobria, governavam os objetos inanimados.

A abordagem biológica mecanicista avançou com um quase contemporâneo de Sir Isaac Newton: o médico William Harvey, que descobriu que o coração não passava de uma bomba mecânica. Um século depois, o químico francês Antoine Lavoisier demonstrou que, ao respirar, o porquinho-da-índia consome oxigênio e gera dióxido de carbono, exatamente como o fogo que fornecia a força motriz da nova tecnologia dos motores a vapor. Dessa maneira, ele concluiu que "a respiração é, portanto, um fenômeno de combustão lentíssima, muito parecida com a do carvão". Como Descartes poderia prever, os animais aparentavam não ser tão diferentes assim das locomotivas a carvão que logo transportariam a revolução industrial pela Europa.

Mas as forças que movem locomotivas a vapor também podem mover a vida? Para responder a essa pergunta, precisamos entender como a locomotiva sobe o morro.

Uma mesa de bilhar molecular

A ciência da interação entre o calor e a matéria se chama *termodinâmica*; e sua ideia fundamental veio do físico austríaco do século XIX Ludwig Boltzmann, que deu o passo ousado de tratar as partículas de matéria como uma coleção imensa de bolas de bilhar que colidiam aleatoriamente e obedeciam às leis mecânicas de Newton.

Imagine a superfície de uma mesa de bilhar dividida ao meio por um bastão móvel. Todas as bolas, inclusive a branca, estão à esquerda do bastão, bem arrumadinhas num triângulo. Agora imagine usar a bola branca para atingir o conjunto com muita força, de modo que as outras bolas disparem em movimento rápido em todas as direções, colidindo entre si e ricocheteando nas beiradas rígidas da mesa e no bastão móvel. Pense no que acontece com o bastão: ele será submetido à força de muitas colisões vindas da esquerda, onde estão todas as bolas, mas nenhuma vinda do lado direito vazio da mesa. Embora o movimento das bolas seja inteiramente aleatório, o bastão, empurrado por todas essas bolas em movimento, sofrerá uma força média que o empurrará para a direita, expandindo a área da esquerda da mesa e contraindo a área vazia. Podemos ainda imaginar o aproveitamento da nossa mesa de bilhar para realizar algum trabalho, por meio da construção de um conjunto de alavancas e roldanas que capturasse o movimento do bastão para a direita e o redirecionasse, digamos, para fazer um trenzinho de brinquedo subir um morro também de brinquedo.

Boltzmann percebeu que, em essência, é assim que os motores a calor fazem as locomotivas a vapor de verdade – não se esqueça, aquela era a época do vapor – subirem morros de verdade. As moléculas de água dentro do cilindro do motor a vapor se comportam de modo bem parecido com as bolas de bilhar espalhadas pelo impacto da bola branca: seu movimento aleatório é acelerado pelo calor da caldeira, e a moléculas, com mais energia, colidem entre si e com o pistão do motor, empurrando-o para fora e movendo os eixos, engrenagens e rodas do trem a vapor, criando assim um movimento dirigido. Mais de um século depois de Boltzmann, nosso automóvel movido a gasolina funciona exatamente segundo os mesmos princípios, mas com o produto da combustão da gasolina em vez de vapor.

Um aspecto notável da ciência da termodinâmica é que, na verdade, é só isso. O movimento ordeiro de todos os motores a calor já construídos é obtido com o aproveitamento do movimento médio de trilhões de átomos e moléculas em movimento aleatório. Não só isso; a ciência é extraordinariamente geral, aplicável não só a motores a calor, mas a quase toda a química padrão que ocorre sempre que queimamos carvão ao ar livre, deixamos um prego enferrujar, preparamos uma refeição, fabricamos aço, dissolvemos sal na água, colocamos a chaleira para ferver ou mandamos um foguete à Lua. Todos esses processos químicos envolvem troca de calor e, em nível molecular, são todos movidos por princípios termodinâmicos baseados no movimento aleatório. Na verdade, quase todos os processos não biológicos (físicos e químicos) que provocam mudança em nosso mundo são movidos por princípios termodinâmicos.

Correntes oceânicas, tempestades violentas, o desgaste das rochas, incêndios florestais e a corrosão dos metais são todos controlados pela força inexorável do caos que está por trás da termodinâmica. Cada processo complexo pode nos parecer estruturado e ordeiro, mas em seu âmago são todos impulsionados pelo movimento molecular aleatório.

A vida como caos?

Então o mesmo será verdade na vida? Voltemos à mesa de bilhar, mas ao começo do jogo, com as bolas agora arrumadas direitinho num triângulo. Dessa vez, acrescentamos também um grande número de bolas a mais (imaginemos que seja uma mesa muito grande) e damos um jeito para que sejam atingidas com violência em torno do triângulo de bolas originais. Novamente, o movimento do bastão divisório causado pela colisão aleatória será aproveitado para fazer um trabalho útil; em vez de permitir que simplesmente mova um trenzinho de brinquedo morro acima, montaremos um aparelho ainda mais inteligente. Dessa vez, nossa máquina acionada a movimento, impelida pelo ricochete caótico de todas aquelas bolas, fará algo muito especial: manterá arrumadinho, em meio ao caos, o triângulo de bolas original. Toda vez que uma das bolas da montagem triangular é tirada da posição por uma bola com movimento aleatório, algum tipo de sensor percebe o evento e conduz um braço mecânico para substituir a bola que falta no triângulo – talvez preenchendo uma lacuna num dos cantos – por outra idêntica tirada de todas as bolas que colidem ao acaso.

Esperamos que você consiga perceber que agora o sistema usa parte da energia disponibilizada por todas aquelas colisões moleculares aleatórias para manter uma de suas partes num estado extremamente organizado. Na termodinâmica, a palavra *entropia* é usada para descrever a falta de ordem, e assim se diz que os estados extremamente organizados têm baixa entropia. Pode-se dizer que nossa mesa de bilhar está colhendo energia de colisões de alta entropia (caóticas) para manter uma parte sua, o triângulo central de bolas, num estado de baixa entropia (ordenado).

Não se incomode, por enquanto, com a engenharia dessa invenção complicada; o importante é que nossa mesa de bilhar movida a entropia faz algo muito interessante. Com apenas o movimento caótico das bolas para trabalhar, esse novo sistema de bolas, mesa, bastão, sensor de bolas e braço móvel consegue manter a ordem num de seus subsistemas.

Agora imaginemos outro nível de sofisticação: dessa vez, parte da energia disponibilizada pelo bastão móvel – vamos chamá-la de *energia livre** do sistema – será usada para *construir* e *manter* o sensor e o braço móvel e até para usar muitas bolas de bilhar como matéria-prima para construir esses aparelhos. Agora o sistema inteiro é autossustentado e, em princípio, desde que abastecido continuamente com muitas bolas em movimento aleatório e espaço suficiente para o bastão se mover, poderia se manter indefinidamente.

Finalmente, além de se manter, esse sistema ampliado realizará uma façanha adicional e espantosa: usará a energia livre disponível para perceber, capturar e arrumar bolas de bilhar para fazer uma cópia de si mesmo em sua totalidade: a mesa, o bastão, o aparelho de detecção e o braço móvel, além do triângulo de bolas. E, do mesmo modo, as cópias serão capazes de aproveitar *suas* bolas de bilhar e a energia livre disponibilizada pelas colisões para fazer mais desses aparelhos autossustentados. E essas cópias...

---

* "Energia livre" é um dos conceitos mais importantes da termodinâmica e corresponde bastante bem à descrição aqui apresentada.

Bom, você já adivinhou aonde isso vai chegar. Nosso projeto faça-você-mesmo imaginário construiu um equivalente à vida movido a bolas de bilhar. Exatamente como uma ave, um peixe ou um ser humano, o aparelho imaginário é capaz de se sustentar e se duplicar aproveitando a energia livre de colisões moleculares aleatórias. E, embora seja uma tarefa complexa e difícil, em geral se considera que sua força motriz seja exatamente a mesma usada para fazer locomotivas a vapor subirem o morro. Na vida, as bolas de bilhar são substituídas por moléculas obtidas na comida, mas, embora o processo seja bem mais complexo que o descrito em nosso exemplo simples, o princípio é o mesmo: a energia livre de colisões moleculares aleatórias (e suas reações químicas) é aproveitada e direcionada para manter o corpo e fazer uma cópia desse corpo.

A vida, então, é apenas um ramo da termodinâmica? Quando saímos para caminhar, subimos morros pelo mesmo processo que empurra locomotivas a vapor? E o voo do pisco não é tão diferente assim do voo do projétil de um canhão? Em essência, a fagulha vital da vida será apenas o movimento molecular aleatório? Para responder a essa pergunta, precisamos olhar mais de perto a estrutura sutil das coisas vivas.

Espiando a vida mais a fundo

O primeiro grande avanço na descoberta da estrutura sutil da vida veio do "filósofo natural" do século XVII Robert Hooke, que espiou em seu microscópio rudimentar e viu o que chamou de "células" em fatias finas de cortiça, e do microscopista holandês Anton van Leeuwenhoek, que identificou os chamados "animálculos" – hoje chamados de vida unicelular – em gotas d'água de uma poça. Ele também observou células em plantas, glóbulos vermelhos do sangue e até espermatozoides. Mais tarde, entendeu-se que todos os tecidos vivos se dividiam nessas unidades celulares, tijolos dos corpos vivos. Em 1858, o médico e biólogo alemão Rudolf Virchow escreveu:

> *Assim como uma árvore constitui uma massa organizada de maneira definida, da qual, em cada parte isolada, tanto nas folhas quanto na raiz, tanto no tronco quanto nas flores, as células, como se descobriu, são o elemento essencial, o mesmo acontece com as formas de vida animal. Todo animal se apresenta como a soma de entidades vitais, cada uma das quais manifesta todas as características da vida.*

Quando as células vivas foram estudadas com mais detalhe ainda por microscópios mais potentes, sua estrutura interna revelou-se extremamente complexa, cada uma delas com um núcleo cheio de cromossomos no centro, cercado por *citoplasma*, no qual se inseriam subunidades especializadas chamadas *organelas,* que, como os órgãos do corpo, realizam funções específicas dentro da célula. Por exemplo, uma organela chamada mitocôndria realiza a respiração dentro das células humanas, enquanto a organela cloroplasto realiza a fotossíntese dentro das células vegetais. No geral, a célula dá a impressão de uma movimentada fábrica em miniatura. Mas o que a mantém funcionando? O que *anima* a célula? A princípio, acreditava-se em geral que as células estivessem cheias de forças "vitais", equivalentes, em essência, ao conceito aristotélico de alma; e, durante boa parte do seculo XIX, a crença no vitalismo – as criaturas vivas seriam animadas por uma força ausente nas não vivas – persistiu. Achava-se que as células estavam cheias de uma substância viva misteriosa chamada *protoplasma*, descrita em termos quase místicos.

Mas o vitalismo foi corroído pelo trabalho de vários cientistas do século XIX que conseguiram isolar substâncias químicas de células vivas idênticas às sintetizadas no laboratório. Por exemplo, em 1828, o químico alemão Friedrich Wöhler conseguiu sintetizar ureia, substância bioquímica que, antes, se pensava ser específica das células vivas. Louis Pasteur conseguiu até reproduzir transformações químicas, como a fermentação, antes considerada exclusiva da vida, usando extratos de células vivas (mais tarde chamados de enzimas). Cada vez mais, a matéria dos vivos parecia feita praticamente das mesmas substâncias químicas que formavam os não vivos; portanto, era provável que fosse governada pela mesma química. Aos poucos, o vitalismo deu lugar ao mecanicismo.

No final do século XIX, os bioquímicos tinham praticamente triunfado sobre os vitalistas*. As células eram consideradas bolsas de substâncias bioquímicas operadas por uma química complexa, mas mesmo assim baseada no movimento molecular aleatório, semelhante ao das bolas de bilhar, descrito por Boltzmann. A vida, acreditava-se, era mesmo apenas termodinâmica elaborada.

A não ser por um aspecto, possivelmente o mais importante.

Genes

Durante séculos, a capacidade dos organismos vivos de transmitir fielmente as instruções para fazer outro indivíduo igual – fosse um pisco, um rododendro ou uma pessoa – foi profundamente indecifrável. Em seu "51º Exercício," de 1653, o cirurgião inglês William Harvey escreveu:

> *Embora seja coisa conhecida e aceita por todos que o feto assume sua origem e nascimento do macho e da fêmea e, consequentemente, que o ovo é produzido pelo galo e pela galinha e os pintos saem do ovo, nem as escolas de médicos nem o cérebro*

---

*   Embora se deva deixar claro que alguns bioquímicos também eram vitalistas.

perspicaz de Aristóteles revelaram a maneira como o galo e sua semente cunham e criam o pinto que sai do ovo.

Parte da resposta foi dada dois séculos depois pelo monge e botânico austríaco Gregor Mendel, que, por volta de 1850, cruzava ervilhas na horta da abadia agostiniana de Brno. Suas observações o levaram a propor que características como a cor das flores ou o formato da ervilha eram controladas por "fatores" herdáveis que podiam ser transmitidos, sem se alterar, de uma geração a outra. Portanto, os "fatores" de Mendel constituíam um depósito de informações herdáveis que permitia às ervilhas manter seu caráter durante centenas de gerações – ou pelo qual "o galo e sua semente cunham e criam o pinto que sai do ovo".

É notório que a obra de Mendel tenha sido deixada de lado pela maioria de seus contemporâneos, inclusive Darwin, e só redescoberta no início do século XX. Seus fatores foram rebatizados de *genes* e logo se incorporaram ao crescente consenso mecanicista da biologia do século XX. Mas, embora Mendel tivesse mostrado que essas entidades tinham de existir dentro das células vivas, ninguém jamais as vira nem sabia do que se compunham. Entretanto, em 1902, o geneticista americano Walter Sutton notou que estruturas intracelulares chamadas *cromossomos* tendiam a seguir a herança dos fatores mendelianos, o que o levou a propor que os genes ficavam localizados nos cromossomos.

Mas os cromossomos são estruturas grandes (relativamente falando) e complicadas, compostas de proteínas, açúcares e uma substância bioquímica chamada ácido desoxirribonucleico, ou DNA. A princípio, não se sabia ao certo qual desses componentes, se é que havia algum, era responsável pela hereditariedade. Então, em 1943, o cientista canadense Oswald Avery conseguiu transferir um gene de uma célula bacteriana a outra extraindo o DNA da célula doadora e injetando-o na célula receptora. A experiência demonstrou que o DNA dos cromossomos é que transportava todas as informações genéticas vitais, não as proteínas nem outras substâncias bioquímicas*. Ainda assim, não parecia haver nada de mágico no DNA; nessa época, ele era considerado apenas uma substância química comum.

E a pergunta permanecia: como tudo isso funcionava? Como uma substância química transmite a informação necessária para fornecer "a maneira como o galo e sua semente cunham e criam o pinto que sai do ovo"? E como os genes eram copiados e duplicados de uma geração a outra? A química convencional, movida por aquelas moléculas parecidas com bolas de Boltzmann, não parecia capaz de oferecer meios de armazenar, copiar e transmitir informações genéticas com exatidão.

Sabidamente, a resposta foi dada em 1953, quando James Watson e Francis Crick, que trabalhavam no Laboratório Cavendish, em Cambridge, conseguiram encaixar, nos dados experimentais obtidos do DNA pela colega Rosalind Franklin, uma estrutura notável: a dupla-hélice. Verificou-se que cada filamento de DNA era um tipo de fieira molecular formada por átomos de fósforo, oxigênio e um açúcar chamado desoxirribose, com estruturas químicas chamadas *nucleotídeos*[†] enfileiradas como miçangas. Essas miçangas de nucleotídeo vêm em quatro variedades: adenina (A), guanina (G), citosina (C) e timina (T), de modo que sua arrumação ao longo do filamento de DNA forma uma sequência monodimensional de letras genéticas, como "GTCCATTGCCCGTATTACCG". Francis Crick passou a guerra trabalhando no Almirantado (órgão responsável

---

[*] Entretanto, na época, as experiências de Avery não foram consideradas prova definitiva de que o DNA fosse o material genético; esse debate ainda fervia na época de Crick e Watson.

[†] Essas estruturas químicas consistem em bases nucleotídicas formadas de carbono, nitrogênio, oxigênio, hidrogênio e pelo menos um grupo fosfato, quimicamente unidas no filamento de DNA.

pelo comando da Marinha Real britânica), e é concebível que estivesse familiarizado com códigos como os produzidos pelas máquinas alemãs Enigma, decifrados em Bletchley Park. Seja como for, quando viu o cordão de DNA, ele imediatamente reconheceu que era um código, uma sequência de informações que transmitia as instruções importantíssimas da hereditariedade. E, como descobriremos no Capítulo 7, a identificação do cordão helicoidal duplo do DNA também resolveu o problema de como copiar as informações genéticas. Num só golpe, dois dos maiores mistérios da ciência foram resolvidos.

A descoberta da estrutura do DNA foi uma solução mecanicista que decifrou o mistério dos genes. Os genes são substâncias químicas, e química é apenas termodinâmica; portanto, a descoberta da dupla-hélice teria, afinal, levado a vida totalmente para o terreno da ciência clássica?

O curioso sorriso da vida

Em *Alice no País das Maravilhas*, de Lewis Carroll, o Gato de Cheshire tem o hábito de sumir deixando apenas seu sorriso, o que leva Alice a observar que já viu "muitas vezes um gato sem sorriso, mas nunca um sorriso sem gato". Muitos biólogos sentem perplexidade semelhante quando, apesar de saberem como a termodinâmica funciona em células vivas e como os genes codificam tudo o que é necessário para formar a célula, o mistério do que é realmente a vida continua a lhes sorrir.

Um dos problemas é a absoluta complexidade das reações bioquímicas que acontecem dentro de toda célula viva. Quando produzem artificialmente um aminoácido ou um açúcar, quase sempre os químicos sintetizam apenas um único produto de cada vez, e conseguem isso controlando meticulosamente as condições experimentais da reação escolhida, como a temperatura e a concentração dos vários ingredientes, para otimizar a síntese do composto-alvo. A tarefa não é fácil e exige controle cuidadoso de muitas condições diferentes dentro de frascos personalizados, condensadores, colunas de separação, aparelhos de filtragem e outros equipamentos químicos complicados. Mas toda célula viva do corpo sintetiza continuamente milhares de substâncias bioquímicas distintas dentro de uma câmara de reação com alguns milionésimos de microlitro de fluido*. Como todas essas várias reações se realizam ao mesmo tempo? E como toda essa ação molecular é orquestrada dentro de uma célula microscópica? Essas perguntas são o foco da nova ciência da *biologia sistêmica*; mas é justo dizer que as respostas continuam misteriosas!

Outro enigma da vida é a mortalidade. Uma característica das reações químicas é que são sempre reversíveis. Podemos escrever uma reação química no sentido substratos → produtos. Mas, na realidade, a reação inversa, produto → substrato, sempre acontece ao mesmo tempo. É só que, num dado conjunto de condições, um sentido tende a dominar. Entretanto, é sempre possível encontrar outro conjunto de condições que favoreça o sentido químico inverso. Por exemplo, quando se queimam combustíveis fósseis no ar, os substratos são carbono e oxigênio, e o único produto é o dióxido de carbono, um gás do efeito-estufa. Normalmente, essa é considerada uma reação irreversível; mas algumas formas de tecnologia de captura de carbono trabalham para reverter o processo usando uma fonte de energia para fazer a reação voltar atrás. Por exemplo, Rich Masel, da Universidade de Illinois, criou uma empresa, a Dioxide Materials, que visa a usar eletricidade para transformar o dióxido de carbono atmosférico em combustível veicular.[1]

---

* Um microlitro d'água tem o volume de um milímetro cúbico.

A vida é diferente. Ninguém jamais descobriu uma condição que favoreça o sentido célula morta → célula viva. É claro que esse foi o enigma que levou nossos ancestrais a inventarem a ideia de alma. Não acreditamos mais que a célula tenha algum tipo de alma; mas, então, o que é irrevogavelmente perdido quando uma célula ou pessoa morre?

Nesse ponto, você deve estar pensando: e aquela recém-anunciada ciência da biologia sintética? Sem dúvida, os praticantes dessa ciência devem conhecer a solução do mistério da vida? Provavelmente, o praticante mais famoso da biologia sintética é o pioneiro do sequenciamento de genomas Craig Venter, que, em 2010, provocou uma tempestade científica quando afirmou ter criado *vida artificial*. Seu trabalho chegou às manchetes do mundo inteiro e provocou temores de novas raças de criaturas formadas artificialmente ocupando o planeta. Mas Venter e sua equipe conseguiram apenas modificar uma forma de vida existente, e não criar realmente vida nova. Eles o fizeram sintetizando primeiro o DNA, codificando o genoma inteiro de um patógeno bacteriano, chamado *Mycoplasma mycoides*, que provoca uma doença em cabras. Depois, injetaram o genoma do DNA sintetizado numa célula bacteriana viva e, muito espertamente, conseguiram convencê-la a substituir seu (único) cromossomo original pela versão sintética.

Sem dúvida, esse trabalho foi uma proeza técnica (do francês, *tour de force* técnico). O cromossomo bacteriano contém 1,8 milhão de letras genéticas que tiveram de ser todas enfileiradas exatamente na sequência correta. Mas, em essência, o que os cientistas fizeram foi realizar a mesma transformação que todos conseguimos fazer sem esforço quando convertemos as substâncias químicas inertes da comida em nossa própria carne viva.

O sucesso de Venter e sua equipe ao sintetizar e inserir um cromossomo bacteriano substituto abre todo um campo novo de biologia sintética que voltaremos a visitar no capítulo final. É provável que se consigam meios mais eficientes de fazer medicamentos, produzir safras ou destruir poluentes. Mas, nessa e em muitas outras experiências semelhantes, os cientistas não criam vida nova. Apesar da realização de Venter, o mistério essencial da vida continua a nos sorrir. Dizem que o físico e Prêmio Nobel Richard Feynman insistia que "o que não conseguimos fazer, não entendemos". Por essa definição, não entendemos a vida porque ainda não conseguimos fazê-la. Podemos misturar substâncias bioquímicas, aquecê-las, irradiá-las; podemos até, como o Dr. Frankenstein de Mary Shelley, usar eletricidade para animá-las; mas a única maneira de conseguirmos fazer vida é injetando essas substâncias bioquímicas em células já vivas ou comendo-as, tornando-as, portanto, parte de nosso corpo.

Então por que ainda somos incapazes de realizar um truque que trilhões dos mais vis micróbios executam sem esforço a cada segundo? Será que falta algum ingrediente? Essa é a pergunta sobre a qual o famoso físico Erwin Schrödinger refletiu há mais de setenta anos; e sua resposta muito surpreendente é essencial ao tema deste livro. Para entender por que a solução de Schrödinger para os mistérios mais profundos da vida era e continua a ser tão revolucionária, precisamos retornar ao começo do século XX, antes da descoberta da dupla-hélice, quando o mundo da física estava sendo virado de cabeça para baixo.

A revolução quântica

A explosão do conhecimento científico durante o Iluminismo, nos séculos XVIII e XIX, produziu a mecânica newtoniana, o eletromagnetismo e a termodinâmica, mostrando que, juntas, essas três áreas da física conseguiam descrever o movimento e o comportamento de todos os objetos e fenômenos macroscópicos cotidianos de nosso mundo, das balas de canhão aos relógios, das tempestades aos trens a vapor, dos pêndulos aos planetas. Mas, no final do século XIX e começo do XX, quando voltaram sua atenção para os constituintes microscópicos da matéria – os átomos e as moléculas –, os físicos descobriram que as leis conhecidas não se aplicavam mais. A física precisava de uma revolução.

O primeiro grande avanço, o conceito de "quantum", foi feito pelo físico alemão Max Planck, que apresentou seus resultados num seminário da Sociedade Alemã de Física em 14 de dezembro de 1900, data geralmente considerada o aniversário da teoria quântica. O entendimento convencional da época era que a radiação térmica, como outras formas de energia, se deslocava pelo espaço como uma onda. O problema era que a teoria ondulatória não conseguia explicar o modo como certos objetos quentes irradiam energia. Assim, Planck propôs a ideia radical de que a matéria das paredes desses corpos quentes vibrava em determinadas frequências discretas, com a consequência de que a energia térmica só era irradiada em torrõezinhos discretos – os "quanta" – que não podiam ser subdivididos. Sua teoria simples teve um sucesso extraordinário, mas era um afastamento radical da teoria *clássica* da radiação, na qual a energia era considerada contínua. Sua teoria indicava que a energia, em vez de fluir da matéria como a água que se despeja continuamente da torneira, emanava como uma coleção de pacotes separados e indivisíveis, como de uma torneira que gotejasse devagar.

Planck nunca se sentiu à vontade com a ideia de que a energia era granular, mas, cinco anos depois da proposta da teoria quântica, Albert Einstein ampliou a ideia e afirmou que toda radiação eletromagnética, inclusive a luz, é "quantizada" e não contínua, e vem em pacotes discretos, ou partículas, que hoje chamamos de fótons. Ele propunha que esse modo de pensar a luz explicaria um antigo enigma chamado efeito fotoelétrico, fenômeno pelo qual a luz podia arrancar elétrons da matéria. Foi esse trabalho, e não as teorias mais famosas da relatividade, que deu a Einstein o Prêmio Nobel em 1921.

Mas também havia muitos indícios de que a luz se comporta como uma onda contínua que se espalha. Então, como a luz poderia ser ao mesmo tempo granulosa e ondulante? Na época, não parecia fazer sentido; pelo menos, não no arcabouço da ciência clássica.

O próximo passo de gigante foi dado pelo físico dinamarquês Niels Bohr, que foi a Manchester em 1912 para trabalhar com Ernest Rutherford. Este acabara de propor seu famoso modelo planetário do átomo, com um núcleo denso e minúsculo no centro cercado por elétrons ainda menores em órbita. Mas ninguém entendia como os átomos permaneciam estáveis. De acordo com a teoria eletromagnética padrão, os elétrons com carga negativa emitiriam energia luminosa constantemente enquanto orbitassem o núcleo de carga positiva. Ao fazê-lo, perderiam energia e, muito depressa (num milésimo de bilionésimo de segundo), espiralariam para dentro, rumo ao núcleo, fazendo o átomo se aniquilar. Mas os elétrons não fazem isso. Então, qual era o truque?

Para explicar a estabilidade dos átomos, Bohr propôs que os elétrons não têm liberdade de ocupar qualquer órbita em torno do núcleo, mas apenas algumas órbitas fixas ("quantizadas"). Um elétron só pode cair na órbita mais baixa seguinte se emitir um torrão, ou quantum, de energia eletromagnética (um fóton) exatamente do mesmo valor da diferença de energia entre as duas órbitas envolvidas. Do mesmo modo, ele só pode pular para uma órbita mais alta se absorver um fóton da energia adequada.

Um modo de visualizar essa diferença entre a teoria clássica e a quântica, e explicar por que o elétron só ocuparia determinadas órbitas fixas do átomo, é comparar como as notas são tocadas num violão e num violino. Para tocar uma nota, o violinista aperta uma das cordas com o dedo sobre algum ponto do espelho do instrumento para encurtá-la e obtém a nota quando passa o arco por ela, fazendo-a vibrar. Cordas mais curtas vibram em frequência mais alta (muitas vibrações por segundo) para gerar notas mais agudas, enquanto cordas mais longas vibram em frequência mais baixa (poucas vibrações por segundo) para gerar notas mais graves.

Antes de continuar, precisamos dizer algumas palavras sobre uma das características mais fundamentais da mecânica quântica, que é o modo como frequência e energia se relacionam intimamente[*]. Vimos no capítulo anterior que as partículas subatômicas também têm propriedades ondulatórias, ou seja, como qualquer onda que se espalhe, elas estão associadas a um comprimento de onda e uma frequência de oscilação. Vibrações ou oscilações rápidas são sempre mais energéticas que vibrações lentas; pense na centrífuga, que tem de girar (ou oscilar) em alta frequência para obter energia suficiente para forçar a água a sair das roupas.

Voltemos ao violino. A afinação da nota (sua frequência vibracional) pode variar continuamente, dependendo do comprimento da corda entre o cavalete e o dedo do músico. Isso equivale à onda clássica, que pode assumir qualquer comprimento de onda (distância entre picos sucessivos). Portanto, definiremos o violino como um instrumento *clássico* – não no sentido de "música clássica", mas no sentido da física clássica não quantizada. É claro que por isso é tão difícil tocar bem violino, porque o músico tem de saber exatamente onde pôr o dedo para obter a nota certa.

Mas o braço do violão é diferente. em todo o seu comprimento, ele tem "trastes" a intervalos – barrinhas de metal um pouco mais altas que o espelho, mas sem tocar as cordas acima deles. Assim,

---

[*] Na verdade, a relação está contida na equação proposta por Max Planck em 1900. Ela se escreve $E = h\nu$, em que E é a energia, ν é a frequência e h, a chamada constante de Planck. Nessa equação, pode-se ver que a energia é proporcional à frequência.

quando o violonista põe o dedo numa corda, ela é empurrada contra o traste, que, em vez do dedo, passa a ser a extremidade temporária da corda. Quando tangida, a nota resultante é produzida pela vibração da corda apenas entre o traste e o cavalete. O número finito de trastes faz com que apenas determinadas notas, discretas, possam ser tocadas no violão. Ajustar a posição do dedo entre dois trastes não altera a nota quando a corda for tangida. Portanto, o violão é similar a um instrumento *quântico*. E, de acordo com a teoria quântica, como a frequência e a energia estão relacionadas, a corda vibrante do violão tem de possuir energia discreta e não contínua. De modo semelhante, as partículas fundamentais, como os elétrons, só podem ser associadas a determinadas frequências ondulatórias características, cada uma delas ligada a seu nível discreto de energia. Quando saltam de um estado energético a outro, elas têm de absorver ou emitir radiação correspondente à diferença de energia entre o nível de onde salta e o nível onde vai parar.

Em meados da década de 1920, Bohr, agora de volta a Copenhague, foi um dos vários físicos europeus que trabalharam febrilmente numa teoria matemática mais completa e coerente para descrever o que acontecia no mundo subatômico. Um dos mais brilhantes do grupo era um jovem gênio alemão, Werner Heisenberg. Enquanto se recuperava de uma crise de rinite alérgica na ilha alemã de Heligoland, no verão de 1925, Heisenberg permitiu um grande avanço ao formular a nova matemática necessária para descrever o mundo dos átomos. Mas era uma matemática estranha, e o que ela nos dizia sobre os átomos era mais estranho ainda. Por exemplo, Heisenberg afirmava que, além de não podermos dizer exatamente onde estava o elétron de um átomo se não estivéssemos medindo, o próprio elétron não tinha localização definida porque estava espalhado de um jeito nebuloso e incognoscível.

Heisenberg foi forçado a concluir que o mundo atômico é um lugar fantasmagórico e insubstancial que só se solidifica numa existência nítida quando montamos um aparelho de medição para interagir com ele. Esse é o processo de medição quântica que descrevemos brevemente no capítulo anterior. Heisenberg mostrou que esse processo revela apenas as características que foi especificamente projetado para medir – assim como cada instrumento do painel de um carro só dá informações sobre um aspecto de seu funcionamento, como a velocidade, a distância percorrida e a temperatura do motor. Portanto, podemos criar um experimento para determinar a posição exata de um elétron em dado momento; também podemos criar outro experimento para medir a velocidade do mesmo elétron. Mas Heisenberg demonstrou matematicamente que é impossível criar um único experimento em que se possa medir, ao mesmo tempo e com a precisão desejada, onde está o elétron e a velocidade com que se move. Em 1927, esse conceito foi incluído no famoso Princípio da Incerteza de Heisenberg, que, desde então, foi verificado muitos milhares de vezes em laboratórios do mundo inteiro. Essa continua a ser uma das ideias mais importantes de toda a ciência e uma das pedras fundamentais da mecânica quântica.

Em janeiro de 1926, mais ou menos ao mesmo tempo que Heisenberg desenvolvia suas ideias, o físico austríaco Erwin Schrödinger escreveu um artigo que esboçava um retrato muito diferente do átomo. Nele, propunha uma equação matemática hoje chamada de equação de Schrödinger, que não descreve o modo como uma partícula se move, mas o modo como uma onda evolui. Ela sugeria que, em vez de ser uma partícula nebulosa do átomo, com posição incognoscível enquanto orbita o núcleo, o elétron é uma onda espalhada por todo o átomo. Ao contrário de Heisenberg, que acreditava ser impossível ter a imagem de um elétron quando não o estamos medindo, Schrödinger preferia pensar nele como uma onda física real quando não estamos olhando e que "entra em colapso"* e passa a ser uma partícula discreta quando olhamos. Sua versão da teoria atômica passou a ser chamada de *mecânica ondulatória*, e sua famosa equação descreve como essas ondas evoluem e se comportam com o tempo. Hoje, consideramos as descrições de Heisenberg e Schrödinger formas diferentes de interpretar a matemática da mecânica quântica, e ambas, cada uma a seu modo, estão corretas.

A função de onda de Schrödinger

Quando queremos descrever o movimento de objetos cotidianos, sejam balas de canhão, trens a vapor, planetas, cada um deles composto de trilhões de partículas, resolvemos o problema usando um conjunto de equações matemáticas que datam da obra de Isaac Newton. Mas, se o sistema que descrevemos residir no mundo quântico, teremos de usar a equação de Schrödinger. E aí jaz a diferença profunda entre as duas abordagens, pois, em nosso mundo newtoniano, a solução de uma equação de movimento é um número ou um conjunto de números que define(m) a localização exata de um objeto num dado momento. No mundo quântico, a solução da equação de Schrödinger é uma quantidade matemática chamada função de onda que *não* nos diz a localização exata, digamos, de um elétron num momento específico, mas oferece todo um conjunto de números que descreve a *probabilidade* de encontrar o elétron em diversos locais do espaço *se fôssemos procurá-lo ali*.

É claro que sua primeira reação será: mas isso não basta; dizer onde o elétron *pode* estar não parece uma informação muito útil.

---

* Às vezes, esse processo é chamado de "colapso da função de onda" e, nos livros didáticos modernos, refere-se a uma mudança da descrição matemática do elétron, e não ao colapso físico de uma onda real.

Você há de querer saber exatamente onde *está* a partícula. Mas, ao contrário dos objetos clássicos, que sempre ocupam uma posição definida no espaço, o elétron pode estar em vários lugares ao mesmo tempo até o instante em que é medido. A função de onda quântica se espalha por todo o espaço; ou seja, ao descrever um elétron, digamos, o máximo que conseguimos é calcular um conjunto de números que revela a probabilidade de encontrá-lo, não num só lugar, mas em todos os pontos do espaço ao mesmo tempo. No entanto, é importante perceber que essas probabilidades quânticas não constituem nenhuma deficiência de nosso conhecimento que pudesse ser curada com a obtenção de mais informações; na verdade, elas são uma característica fundamental do mundo natural em escala microscópica.

Imagine um ladrão de joias que acabou de receber liberdade condicional e sai da prisão. Em vez de se endireitar, ele volta imediatamente aos velhos hábitos e começa a arrombar casas da cidade inteira. Com o estudo de um mapa, a polícia consegue rastrear seu provável paradeiro desde o momento em que foi libertado. Embora não possam identificar sua localização exata num dado momento, os policiais conseguem atribuir probabilidades a roubos cometidos por ele em vários bairros.

Para começar, as casas próximas à penitenciária correm risco maior, mas com o tempo a área ameaçada cresce. E, sabendo o tipo de propriedade que ele roubou no passado, a polícia também é capaz de dizer com certa confiança que os bairros mais ricos, com suas joias de maior valor, correm mais risco que as áreas mais pobres. Essa onda de crimes de um só homem que se espalha pela cidade pode ser considerada uma onda de probabilidades. Não é tangível e não é real; é apenas um conjunto de números abstratos que podem ser atribuídos a várias partes da cidade. De modo parecido, a função de onda se espalha a partir do ponto onde o elétron foi visto pela última vez. Calcular o valor dessa função de onda em diversos momentos e posições nos permite atribuir probabilidades ao lugar onde ele aparecerá em seguida.

E se a polícia agir com base numa denúncia e pegar o ladrão em flagrante, saindo por uma janela com seu saco de "mercadoria" nas costas? Imediatamente, a distribuição de probabilidades disseminadas que descreve o paradeiro do ladrão "entra em colapso" e passa a estar num só lugar, sem dúvida nenhuma, e em nenhum outro. Do mesmo modo, se o elétron for percebido num determinado local, sua função de onda se altera instantaneamente. No momento da percepção, haverá zero probabilidade de encontrá-lo em outro lugar.

Entretanto – e é aí que a analogia se desfaz –, embora antes que o peguem os policiais só possam atribuir probabilidades ao paradeiro do ladrão, eles sabem que isso só se deve à falta de informações. Afinal de contas, o ladrão na verdade não se espalhou pela cidade e, embora a polícia possa considerar que, potencialmente, ele esteja em qualquer lugar, na verdade é claro que ele só está num único lugar a cada instante. Mas, em nítido contraste com o ladrão, quando não acompanhamos o movimento do elétron, não podemos supor que, ainda assim, ele exista em algum lugar definido num momento específico. Ao contrário, para descrevê-lo, só temos a função de onda, que está em todo lugar ao mesmo tempo. Só por meio do ato de olhar (realizar uma medição) podemos "forçar" o elétron a se tornar uma partícula localizada.

Em 1927, graças ao esforço de Heisenberg, Schrödinger e outros, a base matemática da mecânica quântica estava praticamente completa. Hoje, ela constitui o alicerce sobre o qual se constrói boa parte da física e da química e nos dá um quadro extraordinariamente completo dos componentes do universo como um todo. Na verdade, sem o poder explicativo da mecânica quântica para descrever como tudo se encaixa, boa parte de nosso mundo tecnológico moderno simplesmente não seria possível.

E assim foi que, no final da década de 1920, empolgados com o sucesso recente da domesticação do mundo atômico, vários pioneiros quânticos saíram dos laboratórios de física para invadir outra área da ciência: a biologia.

Os primeiros biólogos quânticos

Na década de 1920, a vida ainda era um mistério. Embora os bioquímicos do século XIX fizessem grandes avanços na construção de um entendimento mecanicista da química da vida, muitos cientistas continuavam a se agarrar ao princípio vitalista de que a biologia não podia se reduzir a química e física e exigia um conjunto de leis próprias. O "protoplasma" dentro das células vivas ainda era considerado uma forma misteriosa de matéria animada por forças desconhecidas, e o segredo da hereditariedade continuava a escapar à ciência crescente da genética.

Mas, naquela década, surgiu uma nova cepa de cientistas, os organicistas, que rejeitavam os ideais tanto dos vitalistas quanto dos mecanicistas. Esses cientistas aceitavam que havia algo misterioso na vida, mas afirmavam que o mistério, em princípio, *podia* ser explicado por leis da física e da química ainda não descobertas. Um dos grandes defensores do movimento organicista foi outro austríaco, este de nome exótico, Ludwig von Bertalanffy, que escreveu alguns dos primeiros artigos sobre as teorias de desenvolvimento biológico e, em 1928, ressaltou a necessidade de um novo princípio biológico para descrever a essência da vida no livro *Kritische Theorie der Formbildung* (*Teoria crítica da morfogênese*). Suas ideias e esse livro, especificamente, influenciaram muitos cientistas, entre eles outro físico quântico pioneiro, Pascual Jordan.

Nascido e educado em Hanover, Pascual Jordan estudou com Max Born[*], um dos fundadores da mecânica quântica, em Göttingen, na Alemanha. Em 1925, Jordan e Born publicaram o clássico artigo "Zur Quantenmechanik" (Sobre a mecânica quântica). Um ano depois, a "continuação", "Zur Quantenmechanik II", foi publicada por Jordan, Born e Heisenberg. Conhecido como o *Dreimännerwerk*, esse "artigo de três homens" é considerado um dos clássicos da mecânica quântica, pois aproveitou o extraordinário avanço de Heisenberg e o transformou num modo matematicamente elegante de descrever o comportamento do mundo atômico.

No ano seguinte, Jordan fez o que qualquer jovem físico europeu de respeito de sua geração faria se tivesse oportunidade: passou um período em Copenhague trabalhando com Niels Bohr. Em algum momento de 1929, os dois começaram a discutir se a mecânica quântica teria alguma aplicação no campo da biologia. Pascual Jordan retornou à Alemanha com um cargo na Universidade de Rostock e, nos anos seguintes, manteve correspondência com Bohr sobre a relação entre a física e a biologia. Suas ideias culminaram num artigo científico que talvez seja o primeiro sobre biologia quântica, escrito por Jordan em 1932 para a revista alemã *Die Naturwissenschaften* e intitulado "Die Quantenmechanik und die Grundprobleme der Biologie und Psychologie" (A mecânica quântica e os problemas fundamentais da biologia e da psicologia).[2]

Os textos de Jordan contêm várias ideias interessantes sobre o fenômeno da vida; no entanto, suas especulações biológicas ficaram cada vez mais politizadas e alinhadas com a ideologia nazista, e ele chegou a afirmar que o conceito de um único líder (*Führer*) ou guia ditatorial era um princípio central da vida.

---

[*] Max Born foi o primeiro a fazer a ligação entre a função de onda de Schrödinger e as probabilidades da mecânica quântica.

Sabemos que há numa bactéria, em meio ao número enorme de moléculas que constitui essa [...] criatura [...] um número pequeníssimo de moléculas especiais dotadas de autoridade ditatorial sobre o organismo como um todo; elas formam o Steuerungszentrum [centro de navegação] da célula viva. A probabilidade de a absorção de um quantum de luz em qualquer ponto fora desse Steuerungszentrum matar a célula é tão pequena quanto a de uma grande nação ser aniquilada com a morte de um único soldado. Mas a absorção de um quantum de luz no Steuerungszentrum da célula pode levar o organismo inteiro à morte e à dissolução – de modo semelhante a um ataque bem executado contra um estadista dominante [führenden], que pode pôr toda uma nação num profundo processo de dissolução.[3]

Essa tentativa de importar a ideologia nazista para a biologia é, ao mesmo tempo, fascinante e assustadora. Mas, dentro dela, há o germe de uma ideia curiosa que Jordan chamou de *Verstärkertheorie*, ou teoria da amplificação. Jordan ressaltou que os objetos inanimados eram governados pela média do movimento aleatório de milhões de partículas, de modo que o movimento de uma única molécula não tem influência nenhuma sobre o objeto como um todo. Mas a vida, afirmava ele, era diferente, porque era governada por pouquíssimas moléculas dentro do *Steuerungszentrum* que têm influência ditatorial, de modo que os eventos em nível quântico que governam seu movimento, como o Princípio da Incerteza de Heisenberg, são amplificados para influenciar o organismo inteiro.

Essa ideia é interessante e retornaremos a ela; mas não foi desenvolvida na época e não teve muita influência porque, depois da derrota da Alemanha em 1945, a política nazista de Jordan o deixou bastante desacreditado entre os contemporâneos, e suas ideias sobre biologia quântica foram desdenhadas. Outros casamenteiros entre as disciplinas da biologia e da física quântica foram espalhados aos quatro ventos pelo fim da guerra; e a física, profundamente abalada pelo uso da bomba atômica, voltou sua atenção para problemas mais tradicionais.

Mas a chama da biologia quântica seria mantida acesa por ninguém menos que Erwin Schrödinger, o inventor da mecânica quântica ondulatória. Às vésperas da Segunda Guerra Mundial, ele fugiu da Áustria – a esposa era considerada "não ariana" sob as leis nazistas – e se instalou na Irlanda, onde, em 1944, publicou um livro cujo título perguntava *O que é vida?* e no qual esboçou uma nova visão da biologia que permanece fundamental no campo da biologia quântica e, de fato, neste livro. É essa visão que examinaremos com um pouco de profundidade antes de terminar este capítulo histórico.

Ordem até lá embaixo

O problema que fascinava Schrödinger era o misterioso processo da hereditariedade. Devemos nos lembrar de que, naquela época, primeira metade do século XX, os cientistas sabiam que os genes passavam de uma geração a outra, mas não de que eram feitos nem como funcionavam. Que leis, perguntava-se Schrödinger, davam à hereditariedade seu alto nível de fidelidade? Em outras palavras, como cópias idênticas de genes eram passadas praticamente inalteradas de uma geração a outra?

Schrödinger sabia que as leis precisas e repetidamente demonstráveis da física e da química clássicas, como as da termodinâmica, baseadas no movimento aleatório de átomos e moléculas, eram, na realidade, leis estatísticas, ou seja, só são verdadeiras *em média* e só são confiáveis porque envolvem um número enorme de partículas em interação. Voltemos à nossa mesa de bilhar: o movimento de uma única bola é inteiramente imprevisível, mas lance montes de bolas na mesa e bata nelas aleatoriamente durante cerca de uma hora e é possível prever que a maioria acabará nas caçapas. A termodinâmica funciona assim: a média do comportamento de muitas moléculas é que é previsível, não o comportamento de cada molécula. Schrödinger ressaltou que leis estatísticas como as da termodinâmica não descrevem com exatidão sistemas compostos apenas de um número pequeno de partículas.

Consideremos, por exemplo, as leis dos gases descritas por Robert Boyle e Jacques Charles trezentos anos atrás. Elas descrevem a expansão do volume do gás num balão quando aquecido e sua contração quando resfriado. Esse comportamento pode ser representado por uma fórmula matemática simples conhecida como lei dos gases ideais*. Um balão obedece a essas leis ordeiras: quando aquecido, expande-se; quando resfriado, contrai-se. Ele obedece a essas leis apesar de conter trilhões de moléculas que, individualmente, se comportam como as bolas de bilhar desordeiras cujo movimento é inteiramente aleatório, chocando-se, empurrando-se e ricocheteando na parede interna do balão. Como o movimento desordeiro gera leis ordeiras?

Quando o balão é aquecido, as moléculas de ar se movem mais depressa, o que faz com que se choquem entre si e com as paredes do balão com um pouco mais de força. Essa força a mais exerce mais pressão sobre a película elástica do balão (assim como sobre o bastão móvel da mesa de bilhar de Boltzmann), fazendo com que se expanda. A quantidade de expansão dependerá do calor fornecido e é inteiramente previsível e descrita com exatidão pelas leis dos gases. O importante é que o objeto singular que é o balão obedece estritamente à lei dos gases porque o movimento ordeiro de sua superfície única, contínua e elástica vem do movimento desordeiro de um número

---

* A lei é representada pela equação $PV = nRT$, em que n é a quantidade de gás na amostra, R é a constante universal dos gases, P é a pressão, V é o volume do gás e T, a temperatura.

muito grande de partículas, gerando, como explicou Schrödinger, ordem a partir da desordem.

Schrödinger afirmava que não são apenas as leis dos gases que tiram sua exatidão das propriedades estatísticas dos grandes números; *todas* as leis da física e da química clássicas, incluindo as leis que governam a dinâmica dos fluidos ou as reações químicas, baseiam-se nesse princípio da "média de grandes números" ou da "ordem a partir da desordem".

Mas, embora um balão de tamanho normal que contenha trilhões de moléculas de ar obedeça sempre às leis dos gases, um balão microscópico, tão pequeno que só contenha um punhado de moléculas de ar, não obedecerá. Isso acontece porque, mesmo com temperatura constante, essas poucas moléculas, de vez em quando e de maneira totalmente aleatória, vão se afastar uma das outras, fazendo o balão se expandir. Do mesmo modo, às vezes ele se contrairá pela única razão de que todas as suas moléculas, aleatoriamente, deslocaram-se para dentro. Portanto, o comportamento de um balão pequeníssimo será quase sempre imprevisível.

É claro que essa dependência da ordem e da previsibilidade encontradas em grandes números nos é muito familiar em outros aspectos da vida. Por exemplo, os americanos jogam mais beisebol que os canadenses, mas estes jogam mais hóquei no gelo que aqueles. Com base nessa "lei" estatística, podem-se fazer previsões adicionais sobre cada país; por exemplo, os Estados Unidos importarão mais bolas de beisebol que o Canadá, e este importará mais tacos de hóquei que os Estados Unidos. Mas, embora essas leis estatísticas tenham valor preditivo quando aplicadas a países inteiros, com milhões de habitantes, elas não conseguem prever com exatidão o comércio de tacos de hóquei ou bolas de beisebol numa única cidade pequena num estado americano como Minnesota ou canadense como Saskatchewan.

Schrödinger fez mais do que apenas observar que não se pode confiar nas leis estatísticas da física clássica no nível microscópio: ele quantificou o declínio da exatidão e calculou que a magnitude dos desvios daquelas leis é inversamente proporcional à raiz quadrada do número de partículas envolvidas. Assim, um balão com um trilhão (um milhão de milhões) de partículas só se desvia um milionésimo do comportamento estrito das leis dos gases. No entanto, um balão com apenas cem partículas se desviará do comportamento ordeiro uma em cada dez vezes. Embora esse balão tenda a se expandir quando aquecido e a se contrair quando resfriado, ele não o fará de um modo que possa ser representado por alguma lei determinista. Todas as leis estatísticas da física clássica estão sujeitas a essa restrição: são verdadeiras para objetos compostos de um número muito grande de partículas, mas não descrevem o comportamento de objetos compostos de um número pequeno de partículas. Portanto, tudo que dependa das leis clássicas para ter confiabilidade e regularidade precisa ser composto de muitas partículas.

E a vida? Seu comportamento ordeiro, como nas leis da hereditariedade, pode ser explicado por leis estatísticas? Quando refletiu sobre essa questão, Schrödinger concluiu que o princípio de "ordem a partir da desordem" que embasava a termodinâmica não podia governar a vida, porque, em seu ponto de vista, pelo menos algumas máquinas biológicas menores são simplesmente pequenas demais para serem governadas por leis clássicas.

Por exemplo, na época em que escrevia *O que é vida?* – época em que se sabia que a hereditariedade era governada pelos genes, embora a natureza desses genes ainda fosse um mistério –, Schrödinger fez uma pergunta simples: os genes têm tamanho suficiente para derivar sua exatidão reprodutiva das leis estatísticas de "ordem a partir da desordem"? Ele chegou ao tamanho estimado de um único gene: um cubo com lados de, no máximo, 300 ångstroms (um ångstrom corresponde a 0,0000001 milímetro). Esse cubo conteria cerca de um milhão de átomos. Pode parecer muito, mas a raiz quadrada de um milhão é mil, e o nível de inexatidão ou "ruído" da hereditariedade deveria ser da ordem de um em mil, ou 0,1%. Portanto, se a hereditariedade se baseasse em leis estatísticas clássicas, geraria erros (desvios das leis) num nível de um em mil. Mas sabia-se que os genes podiam ser fielmente transmitidos com taxas de mutação (erros) de menos de um em um bilhão. Esse altíssimo grau de fidelidade convenceu Schrödinger de que as leis da hereditariedade não podiam se basear nas leis clássicas de "ordem a partir da desordem". Em vez disso, ele propôs que os genes eram mais parecidos com átomos ou moléculas individuais por estarem sujeitos às leis não clássicas, mas estranhamente ordeiras da ciência que ele ajudara a criar: a mecânica quântica. Schrödinger propôs que a hereditariedade se baseava no novo princípio de "ordem a partir da ordem".

Em 1943, ele apresentou sua teoria pela primeira vez numa série de palestras no Trinity College, em Dublin, e a publicou no ano seguinte em *O que é vida?*, no qual escreveu: "Parece que o organismo vivo é um sistema macroscópico que, em parte de seu comportamento, aproxima-se daquilo [...] a que tendem todos os sistemas quando a temperatura se aproxima do zero absoluto e a desordem molecular é removida". Por razões que logo descobriremos, no zero absoluto todos os objetos se submetem às leis quânticas e não às termodinâmicas. A vida, afirmava Schrödinger, é um fenômeno de nível quântico capaz de voar pelo ar, caminhar sobre duas ou quatro patas, nadar no oceano, crescer na terra ou, na verdade, ler este livro.

O estranhamento

Nos anos seguintes à publicação do livro de Schrödinger, houve a descoberta da dupla-hélice do DNA e a ascensão meteórica da biologia molecular, disciplina que se desenvolveu em grande parte sem referência aos fenômenos quânticos. A clonagem de genes, a engenharia genética, a caracterização (*fingerprinting*) e o sequenciamento do genoma foram desenvolvidos por biólogos que, em geral, se contentavam, com certa razão, em ignorar o mundo quântico matematicamente desafiador. Houve investidas ocasionais na terra fronteiriça entre a biologia e a mecânica quântica. No entanto, a maioria dos cientistas esqueceu a ousada afirmativa de Schrödinger; muitos eram até abertamente hostis à ideia de que a mecânica quântica fosse necessária para explicar a vida. Por exemplo, em 1962 o químico e cientista cognitivo britânico Christopher Longuet-Higgins escreveu:

> *Lembro-me de uma discussão, alguns anos atrás, sobre a possível ocorrência de forças mecânicas quânticas de longo alcance entre enzimas e seus substratos. No entanto, era perfeitamente correto tratar uma hipótese dessas com reserva, não só por causa da fragilidade dos indícios experimentais, como também da grande dificuldade de conciliar essa ideia com a teoria geral das forças intermoleculares.[4]*

Mesmo em 1993, quando foi publicado o livro *O que é vida? 50 anos depois*[5], reunindo artigos escritos por participantes de um encontro realizado em Dublin cinquenta anos após a apresentação de Schrödinger, a mecânica quântica mal foi mencionada.

Boa parte do ceticismo que a afirmativa de Schrödinger atraiu na época se baseava na crença geral de que não seria possível que os delicados estados quânticos sobrevivessem no ambiente molecular quente, úmido e movimentado no interior dos organismos vivos. Como descobrimos no capítulo anterior, essa era a principal razão para que muitos cientistas fossem (e muitos ainda são) bastante céticos em relação à noção de que a bússola das aves poderia ser governada pela mecânica quântica. Você deve se lembrar de que, quando discutimos essa questão no Capítulo 1, descrevemos as propriedades quânticas da matéria que desaparecem com o arranjo aleatório das moléculas em objetos grandes. Com nossa noção termodinâmica, podemos agora ver a fonte dessa dissipação: as colisões moleculares semelhantes às das bolas de bilhar, que Schrödinger identificou como fonte das leis estatísticas da "ordem a partir da desordem". Partículas dispersas podem ser realinhadas para revelar sua profundidade quântica oculta, mas somente em circunstâncias especiais e, em geral, por pouquíssimo tempo apenas. Por exemplo, vimos que os núcleos de hidrogênio que giram dispersos pelo corpo podem ser alinhados para gerar um sinal de ressonância magnética *coerente* a partir da propriedade quântica do *spin* – mas só com a aplicação de um campo magnético fortíssimo criado por um ímã grande e potente, e somente enquanto essa força magnética se mantiver; assim que o campo magnético for desligado, as partículas voltarão a se alinhar aleatoriamente com todas as colisões moleculares, e o sinal quântico se torna disperso e impossível de detectar. Esse processo pelo qual o movimento molecular aleatório desorganiza sistemas mecânicos quânticos cuidadosamente alinhados se chama *decoerência* e elimina rapidamente os estranhos efeitos quânticos em objetos inanimados grandes.

Elevar a temperatura de um corpo aumenta a energia e a velocidade das colisões moleculares, e a decoerência ocorre mais depressa em temperatura mais alta. Mas não pense que "mais alta" significa "pelando". Na verdade, mesmo em temperatura ambiente a decoerência é quase instantânea. É por isso que a ideia de que corpos vivos quentes conseguiriam manter estados quânticos delicados era, pelo menos a princípio, considerada extremamente implausível. Só quando os objetos são resfriados quase até o zero absoluto – uma temperatura de -273 °C – o movimento molecular aleatório é completamente imobilizado para conter a decoerência e permitir que a mecânica quântica apareça. Agora o significado da declaração supracitada de Schrödinger fica mais claro. O físico afirmava que a vida consegue trabalhar segundo um manual que normalmente só se aplica a temperaturas 273 graus mais frias que qualquer organismo vivo.

Mas, como tanto Jordan quanto Schrödinger defendiam, e como você descobrirá se continuar lendo, a vida é diferente dos objetos inanimados, porque um número relativamente pequeno de partículas extremamente ordenadas, como as existentes dentro de um gene ou na bússola das aves, faz diferença no organismo como um todo. Foi isso que Jordan chamou de amplificação e Schrödinger, de ordem a partir da ordem. De fato, a cor de seus olhos, o formato do nariz, aspectos do caráter, seu nível de inteligência e até a propensão a adoecer foram todos determinados por exatamente 46 supermoléculas extremamente ordenadas: os cromossomos de DNA que você herdou de seus pais. Nenhum objeto macroscópico inanimado do universo conhecido tem essa sensibilidade à estrutura detalhada da matéria em seu nível mais fundamental, um nível no qual reina a mecânica quântica e não as leis clássicas. Schrödinger afirmava que isso é que torna a vida tão especial. Em 2014, setenta anos depois de Schrödinger publicar seu livro, estamos finalmente começando a apreciar as consequências espantosas da resposta extraordinária que ele deu à pergunta *o que é vida*?

3. Os motores da vida

Sessenta e oito milhões de anos atrás, no período que hoje chamamos de Cretáceo tardio, um jovem tiranossauro andava pelo vale pouco arborizado de um rio que cortava uma floresta semitropical.

Com uns dezoito anos, o animal ainda não chegara à maturidade, mas tinha quase cinco metros de altura. Com cada passo pesado, aceleravam-se muitas toneladas de carne de dinossauro, com ímpeto suficiente para esmagar árvores ou quaisquer criaturas menores que tivessem o infortúnio de estar em seu caminho. A capacidade de seu corpo manter a integridade mesmo submetido a forças capazes de romper a carne devia-se ao fato de que todos os ossos, tendões e músculos eram seguros por fibras rijas, mas elásticas de uma proteína chamada *colágeno*. Essa proteína atua como um tipo de cola que liga a carne e é um componente essencial do corpo de todos os animais, inclusive do nosso. Como todas as biomoléculas, ele é feito e desfeito pelas máquinas mais extraordinárias do universo conhecido. Nosso foco neste capítulo é como funcionam essas nanomáquinas* biológicas; a partir daí, examinaremos a descoberta recente de que as engrenagens e alavancas dessas máquinas da vida mergulham no mundo quântico para nos manter vivos – a nós e a todos os organismos.

Mas antes, voltemos àquele antigo vale. Nesse dia específico, o corpanzil do dinossauro, construído por milhões de nanomáquinas, será sua ruína, porque aqueles membros tão eficazes para perseguir e desmembrar as presas de pouco adiantarão para retirá-lo da lama grudenta do leito macio do rio onde ele tropeçou. Depois de muitas horas de luta infrutífera, os imensos maxilares do tiranossauro se encheram de água escura, e o animal moribundo afundou na lama. Na maioria das circunstâncias, a carne do animal sofreria o mesmo apodrecimento rápido dos "bexiguentos" do coveiro de Hamlet, mas esse dinossauro específico afundou tão depressa que logo todo o seu corpo se cobriu de areia e lama densa, que lhe preservaram a carne. No decorrer de anos e séculos, sais

---

* "Nano" se refere a estruturas na escala de um nanômetro, ou um bilionésimo de metro.

minerais finamente granulados penetraram nas cavidades e poros de seus ossos e carne, substituindo por pedra os tecidos do animal: o cadáver se transformou num fóssil de dinossauro. Na superfície, os rios continuaram a perambular pela paisagem, depositando camadas sucessivas de areia, lama e sedimentos, até o fóssil ficar debaixo de dezenas de metros de xisto e arenito.

Uns quarenta milhões de anos depois, o clima esquentou, os rios secaram e as camadas de pedra que cobriram durante tanto tempo os ossos mortos foram erodidas pelo vento quente do deserto. Outros vinte e oito milhões de anos se passaram até que integrantes de outra espécie bípede, *Homo sapiens*, entrassem no vale do rio; mas em geral esses primatas eretos evitavam aquela região seca e hostil. Quando chegaram, numa época mais moderna, os colonos europeus deram a essa terra inóspita o nome de Badlands ("terras ruins") de Montana e chamaram o vale seco do rio de Hell Creek ("riacho do inferno"). Em 2002, uma equipe de paleontologistas comandada por Jack Horner, o caçador de fósseis mais famoso do mundo, acampou ali. Bob Hormon, integrante do grupo, almoçava quando notou um grande osso que se destacava da pedra logo acima dele.

No decorrer de três anos, quase metade do esqueleto inteiro do animal foi cuidadosamente escavada, retirada da pedra circundante – tarefa que envolveu o Corpo de Engenharia do Exército, um helicóptero e muitos alunos de pós-graduação – e transportada para o Museum of the Rockies, o Museu das Rochosas, em Bozeman, no estado de Montana, onde foi denominado espécime MOR 1255. O fêmur do dinossauro teve de ser cortado em dois antes de ser guinchado pelo helicóptero, e, no processo, um pedaço de osso fossilizado se quebrou. Jack Horner deu vários fragmentos à Dra. Mary Schweitzer, sua colega paleontologista na Universidade do Estado da Carolina do Norte, que, como ele sabia, estava interessada na composição química dos fósseis.

Quando abriu a caixa, a Dra. Schweitzer se surpreendeu. O primeiro fragmento que olhou parecia ter tecidos de aparência muito incomum no lado interno do osso (na cavidade do tutano). Ela pôs o osso num banho ácido que dissolveria os minerais rochosos externos e revelaria a estrutura interna mais profunda. No entanto, nessa ocasião, ela acidentalmente deixou o fóssil tempo demais no banho; quando retornou, *todos* os minerais tinham se dissolvido. Schweitzer esperava que o fóssil inteiro tivesse se desintegrado, mas ela e os colegas se espantaram ao descobrir que restara uma substância fibrosa e flexível que, no microscópio, parecia igual ao tipo de tecido mole encontrado em ossos modernos. E, como nos ossos modernos, esse tecido parecia cheio de vasos sanguíneos, glóbulos vermelhos e aquelas fibras longas de colágeno, a cola biológica que havia mantido inteiro o grande animal vivo.

Fósseis que preservam a estrutura dos tecidos moles são raros, mas de modo algum desconhecidos. Os fósseis dos Xistos de Burgess, encontrados entre 1910 e 1925 no alto das Montanhas Rochosas canadenses, na Colúmbia Britânica, conservam impressões detalhadíssimas da carne dos animais que nadavam nos mares cambrianos há quase seiscentos milhões de anos, assim como o famoso arqueoptérix emplumado da pedreira de Solnhofen, na Alemanha, que viveu há uns cento e cinquenta milhões de anos. Só que os fósseis convencionais de tecidos moles conservam apenas a *impressão* do tecido biológico, não sua *substância*; mas o material flexível que restara no banho ácido de Mary Schweitzer parecia ser o próprio tecido mole do dinossauro. Em 2007, quando Schweitzer publicou seu achado na revista *Science*[2], o artigo foi recebido a princípio com surpresa e um grau considerável de ceticismo. Mas, embora a sobrevivência de biomoléculas durante milhões de anos seja realmente espantosa, o centro de nosso interesse é o que aconteceu depois nessa história. Para provar que as estruturas fibrosas eram mesmo feitas de colágeno, primeiro Schweitzer demonstrou que as proteínas que aderem ao colágeno moderno também aderiam às fibras de seu osso antigo. Como teste final, ela misturou o tecido de dinossauro com uma enzima chamada *colagenase*, uma das muitas máquinas biomoleculares que fazem e desfazem fibras de colágeno no corpo dos animais. Em minutos, cadeias de colágeno que tinham durado sessenta e oito milhões de anos foram rompidas pela enzima.

As enzimas são os motores da vida. As que provavelmente conhecemos melhor têm usos cotidianos um tanto vulgares, como as proteases adicionadas aos detergentes "biológicos" que ajudam a tirar manchas, a pectina que se põe na geleia para dar ponto ou a renina adicionada ao leite para que coalhe e vire queijo. Podemos também apreciar o papel que as várias enzimas presentes no estômago e no intestino têm na digestão da comida. Mas esses são exemplos bastante triviais da ação das nanomáquinas da natureza. Toda vida depende ou dependeu de enzimas, desde aqueles primeiros micróbios que surgiram na sopa primordial e os dinossauros que pisotearam as florestas jurássicas até todos os organismos vivos hoje. Cada célula de nosso corpo está cheia de centenas ou mesmo milhares dessas máquinas moleculares que ajudam a manter em andamento o processo contínuo de montagem e reciclagem de biomoléculas, processo que chamamos de vida.

Aqui, "ajudar" é a palavra-chave que define o que as enzimas fazem: seu serviço é apressar (*catalisar*) todo tipo de reação bioquímica que, sem elas, aconteceria demasiado devagar. Portanto, as proteases adicionadas aos detergentes apressam a digestão das proteínas das manchas; a pectina apressa a digestão dos polissacarídeos das frutas; a renina apressa a coagulação do leite. Do mesmo modo, as enzimas de nossas células apressam o *metabolismo*: processo pelo qual trilhões de biomoléculas dentro das células são transformados continuamente em trilhões de outras biomoléculas para nos manter vivos.

A enzima colagenase acrescentada por Mary Schweitzer aos ossos de dinossauro é apenas uma dessas biomáquinas, cujo serviço regular no corpo dos animais é desintegrar fibras de colágeno. A aceleração oferecida pelas enzimas pode ser grosseiramente estimada comparando-se o tempo necessário para digerir fibras de colágeno em sua ausência (claramente, mais de sessenta e oito milhões de anos) e na presença da enzima certa (cerca de trinta minutos): uma diferença de um trilhão de vezes.

Neste capítulo, examinaremos de que modo enzimas como a colagenase conseguem atingir essa aceleração química astronômica. Uma das surpresas dos últimos anos é a descoberta de que a mecânica quântica tem um papel fundamental na ação de pelo menos algumas enzimas; e, já que são centrais na vida, elas são nosso primeiro ponto de parada na viagem pela biologia quântica.

Enzimas: entre os vivos e os mortos

A exploração das enzimas antecede em muitos milênios sua descoberta e caracterização. Vários milhares de anos atrás, nossos ancestrais transformavam cereais ou suco de uva em cerveja ou vinho com a adição de levedura – em essência, um saco de enzimas microbiano*. Eles também entendiam que extratos do revestimento do abomaso, o quarto estômago dos bezerros, aceleravam a transformação do leite em queijo. Durante muitos séculos, acreditava-se que essas propriedades transformadoras se deviam a forças vitais associadas aos organismos vivos, que os dotavam da vitalidade e da velocidade de mudança que distinguia os vivos dos mortos.

---

* Leveduras são fungos unicelulares.

Em 1752, inspirado pela filosofia mecanicista de René Descartes, o cientista francês René-Antoine Ferchault de Réaumur resolveu investigar uma dessas supostas atividades vitais, a digestão, com uma experiência engenhosa. Na época, achava-se em geral que os animais digerissem a comida por um processo mecânico realizado pela trituração e pela agitação dentro dos órgãos digestórios. Essa teoria parecia especialmente aplicável aos pássaros, cuja moela continha pedrinhas que, pelo que se acreditava, maceravam os alimentos – uma ação mecânica coerente com a opinião de René Descartes (delineada no capítulo anterior) de que os animais eram meras máquinas. Mas Réaumur ficou curioso porque as aves de rapina, cuja moela não tinha pedras digestivas, também conseguiam digerir a comida. Então, ele alimentou seu falcão de estimação com pedacinhos de carne fechados em minúsculas cápsulas metálicas com furinhos. Quando recuperou as cápsulas, ele descobriu que a carne estava completamente digerida, apesar de não ser submetida a nenhuma ação mecânica por estar protegida dentro do metal. Claramente, as engrenagens, alavancas e moedores de Descartes não bastavam para explicar pelo menos uma das forças vitais.

Um século depois do trabalho de Réaumur, outro francês, o químico e criador da microbiologia Louis Pasteur, estudou outra transformação biológica até então atribuída a "forças vitais": a conversão de suco de uva em vinho. Ele mostrou que o princípio transformador da fermentação parecia estar intrinsecamente associado às células vivas dos fungos presentes nas "leveduras" usadas na indústria cervejeira ou no fermento usado para fazer pão. Então, em 1877, a palavra "enzima" (grego: "no levedo") foi cunhada pelo fisiologista alemão Wilhelm Friedrich Kühne para descrever os agentes dessas *atividades vitais*, como as realizadas pelas células vivas de leveduras e, na verdade, quaisquer transformações promovidas por substâncias extraídas de tecidos vivos.

Mas o que são enzimas e como apressam as transformações da vida? Retornemos à enzima que iniciou nossa história neste capítulo, a colagenase.

Por que precisamos de enzimas e como os girinos perdem a cauda

O colágeno é a proteína mais abundante nos animais (inclusive nos seres humanos). Ele atua como um tipo de fio molecular que vai e vem entre os tecidos, unindo nossa carne. Como todas as proteínas, é composto de elementos químicos básicos: umas vinte variedades de cadeias de *aminoácidos*, das quais algumas (por exemplo, glicina, glutamina, lisina, cisteína, tirosina) você talvez conheça como suplementos nutricionais vendidos em lojas de produtos saudáveis. Cada molécula de aminoácido é formada por uns dez a cinquenta átomos de carbono, nitrogênio, oxigênio, hidrogênio e, às vezes, enxofre, unidos por ligações químicas num formato tridimensional único e característico.

Várias centenas dessas moléculas de aminoácidos de formas contorcidas se encadeiam para formar uma proteína, como miçangas esquisitas num colar. Cada miçanga é ligada à vizinha por uma *ligação peptídica*, que une um átomo de carbono de um aminoácido a um átomo de nitrogênio do aminoácido seguinte. Essas ligações são fortíssimas; afinal de contas, as que uniam as fibras de colágeno do tiranossauro sobreviveram durante sessenta e oito milhões de anos.

O colágeno é uma proteína extremamente forte, o que é fundamental para seu papel de correia interna que mantém o formato e a estrutura de nossos tecidos. As proteínas são torcidas em fios de três cabos, unidos, por sua vez, em cordas densas ou *fibras*. Essas fibras costuram nossos tecidos para unir as células; elas também estão presentes nos tendões, que prendem os músculos aos ossos, e nos ligamentos, que ligam ossos entre si. Essa densa rede de fibras se chama *matriz extracelular* e, basicamente, mantém-nos inteiros.

Quem não é vegetariano conhece bem a matriz extracelular: são os chamados "nervos" filamentosos que se encontram dentro de uma linguiça indigerível ou nos cortes de carne mais baratos. Os cozinheiros também conhecem bem a insolubilidade desse material tendinoso, que não amacia nem com horas de fervura. Mas, por menos bem-vinda que seja a matriz extracelular à mesa do jantar, sua presença no corpo dos comensais é absolutamente vital. Sem colágeno, nossos ossos se desfariam, os músculos se soltariam dos ossos e os órgãos internos se transformariam num tipo de gelatina.

Mas as fibras de colágeno presentes em nossos ossos, músculos ou jantares não são indestrutíveis. Fervê-las em ácidos ou bases fortes acaba rompendo as ligações peptídicas entre as miçangas de aminoácidos e transforma essas fibras rijas em gelatina solúvel, aquela substância usada para fazer *marshmallow* e sobremesas transparentes. Os fãs do cinema se lembrarão do Homem-Marshmallow de *Os caça-fantasmas*, a gigantesca massa ambulante de carne branca e mole que apavorou Nova York. Mas o Homem-Marshmallow foi facilmente derrotado, liquidificado em creme de *marshmallow* derretido. As ligações peptídicas entre as miçangas de aminoácido das fibras de colágeno são a diferença entre o Homem-Marshmallow e o tiranossauro. As rijas fibras de colágeno enrijecem os animais de verdade.

No entanto, há um problema quando se sustenta o corpo de um animal com materiais rijos e duradouros como o colágeno. Vejamos o que acontece quando nos machucamos, nos cortamos ou mesmo quebramos um braço ou uma perna: destroem-se tecidos, e é provável que a matriz extracelular de sustentação, aquela rede tendinosa interna, seja danificada ou rompida. Quando uma casa é danificada por uma tempestade ou um terremoto, os consertos têm de ser precedidos pela retirada do arcabouço rompido. Do mesmo modo, o corpo dos animais usa a enzima colagenase para remover as partes danificadas da matriz extracelular para que o tecido possa ser consertado – por outro conjunto de enzimas.

De forma ainda mais importante, a matriz extracelular tem de ser constantemente remodelada conforme o animal cresce: o andaime interno que sustentava o bebê não servirá para sustentar o adulto, muito maior. Esse problema é especialmente agudo – e sua solução, portanto, ainda mais instrutiva – nos anfíbios, cuja forma adulta é muito diferente da forma juvenil. O exemplo mais conhecido é a metamorfose dos anfíbios: a transformação de um ovo esférico num girino coleante que, mais tarde, amadurece e vira uma rã capaz de saltar. Encontram-se fósseis desses anfíbios sem cauda, de corpo curto e com as potentes e inconfundíveis patas traseiras, em rochas jurássicas que datam de meados da Era Mesozoica, duzentos milhões de anos atrás, na chamada Idade dos Répteis. Mas também se encontram em rochas datadas do período Cretáceo. Portanto, é provável que nadassem rãs naquele mesmo rio de Montana onde o dinossauro que virou MOR 1255 encontrou seu fim. Mas, ao contrário dos dinossauros, as rãs conseguiram sobreviver à grande extinção do Cretáceo e continuam comuns em nossos lagos, rios e pântanos, permitindo que gerações de crianças e cientistas estudem como corpos se formam e reformam.

A transformação do girino em rã envolve uma quantidade considerável de desmontagem e reconfiguração da cauda do animal, por exemplo, que aos poucos é reabsorvida pelo corpo e sua carne reciclada para formar as novas patas. Tudo isso exige que a matriz extracelular de colágeno que sustentava a estrutura da cauda do animal seja rapidamente desmontada antes de ser remontada nos novos membros em formação. Mas lembre-se daqueles sessenta e oito milhões de anos debaixo das rochas de Montana: não é fácil romper as fibras de colágeno. A metamorfose da rã levaria muitíssimo tempo se recorresse à decomposição química do colágeno apenas por processos inorgânicos. É claro que um animal não pode ferver seus rijos tendões em ácido quente e, portanto, precisa de um meio muito mais suave de desmontar as fibras de colágeno.

É aí que entra a enzima *colagenase*.

Mas como é que ela – e todas as enzimas suas colegas – funcionam? A crença vitalista de que a atividade enzimática era mediada por algum tipo misterioso de força vital persistiu até o final do século XIX. Naquela época, um dos colegas de Kühne, o químico Eduard Buchner, demonstrou que extratos não vivos de células de levedura conseguiam estimular exatamente as mesmas transformações químicas provocadas pelas células vivas. Buchner então fez a proposta revolucionária de que a *força vital* não passava de uma forma de *catálise* química.

Os catalisadores são substâncias que aceleram reações químicas comuns e já eram conhecidos dos químicos do século XIX. Na verdade, muitos processos químicos que impulsionaram a revolução industrial dependiam fundamentalmente da catálise. Por exemplo, o ácido sulfúrico era um produto químico essencial e apressou as revoluções industrial e agrícola; é usado na manufatura de ferro e aço, na indústria têxtil e na fabricação de fertilizante de fosfato. É produzido com uma reação química que começa com dióxido de enxofre (SO_2) e oxigênio (os *reagentes*), que reagem com água para formar o *produto*: ácido sulfúrico (H_2SO_4). No entanto, a reação é lentíssima e, portanto, a princípio era difícil de comercializar. Mas, em 1831, Peregrine Phillips, um fabricante de vinagre de Bristol, na Inglaterra, descobriu um modo de apressá-la passando o oxigênio e o dióxido de enxofre sobre platina bem quente, que agia como *catalisador*. Os catalisadores diferem dos reagentes (as substâncias iniciais que participam da reação) porque ajudam a apressá-la sem participar dela nem serem por ela alterados. Portanto, Buchner afirmava que, em princípio, as enzimas não eram diferentes do tipo de catalisador inorgânico descoberto por Phillips.

Décadas de pesquisa bioquímica subsequente confirmaram em boa medida a ideia de Buchner. A renina, produzida no estômago de bezerros, foi a primeira enzima purificada. Os antigos egípcios guardavam leite em bolsas feitas com o revestimento do abomaso dos bezerros, e costuma-se creditar a eles a descoberta de que esse material improvável acelerava a conversão do leite em queijo, de conservação mais fácil. Essa prática continuou até o final do século XIX. Nessa época, os próprios abomasos de bezerro eram secados e vendidos nas boticas como "coalho". Em 1874, o químico dinamarquês Christian Hansen estava sendo entrevistado para um emprego num boticário quando entreouviu a chegada de uma encomenda de doze "coalhos". Ao indagar o que era aquilo, teve a ideia de usar seus conhecimentos de química para oferecer uma fonte de renina menos desagradável. Ele voltou ao laboratório, onde desenvolveu um método para converter em pó seco o líquido malcheiroso obtido com a reidratação dos abomasos de bezerro, e fez fortuna vendendo o produto no mundo inteiro com o nome de Extrato de Coalho do Dr. Hansen.

Na verdade, o coalho é uma mistura de várias enzimas, das quais a mais ativa para a fabricação de queijo se chama *quimosina* e pertence a uma imensa família de enzimas chamadas *proteases*, que aceleram a clivagem das proteínas. Sua ação na fabricação de queijo é fazer o leite talhar, para que a coalhada se separe do soro; mas seu papel natural no corpo do bezerrinho é talhar o leite ingerido para que permaneça mais tempo no trato digestivo, aumentando o tempo para sua absorção. A colagenase é outra protease, mas seu método de purificação só foi desenvolvido cinquenta anos depois, na década de 1950, quando Jerome Gross, cientista clínico da Escola de Medicina de Harvard, em Boston, ficou curioso com o modo como os girinos absorvem a cauda para virar rãs.

Gross se interessou pelo papel das fibras de colágeno como exemplo de automontagem molecular, o que segundo ele "guardava um dos grandes segredos da vida".[3] Ele decidiu trabalhar com a cauda bastante grande do girino da rã-touro-americana, que pode ter várias polegadas de comprimento. Gross supôs corretamente que o processo de reabsorção da cauda deveria envolver muita montagem e desmontagem das fibras de colágeno do animal. Para detectar a atividade da colagenase, ele desenvolveu um teste simples em que cobria uma placa de Petri com uma camada de gel leitoso de colágeno cheio dessas fibras rijas e duráveis. Quando pôs fragmentos de tecido da cauda do girino na superfície do gel, ele notou uma zona em torno do tecido onde aquelas fibras rijas se degradavam e se transformavam em gelatina solúvel. Depois, ele purificou a substância que digeria o colágeno, a enzima colagenase.

A colagenase está presente nos tecidos de rãs e outros animais, inclusive o dinossauro que deixou seus ossos em Hell Creek. Sessenta e oito milhões de anos atrás, a enzima realizava a mesma função de hoje, quebrar as fibras de colágeno; mas foi desativada quando o animal morreu e caiu no pântano, de modo que suas fibras de colágeno permaneceram intactas até Mary Schweitzer acrescentar colagenase nova aos fragmentos de osso.

A colagenase é apenas uma dos milhões de enzimas de que dependem os animais, os micróbios e as plantas para realizar quase todas as atividades vitais. Outras enzimas formam as fibras de colágeno da matriz extracelular; outras ainda, biomoléculas como as proteínas, o DNA, as gorduras e os carboidratos, e todo um conjunto de outras enzimas degrada e recicla essas biomoléculas. As enzimas são responsáveis pela digestão, pela respiração, pela fotossíntese e pelo metabolismo. São responsáveis por formar todos nós e nos manter vivos. São os motores da vida.

Mas serão as enzimas apenas catalisadores biológicos que permitem o mesmo tipo de química usado para fabricar ácido sulfúrico e dezenas de outros produtos químicos industriais? Algumas décadas atrás, a maioria dos biólogos concordaria com a opinião de Buchner de que a química da vida não é diferente do tipo de processo que ocorre dentro de uma fábrica de produtos químicos ou mesmo num jogo de química para crianças. Mas, nas últimas décadas, essa opinião mudou radicalmente, porque algumas experiências importantes ofereceram ideias novas e extraordinárias sobre o modo como as enzimas funcionam. Parece que os catalisadores da vida são capazes de atingir um nível de realidade mais profundo que a simples química clássica e aproveitar alguns truques quânticos interessantes.

Mas, para entender por que a mecânica quântica é necessária para explicar a vitalidade, temos primeiro de investigar o funcionamento dos catalisadores industriais mais mundanos.

Mudança de paisagem

Os catalisadores operam com vários mecanismos, mas a maioria pode ser compreendida por meio da ideia da *teoria do estado de transição* (TET)[4], que oferece uma explicação simples de como os catalisadores apressam as reações. Para entender a TET, provavelmente é melhor começar virando o problema ao contrário e perguntando *por que* são necessários catalisadores para acelerar reações. A resposta é que a maioria das substâncias químicas comuns em nosso ambiente é bastante estável e não reagente. Elas não se decompõem espontaneamente nem reagem prontamente com outras substâncias; afinal de contas, se assim fizessem, não seriam mais tão comuns.

A razão pela qual as substâncias químicas comuns são estáveis é que suas ligações não se rompem com frequência com a inevitável turbulência molecular que sempre existe dentro da matéria. Podemos visualizar isso como se as moléculas reagentes precisassem se deslocar numa paisagem e cruzar um morro que fica entre elas e a conversão em produtos (Figura 3.1). A energia necessária para subir a "encosta" é fornecida principalmente pelo calor, que acelera o movimento de átomos e moléculas, fazendo com que se movam ou vibrem mais depressa. Esse empurra-empurra molecular pode romper as ligações químicas que mantêm os átomos unidos dentro das moléculas e até permitir que formem novas ligações. Mas os átomos das moléculas mais estáveis, as que são comuns em nosso ambiente, estão ligados por laços bastante fortes que resistem à turbulência molecular circundante. Assim, as substâncias químicas que encontramos por perto são comuns porque, em termos gerais, suas moléculas são estáveis*, apesar das enérgicas cotoveladas moleculares do ambiente.

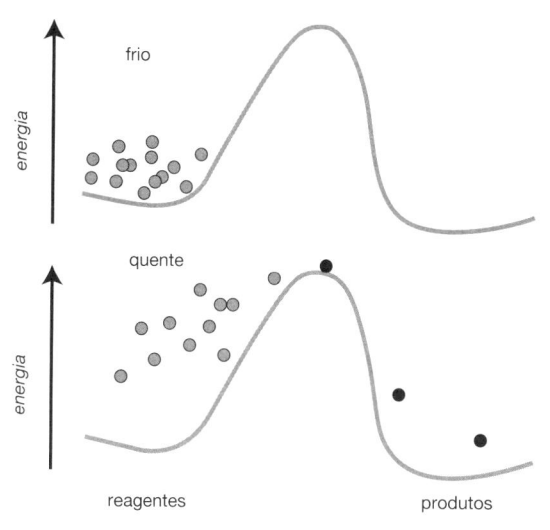

Figura 3.1 *Moléculas de reagente, representadas por pontos cinzentos, podem se converter em moléculas de produto, representadas por pontos pretos, mas antes têm de subir o morro da energia. As moléculas frias raramente têm energia suficiente para a subida, mas as quentes conseguem chegar ao pico com facilidade.*

---

* É claro que há exceções importantíssimas, principalmente substâncias químicas como o oxigênio que, embora reativas, são continuamente reabastecidas por processos que ocorrem no planeta, os mais notáveis em organismos vivos, como as plantas que despejam oxigênio na atmosfera.

No entanto, até moléculas estáveis podem se despedaçar se recebe-rem energia suficiente. Uma fonte de energia possível é mais calor, que acelera o movimento molecular. Aquecer uma substância química aca-bará rompendo suas ligações. É por isso que cozinhamos tanta comi-da: o calor apressa as reações químicas responsáveis pela transforma-ção de ingredientes crus – os reagentes – em produtos mais saborosos.

Uma forma conveniente de visualizar de que modo o calor ace-lera as reações químicas é imaginar as moléculas de reagentes como grãos de areia na câmara esquerda de uma ampulheta deitada de lado (Figura 3.2a). Se deixados em paz, todos os grãos de areia ficarão onde estão até o fim dos tempos, porque não têm energia suficiente para chegar ao gargalo da ampulheta e passar para a câmara direita, que representa os produtos finais da reação. Num processo químico, as moléculas dos reagentes podem receber mais energia se forem aque-cidas, fazendo com que se movam e vibrem mais depressa e dando a algumas energia suficiente para serem convertidas em produtos. Podemos visualizar isso ao dar um bom sacolejo na ampulheta, de modo que alguns grãos de areia sejam jogados na câmara direita e passem de reagentes a produtos (Figura 3.2b).

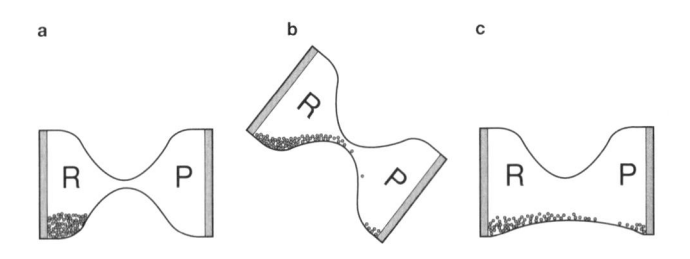

Figura 3.2 *Mudança na paisagem energética. (a) As moléculas podem passar do estado de reagente (R) ao de produto (P), mas primeiro precisam ter energia suficiente para subir até o estado de transição (o gargalo da ampulheta). (b) Virar a ampulheta põe o reagente (substrato) num estado de energia mais alta que o produto e permite que flua facilmente. (c) As enzimas atuam estabilizando o estado de transição, efetivamente baixando sua energia (o gargalo da ampulheta) e permitindo que os substratos passem com mais facilidade para o estado de produto.*

Mas outra maneira de converter reagentes em produtos é baixar a barreira de energia que eles precisam transpor. É o que fazem os catalisadores. Sua ação equivale a alargar o gargalo da ampulheta para que a areia da câmara esquerda possa fluir para a câmara direita com apenas um mínimo de agitação térmica (Figura 3.2c). Assim, a reação é muito acelerada pela capacidade do catalisador de mudar o formato da paisagem energética, de modo a permitir que os substratos[*] se tornem produtos muito mais depressa que seria possível na ausência do catalisador.

Podemos ilustrar esse funcionamento em nível molecular considerando, em primeiro lugar, a reação lentíssima responsável pela decomposição de uma molécula de colágeno na ausência da enzima colagenase[†] (Figura 3.3). Como já explicamos, o colágeno é uma fileira de aminoácidos, cada um preso ao vizinho por uma *ligação peptídica* (mostrada como uma linha grossa na figura) entre um átomo de carbono e um de nitrogênio. A ligação peptídica é apenas um dos vários tipos de ligação que unem átomos dentro de moléculas. Em essência, ela consiste em um par de elétrons compartilhados pelos átomos de nitrogênio e carbono. Esses elétrons compartilhados de carga negativa atraem os núcleos atômicos de carga positiva dos átomos nos dois lados da ligação, agindo assim como uma cola eletrônica que mantém os átomos unidos na ligação peptídica.[‡]

---

[*] A substância química inicial de uma reação se chama reagente; no entanto, quando a reação é auxiliada por um catalisador como as enzimas, essa substância química inicial é chamada de substrato.

[†] O nome da maioria das enzimas começa com o nome do "substrato", a molécula inicial consumida pela reação, e termina com *-ase*; assim, colagenase é a enzima que atua sobre o colágeno.

[‡] Esse tipo de ligação é chamada covalente.

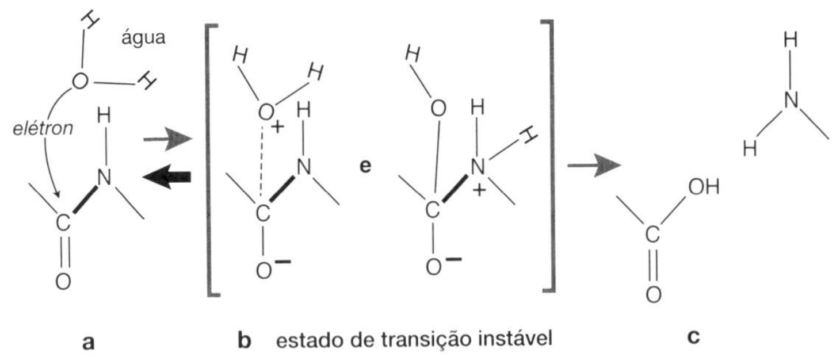

Figura 3.3 *Proteínas como o colágeno (a) consistem em cadeias de aminoácidos compostos por átomos de carbono (C), nitrogênio (N), oxigênio (O) e hidrogênio (H) unidos por ligações peptídicas. Uma dessas ligações é representada pela linha grossa da figura. A ligação peptídica pode ser hidrolisada por uma molécula de água (H₂O), que rompe a ligação peptídica (c), mas primeiro tem de passar por um estado de transição instável, que consiste em pelo menos duas estruturas que se interconvertem mutuamente (b).*

As ligações peptídicas são muito estáveis porque rompê-las, forçando os elétrons compartilhados a se separar, exige muita "energia de ativação": a ligação tem de subir um morro energético muito alto antes de chegar ao gargalo da ampulheta da reação. Na prática, a ligação não costuma se romper por conta própria e precisa de uma mãozinha de uma das moléculas de água circundantes, num processo chamado *hidrólise*. Para que isso aconteça, primeiro a molécula de água tem de se aproximar bastante da ligação para doar um de seus elétrons ao átomo de carbono, formando uma nova ligação fraca, representada pela linha tracejada na Figura 3.3, que amarra ali a molécula de água. Esse estágio intermediário é o chamado estado de transição (daí *teoria do estado de transição*) e é o pico instável do morro energético que precisa ser escalado para romper a ligação, representado pelo gargalo da ampulheta. Observe na figura que esse elétron doado pela água viajou até o átomo de oxigênio adjacente à ligação peptídica, que, ao adquirir um elétron a mais, agora tem carga negativa. Enquanto isso, a molécula de água que doou o elétron ficou com carga geral positiva no estado de transição.

É aqui que o processo fica um pouco mais complicado de entender. Pense que essa molécula de água (H_2O) tem carga positiva não por perder um elétron, mas por conter agora um núcleo nu de hidrogênio, um próton, representado pelo sinal + na figura. Esse próton com carga positiva não está mais preso com firmeza a seu lugar dentro da molécula de água e se torna *deslocalizado* no sentido da mecânica quântica que discutimos no capítulo anterior. Embora passe a maior parte do tempo ainda associado à molécula de água (a estrutura da esquerda na Figura 3.3b), em algum momento ele pode ser encontrado mais longe, mais perto do átomo de nitrogênio (a estrutura à direita no centro da Figura 3.3b), na outra extremidade da ligação peptídica. Nessa posição, o próton itinerante pode atrair e tirar do lugar um dos elétrons da ligação peptídica e, assim, rompê-la.

Mas em geral isso não acontecerá. A razão é que os estados de transição, como o ilustrado na Figura 3.3b, têm vida curtíssima; são tão instáveis que a menor "cutucadinha" os desaloja. Por exemplo, é fácil para a molécula de água recuperar o elétron com carga negativa que doou, de modo que os reagentes iniciais voltam a se formar (mostrado pela seta grossa na figura). Esse é um roteiro muitíssimo mais provável que a reação seguinte em que a ligação se rompe. Portanto, as ligações peptídicas não se rompem normalmente. Na verdade, em soluções neutras, que não sejam ácidas nem alcalinas, o tempo necessário para romper metade das ligações peptídicas de uma proteína, conhecido como meia-vida da reação, é de mais de quinhentos anos.

É claro que tudo isso é o que acontece sem enzimas: ainda precisamos descrever como as enzimas vêm ajudar o processo de hidrólise. De acordo com a teoria do estado de transição, os catalisadores aceleram processos químicos como o rompimento da ligação peptídica estabilizando o estado de transição e, assim, aumentando a probabilidade de formação dos produtos finais. Há várias maneiras de isso acontecer. Por exemplo, um átomo de metal com carga positiva perto da ligação pode neutralizar o átomo de oxigênio com carga negativa no estado de transição e estabilizá-lo (para que não haja mais tanta pressa de devolver o elétron doado pela molécula de água). Ao estabilizar os estados de transição, os catalisadores dão uma mãozinha equivalente a alargar o gargalo da ampulheta.

Agora precisamos ponderar se a teoria do estado de transição, vista por meio de nossa analogia da ampulheta, também explica o modo como as enzimas aceleram todas aquelas reações necessárias para a vida.

Ginga e remelexo

A enzima colagenase que Mary Schweitzer usou para estraçalhar aquelas antigas fibras de colágeno de tiranossauro é a mesma que Jerome Gross detectou em rãs. O leitor se lembra de que essa enzima é necessária para desmantelar a matriz extracelular do girino para que seus tecidos, células e biomoléculas possam ser remontados numa rã adulta. Ela cumpria a mesma função no dinossauro e continua a cumprir essa função em nosso corpo: desmantelar as fibras de colágeno para permitir o crescimento e a nova formação de tecidos durante o desenvolvimento e depois de lesões. Para ver esse processo enzimático em ação, tomemos emprestada a ideia de uma palestra que transformou a ciência, feita por Richard Feynman em 1959 para a plateia do Instituto de Tecnologia da Califórnia, intitulada "Há muito espaço no fundo". Em geral, considera-se que essa palestra foi o alicerce intelectual do campo da nanotecnologia: a engenharia na escala dos átomos e das moléculas. Também se diz que as ideias de Feynman inspiraram o filme *Viagem fantástica*, de 1966, no qual um submarino e sua tripulação foram encolhidos até poderem ser injetados no corpo de um cientista para encontrar e reparar um coágulo de sangue potencialmente fatal no cérebro. Para investigar como isso funciona, faremos uma viagem num nanossubmarino imaginário. Nosso destino será a cauda de um girino.

Primeiro, precisamos encontrar nosso girino. Uma visita ao laguinho local revela um cacho de ovos de rã; cuidadosamente, removemos um punhado de esferas gelatinosas com pontinhos pretos e o transferimos para um aquário grande. Não demora para observarmos remelexos dentro dos ovos, e, em poucos dias, girinos minúsculos saem deles. Depois de observar rapidamente suas características principais com uma lente de aumento – cabeça relativamente grande com focinho acima de uma pequena boca, olhos laterais e guelras plumosas diante de uma cauda longa e potente –, damos aos girinos comida suficiente (algas) e voltamos diariamente para observar. Durante várias semanas, notamos pouca mudança no formato do animal, mas ficamos impressionados com o aumento rápido de seu comprimento e circunferência. Com cerca de oito semanas, notamos que as guelras do animal se retraíram para dentro do corpo, revelando patas dianteiras. Mais duas semanas e as patas traseiras emergem da base da cauda robusta. Nesse estágio, temos de fazer observações mais frequentes, pois o ritmo de mudança do animal em metamorfose parece se acelerar. As guelras do girino, com suas bolsas, desaparecem completamente, e os olhos migram mais para o alto da cabeça. Junto com essas mudanças drásticas da frente do girino, a cauda começa a encolher. Essa é a deixa que esperávamos: embarcamos em nosso nanossubmarino e o lançamos no aquário para investigar uma das transformações mais extraordinárias da natureza.

Enquanto nossa embarcação afunda, podemos ver mais detalhes da metamorfose do girino, como mudanças drásticas na pele, que se tornou mais grossa, resistente e incrustada de glândulas secretoras de muco que a manterão úmida e flexível quando a rã sair do lago e andar pela terra. Mergulhamos numa dessas glândulas, que nos leva através da pele do animal. Depois de passar a salvo por várias barreiras celulares, chegamos ao sistema circulatório. Navegamos pelas veias e artérias do animal e assistimos por dentro às muitas mudanças que ocorrem em seu corpo. No começo parecidos com um saco, os pulmões formam-se, expandem-se e enchem-se de ar. O intestino comprido e espiralado do girino, adequado para digerir algas, endireita-se num intestino típico de predadores. O esqueleto cartilaginoso e translúcido, inclusive a notocorda (forma primitiva de coluna vertebral que se estende pela extensão do corpo), torna-se denso e opaco quando a cartilagem é substituída por ossos. Continuamos nossa missão e seguimos a coluna em desenvolvimento até a cauda do girino, que inicia seu processo de absorção pelo corpo crescente da rã. Nessa escala, conseguimos ver grossas fibras musculares estriadas e compactadas em seu comprimento.

Outra rodada de encolhimento nos permite ver que cada fibra muscular se compõe de longas colunas de células cilíndricas cujas contrações periódicas são a fonte da locomoção do girino. Em torno desses cilindros musculares, há uma rede densa de cordas fibrosas: a matriz extracelular, alvo de nossa investigação. A matriz propriamente dita parece estar em fluxo: cada uma das cordas se desenrola para liberar as células musculares, que se libertam para se unirem a uma crescente migração celular em massa que sai da cauda em desaparecimento e entra no corpo da rã.

Encolhemos ainda mais e entramos numa dessas cordas desenroladas da matriz extracelular em desintegração. Enquanto sua circunferência se expande, vemos que, como uma corda, ela é tecida com milhares de cabos de proteína, cada um deles um feixe de fibras de colágeno. Cada fibra é formada por três fileiras proteicas de colágeno – aquelas miçangas de aminoácidos num colar, que já vimos na discussão do osso de dinossauro – que, enroladas entre si, formam uma rija linha helicoidal, parecida com o DNA, mas com três fitas em vez de duas. E aqui, finalmente, avistamos o alvo de nossa expedição: uma molécula da enzima colagenase. Ela se apresenta como uma estrutura parecida com um marisco, aderida a uma das fibras de colágeno, e desliza pela fibra, separando os três fios da espiral antes de simplesmente picotar as ligações peptídicas que conectam as miçangas de aminoácidos. A cadeia que poderia permanecer intacta durante milhões de anos se rompe num instante. Agora nos reduziremos ainda mais para ver exatamente como funciona esse picote.

Nosso próximo encolhimento nos leva para a escala molecular de apenas alguns nanômetros (milionésimos de milímetro). É difícil perceber como essa escala é realmente minúscula. Para dar uma ideia melhor, pense no tamanho de uma das letras "o" desta página: se você se encolhesse do tamanho normal até a escala dos nanômetros, para você esse "o" pareceria ter, mais ou menos, o tamanho dos Estados Unidos da América. Nessa escala, podemos ver que o interior da célula está lotado de moléculas de água, íons metálicos*
e grande variedade de biomoléculas, entre elas muitos daqueles aminoácidos de formato esquisito. Esse lago molecular cheio e movimentado está em constante agitação e turbulência, com as moléculas girando, vibrando e se chocando umas com as outras naquele movimento molecular parecido com uma mesa de bilhar que vimos no capítulo anterior.

E lá, em meio a toda essa atividade molecular aleatoriamente turbulenta, estão aquelas enzimas parecidas com mariscos deslizando

---

* O íon é um átomo ou uma molécula com carga elétrica em consequência de ter elétrons a menos (íon positivo) ou a mais (íon negativo).

pelas fibras de colágeno, movendo-se de maneira muito diferente. Nessa escala, podemos nos concentrar numa única enzima que vai picotando a cadeia proteica do colágeno. À primeira vista, a forma geral da molécula da enzima parece irregular e amorfa, dando a falsa impressão de ser uma montagem de peças bastante desorganizada. Mas a colagenase, como todas as enzimas, tem uma estrutura precisa em que cada átomo ocupa um local específico dentro da molécula. E, em contraste com o empurra-empurra molecular aleatório das moléculas circundantes, a enzima executa uma dança molecular precisa e elegante em que envolve a fibra de colágeno, desenrola as voltas helicoidais da fibra e corta com precisão as ligações peptídicas que unem os aminoácidos na cadeia antes de se desenrolar e se deslocar para cortar a próxima ligação. Essas não são versões encolhidas de máquinas feitas pelo homem, cuja operação, em nível molecular, seria alimentada pelo movimento caótico e aleatório de trilhões de partículas como se fossem bolas de bilhar. Essas nanomáquinas da natureza executam, em nível molecular, uma dança cuidadosamente coreografada cuja ação foi projetada com exatidão, durante milhões de anos de seleção natural, para manipular o movimento das partículas fundamentais da matéria.

Para dar uma olhada mais de perto na ação de cortar, descemos até a fissura que parece o maxilar da enzima e mantém no lugar os substratos: a cadeia proteica do colágeno e uma única molécula de água. Esse é o *sítio ativo* da enzima, a oficina que apressa o rompimento das ligações peptídicas alargando o gargalo da ampulheta energética. A ação coreografada que ocorre dentro desse centro de direção molecular é muito diferente do empurra-empurra aleatório que acontece fora e em torno da enzima e tem um papel desproporcionalmente importante na vida da rã inteira.

O sítio ativo da enzima é ilustrado na Figura 3.4. Quando se compara esse diagrama com a Figura 3.3, é possível ver que a enzima refreia a ligação peptídica no estado de transição instável que é preciso alcançar antes que possa se romper. Os substratos são presos por ligações químicas fracas, indicadas por linhas tracejadas na figura, que, em essência, são elétrons compartilhados pelo substrato e pela enzima. Essas amarras mantêm os substratos numa configuração precisa, pronta para a ação picotante dos maxilares moleculares da enzima.

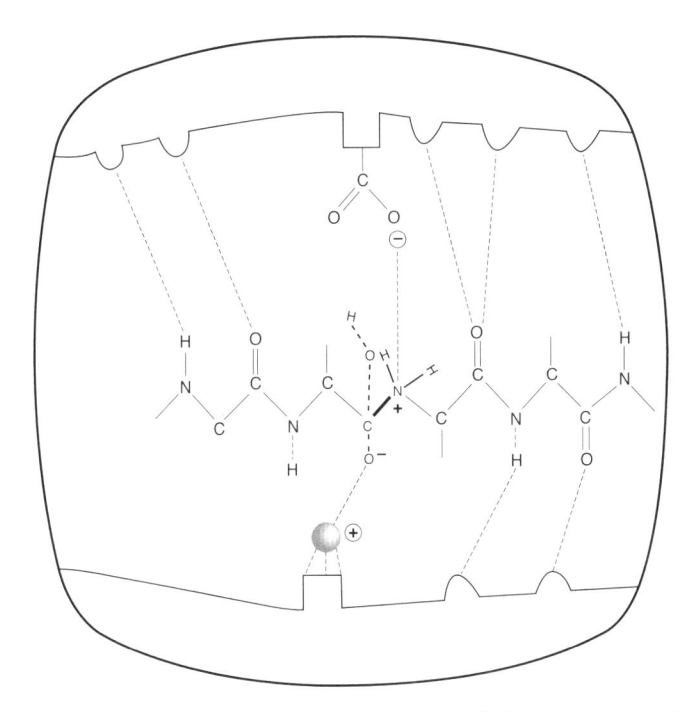

Figura 3.4 *Rompimento da ligação peptídica (linha mais grossa) do colágeno no sítio ativo da colagenase. O estado de transição do substrato é mostrado pelas linhas tracejadas. A esfera embaixo, à esquerda do centro, é o íon zinco de carga positiva; o grupo carboxila (COO), no alto, é de um aminoácido glutamato no sítio ativo da enzima. Observe que as distâncias moleculares não estão desenhadas em escala.*

Quando se fecham, os maxilares da enzima fazem algo muito mais sutil do que simplesmente "morder" a ligação: eles oferecem o meio pelo qual a catálise pode ocorrer. Observamos que um grande átomo com carga positiva, que pende diretamente abaixo da ligação peptídica alvejada, entra em posição. É um átomo de zinco. Se considerarmos o sítio ativo da enzima como seus maxilares, o átomo de zinco será um dos incisivos. O átomo com carga positiva arranca um elétron do átomo de oxigênio dos substratos para estabilizar o estado de transição e, portanto, deformar a paisagem energética: a ampulheta acabou de alargar seu gargalo.

O resto do serviço é executado pelo segundo incisivo molecular da enzima. Esse é um dos aminoácidos da própria enzima, o glutamato, que entrou em posição e pendurou seu átomo de oxigênio com carga negativa acima da ligação peptídica visada. Seu primeiro papel é arrancar um próton com carga positiva da molécula de água ali amarrada. Depois, ele cospe esse próton no átomo de nitrogênio numa das pontas da ligação peptídica visada para lhe dar carga positiva, o que tira elétrons da ligação. Talvez você recorde que os elétrons formam a cola das ligações químicas; assim, tirar um elétron é como puxar a cola da ligação, enfraquecendo-a e rompendo-a.[5] Mais alguns rearranjos de elétrons e os produtos da reação, as cadeias rompidas de peptídeos, são expelidos dos maxilares moleculares da enzima. Uma reação que poderia levar mais de 68 milhões de anos foi completada em nanossegundos.

Mas onde a mecânica quântica entra no quadro? Para avaliar por que precisamos da mecânica quântica para explicar a catálise enzimática, vamos parar um momento para examinar novamente aquelas ideias dos pioneiros da mecânica quântica. Já mencionamos o papel especial desempenhado pelas poucas partículas no sítio ativo da enzima, cujos movimentos coreografados contrastam nitidamente com o empurra-empurra aleatório no resto do ambiente molecular. Ali, biomoléculas extremamente estruturadas interagem de maneira muito específica com outras biomoléculas extremamente estruturadas. Isso pode ser visto como a amplificação ditatorial de Jordan ou a "ordem a partir da ordem" de Erwin Schrödinger, que perpassa a rã em desenvolvimento, desde seus tecidos e células organizados até as fibras que unem essas células e tecidos e o movimento coreografado das partículas fundamentais no sítio ativo da colagenase, que remodela essas fibras e, assim, afeta o desenvolvimento da rã como um todo. Quer se prefira o modelo de Jordan, quer o de Schrödinger, o que acontece aí é, claramente, muito diferente do movimento molecular caótico que empurra os trens morro acima.

Mas essa ordem molecular permitiria que um conjunto diferente de regras se aplicasse à vida, como afirmava Schrödinger? Para descobrir a resposta, precisamos saber um pouco mais sobre aquele conjunto diferente de regras que opera em escala pequeníssima.

A teoria do estado de transição explica tudo?

Esse movimento molecular coreografado envolve necessariamente a mecânica quântica? Descobrimos que a capacidade da colagenase de acelerar o rompimento das ligações peptídicas envolve vários mecanismos catalíticos que os químicos usam rotineiramente para acelerar reações químicas, sem recorrer à mecânica quântica. Por exemplo, o átomo de zinco no sítio ativo da enzima parece desempenhar papel semelhante à platina quente que Peregrine Phillips usou no século XIX para acelerar a fabricação de ácido sulfúrico. Esses catalisadores inorgânicos valem-se de movimentos moleculares aleatórios e não de ações coreografadas para aproximar seus grupos catalíticos dos substratos e, assim, acelerar as reações químicas. A catálise enzimática será apenas uma coleção de vários mecanismos catalíticos clássicos amontoados nos sítios ativos, oferecendo assim a fagulha vital que deflagra a vida?

Até recentemente, quase todos os enzimólogos diriam que sim; a teoria-padrão do estado de transição, com sua descrição dos diversos processos que ajudam a prolongar a vida do estado de transição intermediário, foi considerada a melhor explicação do funcionamento das enzimas. Mas, depois de levar em conta todos os fatores contributivos conhecidos, surgiram algumas dúvidas. Por exemplo, os diversos mecanismos capazes de acelerar a reação de clivagem dos peptídeos, discutidos neste capítulo, são todos bem-compreendidos e, individualmente, dão origem a fatores de aumento de velocidade de até umas cem vezes. Mas mesmo que multipliquemos todos esses fatores uns pelos outros, o máximo a que se chega é um aumento de um milhão de vezes da velocidade da reação. Esse número é ridículo comparado ao tipo de aumento da velocidade obtido pelas enzimas: parece haver um abismo embaraçosamente grande entre a teoria e a realidade.

Outro enigma é como a atividade enzimática é afetada por vários tipos de mudança na estrutura das próprias enzimas. Por exemplo, como todas as enzimas, a colagenase consiste, em essência, em um chassi proteico numa cadeia que sustenta os maxilares e os dentes da enzima em seu sítio ativo. Seria de esperar que a mudança dos aminoácidos que formam os dentes e maxilares causasse grande impacto na eficiência da enzima, e causa mesmo. O mais surpreendente é a descoberta de que mudar aminoácidos longe do sítio ativo da enzima também pode ter efeito drástico sobre sua eficiência. Por que essas modificações supostamente inócuas da estrutura enzimática provocam uma diferença tão drástica ainda é um mistério na teoria do estado de transição; mas o fato é que fazem sentido quando se põe no quadro a mecânica quântica. Voltaremos a essa descoberta no último capítulo do livro.

Outro problema é que a teoria do estado de transição também não conseguiu produzir enzimas artificiais que funcionassem tão bem quanto as reais. Talvez você se lembre da famosa frase de Richard Feynman: "O que não consigo criar, não entendo". Isso é relevante no caso das enzimas porque, apesar de saber tanto sobre os mecanismos enzimáticos, até agora ninguém conseguiu projetar a partir do zero uma enzima capaz de produzir algo similar ao aumento de velocidade obtido pelas enzimas naturais.[6] De acordo com o critério de Feynman, ainda não entendemos como as enzimas funcionam.

Mas vamos dar outra olhada na Figura 3.4 e perguntar: o que a enzima está fazendo? A resposta é bastante óbvia: as enzimas manipulam átomos, prótons e elétrons individualmente, dentro das moléculas e entre elas. Neste capítulo, consideramos até agora que essas partículas se comportam como se fossem torrõezinhos de carga elétrica puxados e empurrados de um lugar a outro em moléculas parecidas com bolas e varetas. Mas, como vimos em nossa investigação do capítulo anterior, elétrons, prótons e até átomos inteiros são muito diferentes dessas bolas clássicas porque seguem as regras da mecânica quântica, inclusive as mais esquisitas que dependem da coerência, mas, no nível macroscópico das bolas de bilhar, são normalmente eliminadas por aquele processo da decoerência. Afinal de contas, bolas de bilhar não são bons modelos de partículas fundamentais; assim, para entender a ação real que se desenrola dentro do sítio ativo das enzimas, temos de deixar para trás nossos preconceitos clássicos e entrar no mundo esquisito da mecânica quântica, onde objetos podem fazer duas ou cem coisas ao mesmo tempo, manter ligações fantasmagóricas e atravessar barreiras aparentemente impenetráveis. Essas são façanhas que nenhuma bola de bilhar jamais realizou.

Elétrons coagidos

Como descobrimos, uma das atividades principais das enzimas é deslocar elétrons dentro das moléculas de substrato, como, por exemplo, quando a colagenase empurra e puxa elétrons na molécula de peptídeo. Mas, além de serem jogados de um lado para o outro dentro das moléculas, os elétrons também podem ser transferidos de uma molécula a outra.

Na química, um tipo muito comum de reação de transferência de elétrons ocorre durante o processo de *oxidação*. É o que acontece quando queimamos no ar combustíveis à base de carbono, como o carvão. A essência da oxidação é o movimento de elétrons de uma molécula doadora a outra receptora. No caso da queima de um pedaço de carvão, elétrons com muita energia dos átomos de carbono se deslocam para formar ligações de menos energia com os átomos de oxigênio, dando origem ao dióxido de carbono. O excesso de energia é liberado como o calor do fogo. Usamos essa energia térmica para aquecer a casa, cozinhar os alimentos e transformar água em vapor para mover um motor ou fazer girar uma turbina e gerar eletricidade. Mas a queima de carvão e os motores de combustão interna são aparelhos bastante grosseiros e ineficientes para utilizar a energia dos elétrons. Faz muito tempo que a natureza descobriu um meio muito mais eficiente de captar essa energia por meio do processo de respiração.

Tendemos a pensar na respiração como o processo de inspirar e expirar: levar o oxigênio de que precisamos até o pulmão e expelir o dióxido de carbono como resíduo. Mas na verdade esse ato respiratório é uma combinação apenas do primeiro passo (a entrada de oxigênio) e do último (a expulsão de dióxido de carbono) de um processo molecular muito mais complexo e ordeiro que se desenrola dentro de todas as nossas células. Ele ocorre dentro de organelas* complexas chamadas *mitocôndrias*, que lembram bactérias presas dentro de nossas células animais maiores, já que elas também têm estruturas internas como membranas e até seu próprio DNA. Na verdade, é quase certo que as mitocôndrias evoluíram de uma bactéria simbiótica que, centenas de milhões de anos atrás, passou a morar dentro do ancestral das células animais e vegetais e depois perdeu

---

* Como vimos no Capítulo 2, as organelas são os "órgãos" da célula: estruturas internas que cumprem funções específicas, como a respiração.

a capacidade de viver independentemente. Mas essa origem como bactéria viva e independente talvez explique por que elas são capazes de executar um processo tão intricado e extraordinário quanto a respiração. Na verdade, em termos de complexidade química, é provável que a respiração só fique atrás da fotossíntese, que veremos no próximo capítulo.

Para nos concentrar no papel da mecânica quântica aqui, precisaremos simplificar o funcionamento da respiração. Mesmo simplificado, ele ainda envolve uma sequência notável de processos que transmitem lindamente a maravilha dessas nanomáquinas biológicas. Tudo começa com a queima de um combustível baseado em carvão, nesse caso, os nutrientes que obtemos na comida. Por exemplo, os carboidratos são decompostos no intestino para produzir açúcares como a glicose, que são postos na corrente sanguínea e levados às células famintas de energia. O oxigênio necessário para queimar esse combustível de açúcar é transportado do pulmão até essas mesmas células pelo sangue. Assim como na queima de carvão, os elétrons das órbitas externas dos átomos de carbono da molécula são transferidos para uma molécula chamada NADH. Mas, em vez de serem usados imediatamente para se ligar aos átomos de oxigênio, os elétrons passam de uma enzima a outra numa *cadeia respiratória* de enzimas dentro da célula, como o bastão passado de um corredor a outro na corrida de revezamento. Em cada passo da transferência, o elétron cai para um estado de menos energia, e a diferença que resta é usada para ativar enzimas que bombeiam prótons para fora das mitocôndrias. Então, o gradiente de prótons resultante entre o exterior e o interior da mitocôndria é usado para provocar a rotação de outra enzima, a ATPase, que produz uma biomolécula chamada ATP. O ATP é importantíssimo em todas as células vivas, porque atua como um tipo de bateria que pode ser transportada pela célula para alimentar várias atividades que exigem energia, como mover ou construir corpos.

A função das enzimas que bombeiam prótons movidas a elétrons lembra a das bombas hidrelétricas que armazenam o excesso de energia bombeando água morro acima. Depois, a energia armazenada pode ser liberada deixando a água correr morro abaixo para fazer girar uma turbina que gera energia elétrica. Do mesmo modo, as enzimas respiratórias bombeiam prótons para fora das mitocôndrias. Quando entram de novo, os prótons alimentam as rotações da turbina da enzima ATPase. Essas rotações provocam outro conjunto de movimentos moleculares coreografados que lançam um grupo químico fosfato com muita energia numa molécula dentro da enzima para formar o ATP.

Se continuarmos na analogia desse processo de captura de energia como corrida de revezamento, podemos imaginar o bastão substituído por uma garrafa d'água (que representa a energia dos elétrons), e cada corredor (enzima) dá um golinho e passa a garrafa adiante, antes que o resto da água seja despejado num balde chamado oxigênio. Essa captura da energia dos elétrons em bloquinhos torna o processo todo muito mais eficiente que apenas despejá-la diretamente no oxigênio, já que pouquíssimo se perde como calor residual.

Portanto, na verdade, os eventos principais da respiração pouquíssimo têm a ver com o processo de inspirar e expirar e consistem em uma transferência ordeira de elétrons por uma série de enzimas respiratórias dentro de nossas células. Cada transferência de elétron entre uma enzima e outra na série acontece numa lacuna de várias dezenas de ângstroms, uma distância de muitos átomos, muito maior do que se pensava possível em saltos convencionais de elétrons. O enigma da respiração é como essas enzimas conseguem transferir elétrons com tanta rapidez e eficiência em distâncias moleculares tão grandes.

Essa pergunta foi feita pela primeira vez no início da década de 1940 pelo bioquímico austro-húngaro-americano Albert Szent-Györgyi, que ganhou o Prêmio Nobel de Medicina de 1937 pela participação na descoberta da vitamina C. Em 1941, Szent-Györgyi fez uma palestra intitulada "Rumo à nova bioquímica", na qual propôs que o modo como os elétrons fluem facilmente pelas biomoléculas é semelhante a seu movimento em materiais semicondutores, como os cristais de silício usados na eletrônica. Infelizmente, poucos anos depois se percebeu que, na verdade, as proteínas são más condutoras de eletricidade e os elétrons não fluiriam facilmente pelas enzimas do modo que Szent-Györgyi imaginava.

Houve um grande avanço da química na década de 1950, especificamente com o químico canadense Rudolph Marcus, que desenvolveu uma teoria potente que hoje tem seu nome (teoria de Marcus) e explica a velocidade com que os elétrons conseguem se deslocar ou pular entre átomos ou moléculas diferentes. Ele também acabou recebendo um Prêmio Nobel de Química em 1992 por seu trabalho.

Mas meio século atrás, a questão de como as enzimas respiratórias, especificamente, eram capazes de estimular uma transferência de elétrons tão rápida em distâncias moleculares relativamente grandes continuava um enigma. Uma sugestão era que as proteínas talvez girassem em sequência, como engrenagens mecânicas, aproximando moléculas distantes para que os elétrons pudessem pular com facilidade de uma a outra. Uma previsão importante desses modelos era que o mecanismo se desaceleraria drasticamente em baixas temperaturas, quando há menos energia térmica para alimentar o movimento das engrenagens. No entanto, em 1966, um dos primeiros avanços reais da biologia quântica veio das experiências realizadas na Universidade da Pensilvânia pelos químicos americanos Don DeVault e Britton Chance, que mostraram que, ao contrário de todas as expectativas, a velocidade do movimento de elétrons nas enzimas respiratórias não caía em temperatura baixa.[7]

Don DeVault nasceu em Michigan em 1915, mas se mudou para o oeste com a família durante a Grande Depressão. Ele estudou no Caltech e em Berkeley, na Califórnia, e em 1940 recebeu o doutorado em química. Era um ativista dedicado aos direitos humanos e passou um período preso durante a Segunda Guerra Mundial pela postura de objetor de consciência. Em 1958, demitiu-se do cargo de professor de química da Universidade da Califórnia, mudou-se para a Geórgia e se envolveu diretamente na luta por igualdade e integração raciais no Sul. A força de sua convicção, a sua dedicação à causa e a fidelidade aos protestos pacíficos o expuseram ao risco de ataque físico em marchas com ativistas negros. Certa ocasião, ele chegou a ter o maxilar quebrado, quando seu grupo de manifestantes de ambas as raças foi atacado por uma turba. Mas isso não o deteve.

Em 1963, DeVault foi trabalhar na Universidade da Pensilvânia com Britton Chance, homem apenas dois anos mais velho que já criara reputação mundial como um dos principais cientistas do campo. Chance tinha não apenas um, mas dois doutorados: o primeiro em químico-física, o outro em biologia. Portanto, seu "campo" de especialização era muito amplo, e seus interesses na pesquisa, diversificados. Ele passara boa parte da carreira trabalhando com a estrutura e a função das enzimas, enquanto reservava um tempo para ganhar para os Estados Unidos a medalha de ouro na Vela nas Olimpíadas de 1952.

Britton Chance andava curioso sobre o mecanismo pelo qual a luz promove a transferência de elétrons da enzima respiratória citocromo para o oxigênio. Junto com Mitsuo Nishimura, Chance descobriu que essa transferência ocorre na bactéria *Chromatium* *vinosum* mesmo quando suas células são resfriadas até a temperatura gelada do nitrogênio líquido: -190 °C*. Mas o modo como esse processo variava com a mudança de temperatura, que poderia dar pistas do mecanismo molecular envolvido, ainda era desconhecido. Chance percebeu que era necessário iniciar a reação bem depressa, com um lampejo rapidíssimo de luz muito intensa. Foi aí que entraram os conhecimentos de Don DeVault. Ele passara alguns anos como assessor elétrico de uma pequena empresa, desenvolvendo um *laser* que pudesse criar exatamente esses pulsos rápidos de luz.

Juntos, DeVault e Chance projetaram uma experiência na qual um *laser* de rubi lançava um breve lampejo de apenas trinta nanossegundos (trinta bilionésimos de segundo) de forte luz vermelha sobre células de bactéria cheias de enzimas respiratórias. Eles verificaram que, conforme reduziam a temperatura, a velocidade da transferência de elétrons caía, até que, por volta de 100 K (ou -173 °C), a reação de transferência de elétrons era cerca de mil vezes mais lenta que à temperatura ambiente. Isso era esperado caso o processo de transferência de elétrons fosse movido primariamente pela energia térmica envolvida. No entanto, algo esquisito aconteceu quando DeVault e Chance reduziram a temperatura abaixo dos 100 K. Em vez de cair para valores mais baixos, o ritmo da transferência de elétrons pareceu atingir um platô e se manteve constante apesar de novas reduções da temperatura até 35 K acima do zero absoluto (-238 °C). Isso indicava que o mecanismo de transferência de elétrons não podia se dever apenas ao pula-pula eletrônico "clássico" já descrito. A resposta, ao que parece, está no mundo quântico, especificamente no esquisito processo de tunelamento quântico que vimos no Capítulo 1.

---

* A maioria dos cientistas usa o Kelvin (K) como unidade de temperatura. Uma mudança de temperatura de 1 K corresponde a uma mudança de 1 °C. No entanto, a escala Kelvin começa no chamado zero absoluto, que equivale a -273 °C. Assim, por exemplo, a temperatura do corpo humano é de 310 K.

Tunelamento quântico

Talvez você se lembre, pelo Capítulo 1, que o tunelamento quântico é o processo peculiar que permite às partículas atravessarem barreiras impenetráveis com tanta facilidade quanto o som que atravessa paredes. Foi descoberto em 1926 pelo físico alemão Friedrich Hund e, logo depois, usado com sucesso por George Gamow, Ronald Gurney e Edward Condon para explicar o conceito de decaimento radioativo com a então nova matemática da mecânica quântica. O tunelamento quântico se tornou uma característica básica da física nuclear, mas depois foi considerado um fenômeno que se aplica mais amplamente na química e na ciência dos materiais. Como já vimos, ele é essencial para a vida na Terra, pois permite que pares de núcleos de hidrogênio com carga positiva no interior do Sol se fundam no primeiro passo da conversão de hidrogênio em hélio para liberar a vasta energia solar. No entanto, até recentemente, não se pensava que estivesse envolvido em nenhum processo da vida.

Uma maneira de ver o tunelamento quântico é como o meio pelo qual as partículas vão de um lado a outro de uma barreira de um jeito que o senso comum nos diz que seria impossível. Com "barreira", queremos dizer uma região do espaço fisicamente intransponível (sem energia suficiente); pense nos campos de força usados nos contos de ficção científica. Essa região pode ser o estreito material isolante que separa dois lados de condutores elétricos ou mesmo espaço vazio, como a distância entre duas enzimas numa cadeia respiratória. Também pode ser o tipo de morro energético que já descrevemos e que limita o ritmo das reações químicas (Figura 3.1). Pensemos no exemplo de uma bola chutada para cima de um morrinho. Para que chegue até o alto e role pelo outro lado, é preciso que receba um chute com firmeza suficiente. Enquanto sobe o morro, ela vai se desacelerar aos poucos e, sem energia suficiente (um chute bastante forte), vai simplesmente parar e rolar de volta por onde veio. De acordo com a mecânica newtoniana clássica, a única maneira de a bola ultrapassar a barreira é ter energia suficiente para se erguer acima do morro de energia. Mas, se aquela bola fosse um elétron, digamos, e o morro uma barreira de energia repulsiva, haveria uma pequena probabilidade de que o elétron fluísse através da barreira como uma onda, fazendo, em essência, uma travessia alternativa mais eficiente. Esse é o tunelamento quântico (Figura 3.5).

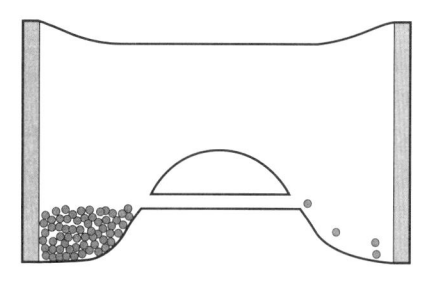

Figura 3.5 *Tunelamento quântico pela paisagem energética.*

Uma característica importante da mecânica quântica é que, quanto mais leve a partícula, mais facilidade terá para tunelar. Não surpreende, portanto, que, assim que o processo foi compreendido como uma característica onipresente no mundo subatômico, se tenha constatado que o tunelamento de elétrons é o mais comum, já que eles são partículas elementares levíssimas. No final da década de 1920, a emissão de elétrons por campo, em metais, foi explicada como efeito do tunelamento. O tunelamento quântico também explicou como acontece o decaimento radioativo, quando certos núcleos atômicos, como os do urânio, às vezes cospem uma partícula. Essa se tornou a primeira aplicação bem-sucedida da mecânica quântica aos problemas da física nuclear. Na química de hoje, o tunelamento quântico de elétrons, prótons (núcleos de hidrogênio) e até átomos mais pesados é bem-compreendido.

Uma característica fundamental do tunelamento quântico é que, como muitos outros fenômenos quânticos, ele depende da natureza ondulatória e difusa das partículas de matéria. Mas, para um corpo formado de muitíssimas partículas tunelar, é preciso que os aspectos ondulatórios de todos os seus constituintes se mantenham marchando em passo marcado, com coincidência de picos e vales das ondas, no chamado sistema coerente ou, simplesmente, "em fase". A decoerência descreve o processo pelo qual todas as muitas ondas quânticas saem de fase rapidissimamente e eliminam qualquer comportamento coerente geral, destruindo assim a capacidade de tunelamento quântico do corpo. Para tunelar, uma partícula tem de permanecer ondulatória para se infiltrar pela barreira. É por isso que objetos grandes como as bolas de futebol não tunelam: são formados por trilhões de átomos que não conseguem se comportar de maneira ondulatória coerente e coordenada.

Pelo padrão quântico, as células vivas também são objetos grandes, e à primeira vista parece improvável encontrar tunelamento quântico dentro de células vivas quentes e úmidas cujos átomos e moléculas, em sua maioria, se movem de forma incoerente. Mas, como descobrimos, o interior da enzima é diferente: suas partículas participam de uma dança coreografada e não de uma *rave* caótica. Portanto, vamos examinar como essa coreografia faz diferença na vida.

Tunelamento quântico de elétrons na biologia

O inesperado perfil de temperatura da experiência de DeVault e Chance em 1966 levou vários anos para ser totalmente explicado. Outro cientista americano cujo trabalho envolvia muitas disciplinas, da biologia molecular à física e à informática, é John Hopfield. Mais famoso pelo desenvolvimento de redes neurais na computação, ainda assim Hopfield se interessava muito pelos processos físicos envolvidos na biologia. Em 1974, ele publicou um artigo intitulado "Electron transfer between biological molecules by thermally activated tunneling"[8] (Transferência de elétrons entre moléculas biológicas por tunelamento com ativação térmica), no qual desenvolvia um modelo teórico para explicar o resultado de DeVault e Chance. Ele ressaltava que, em temperatura elevada, a energia vibracional das moléculas seria suficiente para permitir que os elétrons pulassem pelo alto da barreira sem tunelamento. Quando a temperatura se reduz, não deveria haver energia vibracional suficiente para a ocorrência da reação enzimática. Mas DeVault e Chance tinham verificado que a reação continuava em temperatura baixa. Portanto, Hopfield sugeriu que, nessa temperatura mais baixa, o elétron sobe até um estado a meio caminho da ladeira energética, onde a distância que precisa percorrer é menor que no sopé da encosta, o que aumenta a probabilidade de tunelamento quântico através da barreira. E tinha razão: a transferência de elétrons mediada pelo tunelamento ocorre até em temperaturas baixíssimas, exatamente como DeVault e Chance descobriram.

Hoje, poucos cientistas duvidam que os elétrons viajam pelas cadeias respiratórias por meio do tunelamento quântico. Isso deixa as reações de controle da energia mais importantes em células animais e microbianas (não fotossintéticas; trataremos do tipo fotossintético no próximo capítulo) bem firmes na esfera da biologia quântica. Mas os elétrons são levíssimos, mesmo segundo os padrões do mundo quântico, e seu comportamento, inevitavelmente, é muito "ondulatório". Portanto, não se deve imaginar que eles se movam e ricocheteiem como partículas clássicas minúsculas, embora ainda sejam tratados assim em muitos textos básicos de bioquímica que continuam a usar o modelo do átomo como "sistema solar". Uma representação muito mais apropriada dos elétrons no átomo é a de uma nuvem espalhada e ondulatória de "eletronicidade" que cerca o núcleo minúsculo, a "nuvem de probabilidade" que discutimos no

Capítulo 1. Portanto, talvez não surpreenda que as ondas eletrônicas possam atravessar barreiras do modo como ondas sonoras atravessam paredes, como descrevemos naquele primeiro capítulo, mesmo em sistemas biológicos.

Mas e as partículas maiores, como os prótons e até átomos inteiros? Elas também podem tunelar nos sistemas biológicos? À primeira vista, pensaríamos que a resposta seria não. Até um único próton é duas mil vezes mais pesado que um elétron, e sabe-se que o tunelamento quântico é extremamente sensível à massa da partícula: as partículas pequenas tunelam prontamente, enquanto as mais pesadas resistem muito mais, a menos que as distâncias a vencer sejam curtíssimas. Mas experiências recentes e extraordinárias indicam que até essas partículas relativamente grandes conseguem tunelar em reações enzimáticas.

Prótons de um lado para o outro

Talvez você se lembre de que, além de promover a transferência de elétrons, uma das principais atividades da enzima colagenase (Figura 3.4) é mover prótons para conseguir o rompimento da cadeia de colágeno. Como já mencionado, esse tipo de reação é um dos truques mais comuns de manipulação de partículas realizados por enzimas. Cerca de um terço de todas as reações enzimáticas envolve deslocar um átomo de hidrogênio de um lado para o outro. Observe que, aqui, "átomo de hidrogênio" pode significar várias coisas: pode ser um átomo neutro de hidrogênio (H), formado por um elétron em torno de seu núcleo (um próton); pode ser um íon hidrogênio com carga positiva (H^+), que é apenas um núcleo nu, um próton sem o elétron; e pode ser até um íon hidreto, que é um átomo de hidrogênio com um elétron a mais (H^-).

Como qualquer químico ou bioquímico de respeito logo lhe dirá, mover átomos de hidrogênio (tudo bem, prótons) de um lado para o outro dentro de moléculas e entre elas não envolve necessariamente nenhum efeito quântico; ou, pelo menos, nenhum que exija o recurso explícito a processos mais esquisitos do mundo quântico, como o tunelamento. Na verdade, na maioria das reações químicas que ocorre no tipo de temperatura em que a vida funciona, acredita-se que os prótons se desloquem de uma molécula a outra principalmente em pulos térmicos não quânticos. Mas o tunelamento de prótons está envolvido em algumas reações químicas que podem ser identificadas pela relativa indiferença à temperatura, exatamente como DeVault e Chance demonstraram para o tunelamento de elétrons.

A vida funciona em temperatura alta (segundo o padrão do mundo quântico). Assim, na maior parte da história da bioquímica, os cientistas supuseram que a transferência enzimática de prótons era inteiramente mediada pelo mecanismo (não quântico) de pular por cima da barreira energética*. Mas essa opinião mudou em 1989, quando Judith Klinman e seus colegas de Berkeley apresentaram os primeiros indícios diretos do tunelamento de prótons em reações enzimáticas.[9] Klinman é bioquímica e defende há bastante tempo a importância do tunelamento de prótons na maquinaria molecular da vida. Na verdade, ela chegou ao ponto de afirmar que esse é um dos mecanismos preponderantes e de maior importância em toda a biologia. Sua descoberta veio do estudo de uma enzima específica da levedura chamada desidrogenase alcoólica (ADH), cujo trabalho é transferir um próton da molécula de álcool para outra molécula

---

* Talvez você se pergunte por que, então, o tunelamento quântico é necessário para explicar os processos de fusão dentro do Sol. Mas, lá, nem a temperatura nem a pressão altíssimas bastam para superar a repulsão elétrica que impede a fusão de dois prótons com carga positiva; assim, a mecânica quântica é necessária para dar uma mãozinha.

pequena chamada NAD$^+$ para formar NADH (dinucleotídeo de dico-tinamida e adenina, molécula que já encontramos como principal transportadora de elétrons da célula). A equipe conseguiu confirmar a presença do tunelamento de prótons usando uma técnica enge-nhosa chamada *efeito isotópico cinético*. Essa ideia é bem-conhecida na química e merece uma explicação meticulosa aqui, porque ajuda a apresentar uma das principais provas da biologia quântica e vai aparecer mais algumas vezes neste livro.

O efeito isotópico cinético

Você já pedalou morro acima e viu que era ultrapassado por pessoas a pé? Em terreno plano, não é problema pedalar sem esforço e ultrapassar quaisquer pedestres, até mesmo corredores; então, por que é tão menos eficiente pedalar em ladeiras?

Imagine que, em vez de pedalar, você apeasse do selim e andasse com a bicicleta, em terreno plano ou ladeira acima. Agora a questão fica óbvia. Na ladeira, é preciso impelir a bicicleta e você para subir a inclinação. O peso da bicicleta, que era quase irrelevante no mo-vimento horizontal na rua plana, agora trabalha contra você que tenta subir a ladeira: é preciso erguer seu peso muitos metros contra a atração gravitacional da Terra. É por isso que fabricantes de bici-cletas de corrida dão muito destaque à leveza de seus veículos. É óbvio que o peso de um objeto pode fazer muita diferença na facili-dade de movê-lo; mas o exemplo da bicicleta ilustra que essa dife-rença depende de que tipo de movimento estamos falando.

Agora, imagine que você quisesse descobrir se o terreno entre as cidades A e B era plano ou com aclives e declives, mas não pudesse viajar em pessoa de uma à outra. Uma estratégia possível surgiria caso você descobrisse que há um serviço de correio entre as cidades e os carteiros usam bicicletas leves ou pesadas. Para descobrir se o terreno entre as cidades é plano ou ondulado, basta enviar um conjunto de pacotes idênticos de uma cidade a outra, metade pelos carteiros que usam bicicletas leves, o resto pelos carteiros que usam as pesadas. Caso você descubra que todos os pacotes levam mais ou menos o mesmo tempo para serem entregues, é possível concluir que o terreno entre as duas cidades provavelmente é bem plano; mas se todos os pacotes que chegarem em bicicletas pesadas levarem muito mais tempo, concluiremos que o terreno entre A e B provavelmente é montanhoso. Portanto, os carteiros ciclistas servem de sondas do terreno desconhecido.

Como as bicicletas, os átomos de cada elemento químico vêm em grupos de pesos diferentes. Tomemos o hidrogênio como exemplo, por ser o átomo mais simples e o que mais nos interessa aqui. Os elementos são determinados pelo número de prótons que há no núcleo (junto com o número igual e correspondente de elétrons que cercam o núcleo). Portanto, o hidrogênio tem um próton no núcleo; o hélio tem dois; o lítio, três; e assim por diante. Mas o núcleo dos átomos também contém outro tipo de partícula: o nêutron, que encontramos no Capítulo 1 quando discutimos a fusão de núcleos; de hidrogênio dentro do Sol. Adicionar nêutrons ao núcleo torna o átomo mais pesado e, portanto, muda seus atributos físicos. Os átomos de um elemento específico com número diferente de nêutrons se chamam *isótopos*. O isótopo normal de hidrogênio é o mais leve, consistindo apenas em um único próton e um elétron. Essa é a forma de hidrogênio mais abundante. Mas há dois isótopos mais raros e pesados de hidrogênio. o deutério (D), que tem um nêutron no núcleo além do próton, e o trítio (T), que tem dois nêutrons.

Como as propriedades químicas dos elementos são determinadas principalmente pelo número de elétrons do átomo, os diversos isótopos do mesmo elemento com número diferente de nêutrons no núcleo terão química muito semelhante, mas não idêntica. O efeito isotópico cinético envolve a medição da sensibilidade de uma reação química à mudança dos átomos, de isótopos leves a pesados, e é definido como a razão entre a velocidade de reação observada com os isótopos pesados e os leves. Por exemplo, quando há água envolvida numa reação, os átomos de hidrogênio das moléculas de H_2O podem ser substituídos por seus primos mais pesados, deutério ou trítio, para formar D_2O ou T_2O. Assim como nossos carteiros ciclistas, a reação pode ou não ser sensível à mudança do peso dos átomos, dependendo da rota que os reagentes seguem para se converterem em produtos.

Há vários mecanismos responsáveis por efeitos isotópicos cinéticos importantes, e um deles é o tunelamento quântico, que, como o ciclismo, é extremamente sensível à massa da partícula que tenta tunelar. O aumento da massa torna menos ondulatório o comportamento da partícula e, assim, menos provável que ela consiga se infiltrar por uma barreira energética. Assim, dobrar a massa do átomo, trocando, por exemplo, o hidrogênio normal por deutério, faz despencar sua probabilidade de tunelamento quântico.

Portanto, encontrar um grande efeito isotópico cinético pode ser indício de que o mecanismo da reação – a rota entre reagentes e produtos – envolve tunelamento quântico. No entanto, não seria um indício conclusivo, já que o efeito pode ser atribuído a alguns efeitos químicos clássicos (não quânticos). Mas se o tunelamento quântico estiver envolvido, a reação também mostrará uma reação peculiar à temperatura: sua velocidade atingirá um platô em temperaturas baixas, como DeVault e Chance demonstraram no tunelamento de elétrons. Foi exatamente isso que Klinman e sua equipe descobriram na enzima ADH; e o resultado ofereceu indícios convincentes de que o tunelamento quântico estava envolvido no mecanismo da reação.

O grupo de Klinman chegou a acumular indícios substanciais de que o tunelamento de prótons costuma ocorrer em muitas reações enzimáticas na faixa de temperatura em que a vida funciona.

Vários outros grupos, como o de Nigel Scrutton, na Universidade de Manchester, realizaram experiências semelhantes com outras enzimas e demonstraram efeitos isotópicos cinéticos que indicam enfaticamente o tunelamento quântico.[10] Mas o modo como as enzimas mantêm a coerência quântica para promover o tunelamento continua a ser um tópico muito controverso. Já se sabe, há algum tempo, que as enzimas não são estáticas e vibram constantemente durante as reações. Por exemplo, os *maxilares* da enzima colagenase se abrem e fecham toda vez que rompem uma ligação do colágeno. Achava-se que esses movimentos eram acidentais no mecanismo da reação ou estavam envolvidos na captura dos substratos e na colocação de todos os átomos reativos no alinhamento correto. No entanto, hoje, pesquisadores de biologia quântica afirmam que essas vibrações são os chamados "movimentos de impulsão", cuja função primária é aproximar átomos e moléculas o bastante para que suas partículas (elétrons e prótons) possam tunelar.[11] Retornaremos a esse tópico, um dos campos mais empolgantes e de avanço mais rápido da biologia quântica, no último capítulo do livro.

Então isso determina o quântico da biologia quântica?

As enzimas fizeram e desfizeram cada uma das biomoléculas dentro de todas as células que estão vivas ou já viveram. São elas que mais se aproximam dos ditos fatores vitais. Assim, a descoberta de que algumas enzimas, possivelmente todas, funcionam promovendo a desmaterialização de partículas num ponto no espaço e sua materialização instantânea em outro nos dá uma nova ideia do mistério da vida. E, embora haja muitas questões ainda não resolvidas ligadas às enzimas que precisam ser mais bem compreendidas, como o papel dos movimentos da proteína, não há dúvida de que o tunelamento quântico tem participação no modo como elas trabalham.

Ainda assim, temos de abordar uma crítica feita por muitos cientistas que aceitam os achados de Klinman, Scrutton e outros, mas, ainda assim, afirmam que os efeitos quânticos têm papel tão relevante na biologia quanto na mecânica de uma locomotiva a vapor: estão sempre lá, mas são praticamente irrelevantes para entender o funcionamento dos sistemas. Seu argumento costuma ser apresentado em debates sobre a evolução ou não das enzimas para aproveitar fenômenos quânticos como o tunelamento. Os críticos argumentam que o aparecimento de fenômenos quânticos em processos biológicos é inevitável, dadas as dimensões atômicas da maioria das reações bioquímicas. Até certo ponto, estão certos. Tunelamento quântico não é magia; acontece desde o nascimento do universo. Sem dúvida não é um truque que tenha sido "inventado" pela vida. Mas argumentaríamos que seu aparecimento na atividade das enzimas está longe de ser inevitável, dadas aquelas condições quentes, úmidas e movimentadas dentro das células vivas.

Lembremos que as células vivas são lugares lotados, atulhados de moléculas complexas em estado de constante agitação e turbulência, semelhante àquele movimento molecular das bolas de bilhar que examinamos no capítulo anterior e é responsável por fazer locomotivas a vapor subirem encostas. Você deve recordar que é esse tipo de movimento aleatório que dispersa e desorganiza a delicada coerência quântica e faz nosso mundo cotidiano nos parecer "normal". Não seria esperado que a coerência quântica sobrevivesse dentro dessa turbulência molecular, e a descoberta de que efeitos quânticos como o tunelamento conseguem persistir no mar de agitação de moléculas que é uma célula viva é muito surpreendente. Afinal de contas, há cerca de apenas uma década a maioria dos cientistas desdenhava a ideia de que o tunelamento e outros fenômenos quânticos delicados pudessem ocorrer na biologia. O fato de serem encontrados nesses *habitats* sugere que a vida toma providências especiais para aproveitar vantagens oferecidas pelo mundo quântico *para fazer suas células funcionarem.* Mas que providências? Como a vida mantém sob controle aquele inimigo do comportamento quântico, a decoerência? Esse é um dos maiores mistérios da biologia quântica, mas lentamente está sendo desvendado, como descobriremos no capítulo final.

Mas, antes de prosseguirmos, temos de voltar aonde deixamos nosso nanossubmarino: no sítio ativo da enzima colagenase dentro da cauda em desaparecimento do girino. Saímos rapidamente do sítio ativo quando os maxilares reabrem, permitindo que a cadeia de colágeno rompida (e nós!) se solte, e deixamos a enzima-marisco pronta para cortar a próxima ligação peptídica. Fazemos então um rápido passeio pelo resto do corpo do girino para testemunhar as atividades ordeiras de algumas outras enzimas igualmente fundamentais para a vida. Seguimos as células que migram da cauda que se encolhe até as patas traseiras que se desenvolvem e assistimos à montagem de novas fibras de colágeno, como trilhos novos, para sustentar a construção do corpo da rã adulta, geralmente com células que vieram da cauda. Essas novas fibras são construídas por enzimas que capturam as subunidades de aminoácidos liberadas pela colagenase e as juntam de novo em novas fibras de colágeno. Embora não tenhamos tempo de mergulhar nessas enzimas, dentro de seu sítio ativo há o mesmo tipo de movimentos coreografados que vimos dentro da colagenase, mas agora para realizar a reação inversa. Em outros locais, todas as biomoléculas da vida – gorduras, DNA, aminoácidos, proteínas, açúcares – são feitas e desfeitas por enzimas diferentes. Além disso, todas as ações realizadas pela rã em crescimento são igualmente mediadas por enzimas. Por exemplo, quando o animal avista uma mosca, os sinais nervosos que transmitem a mensagem dos olhos ao cérebro são mediados por um grupo de enzimas neurotransmissoras amontoadas nos neurônios. Quando ele lança a língua, as contrações musculares que trazem a mosca são provocadas por outra enzima, a miosina, amontoada nas células musculares para provocar sua contração. Quando a mosca entra no estômago da rã, toda uma bateria de enzimas é liberada para apressar sua digestão e liberar os nutrientes para que possam ser absorvidos. Outras enzimas ainda transformam esses nutrientes em tecido de rã ou capturam sua energia por meio das enzimas respiratórias dentro das organelas celulares mitocondriais.

Toda atividade *vital* das rãs e de outros organismos vivos, todo processo que os mantém vivos – e a nós também – é acelerado por enzimas, os motores da vida, cujo extraordinário poder catalítico se deve à capacidade de coreografar os movimentos de partículas fundamentais e, portanto, mergulhar no mundo quântico para aproveitar suas estranhas leis.

Mas o tunelamento não é a única vantagem potencial oferecida à vida pela mecânica quântica. No próximo capítulo, descobriremos que a reação química mais importante da biosfera envolve outro truque do mundo quântico.

4. O batimento quântico

A substância de uma árvore é carbono, e de onde ele vem? Vem do ar;
é dióxido de carbono do ar. Todo mundo olha as árvores e acha que
[a substância da árvore] vem do chão; as plantas crescem no chão.
Mas se perguntar "de onde vem a substância", você descobre [...]
[que] as árvores vêm do ar [...] o dióxido de carbono e o ar
entram na árvore e a alteram, expulsando o oxigênio [...]
Sabemos que o oxigênio e o carbono [do dióxido de carbono] se
grudam com muita força [...] como a árvore consegue desfazer
isso com tanta facilidade? [...] É a luz do sol que desce e arranca
esse oxigênio do carbono [...] deixando o carbono
e a água para formar a substância da árvore!
Richard Feynman[1]

O Massachusetts Institute of Technology, mais conhecido como MIT, é um dos maiores centros científicos do mundo. Fundado em 1861 em Cambridge, no estado americano de Massachusetts, a entidade se gaba de ter nove detentores atuais do Prêmio Nobel (em 2014) entre seus mil professores. Entre os ex-alunos, estão astronautas (um terço dos voos espaciais da NASA foram tripulados por pessoas formadas no MIT), políticos (como Kofi Annan, ex-secretário geral das Nações Unidas e ganhador do Prêmio Nobel da Paz de 2001), empresários como William Reddington Hewlett, um dos fundadores da Hewlett-Packard, e, é claro, muitos cientistas, como Richard Feynman, arquiteto da eletrodinâmica quântica e ganhador do Prêmio Nobel. Mas um de seus habitantes mais ilustres não é humano; na verdade, é uma planta, uma macieira. Situada no jardim do reitor, à sombra da cúpula panteônica do instituto, ela é uma muda de outra árvore guardada no Real Jardim Botânico da Inglaterra, descendente direta daquela árvore sob a qual, supostamente, Sir Isaac Newton se sentou e observou a queda da famosa maçã.

A questão simples, mas profunda, em que Newton meditava sentado debaixo da árvore da fazenda da mãe em Lincolnshire três séculos e meio atrás era: *por que as maçãs caem?* Talvez pareça grosseiro insinuar que a resposta, que revolucionou a física e, na verdade, a ciência como um todo, poderia ser, de certo modo, inadequada; mas há um aspecto dessa cena famosa que Newton não notou e que, desde então, passou despercebida: o que a maçã estava fazendo no alto da árvore, para começar? Se a descida acelerada da maçã até o chão era enigmática, o que dizer, então, da junção do ar e da água de Lincolnshire para formar um objeto esférico empoleirado nos galhos de uma árvore? Por que Newton ponderou a questão comparativamente trivial da atração da gravidade da Terra sobre a maçã e deixou totalmente de lado o enigma absolutamente incompreensível da formação da fruta?

Um dos fatores que explicam a falta de curiosidade de Isaac Newton a respeito disso era a opinião predominante no século XVII de que, embora a mecânica grosseira de todos os objetos, inclusive os vivos, pudesse ser explicada por leis físicas, sua dinâmica íntima peculiar (que ditava, entre outras coisas, o modo como crescem as maçãs) era movida por aquela força ou *élan* vital vindo de uma fonte sobrenatural fora do alcance de qualquer equação matemática ateia. Mas, como já descobrimos, o vitalismo foi eliminado pelos avanços subsequentes da biologia, da genética, da bioquímica e da biologia molecular. Hoje, nenhum cientista sério duvida que se possa explicar a vida dentro da esfera da ciência; mas o ponto de interrogação se mantém quando se trata de saber que ciência daria a melhor explicação. Apesar das declarações alternativas de cientistas como Schrödinger, a maioria dos biólogos ainda acredita que as leis clássicas são suficientes, com as forças newtonianas agindo sobre biomoléculas parecidas com bolinhas e varetas que se comportam, pois é, como bolinhas e varetas. Até Richard Feynman, um dos sucessores intelectuais de Schrödinger, descreveu a fotossíntese (no trecho citado na epígrafe deste capítulo) em termos estritamente clássicos de "luz do sol que desce e arranca esse oxigênio do carbono", com a luz agindo como um tipo de taco de golfe capaz de, num só golpe, arrancar o oxigênio, qual bola de golfe, da molécula de dióxido de carbono.

A biologia molecular e a mecânica quântica se desenvolveram em paralelo e não em cooperação. Os biólogos praticamente não frequentavam aulas de física, e os físicos davam pouca atenção à biologia. Mas, em abril de 2007, um grupo de físicos e matemáticos do MIT que trabalhava numa área bastante esotérica chamada teoria da informação quântica realizou uma reunião regular de seu clube de leitura de periódicos (em que os integrantes se revezavam para apresentar um novo artigo encontrado na literatura científica), e alguém do grupo levou um exemplar do *New York Times* com uma reportagem que sugeria que as plantas eram computadores quânticos (falaremos mais sobre essas máquinas extraordinárias no Capítulo 8). O grupo caiu na gargalhada. Seth Lloyd, um dos integrantes, recordou que fora a primeira vez que ouvia falar dessa "suruba quântica". "Achamos engraçadíssimo [...] Do tipo: Meu Deus, é a coisa mais maluca que já vi na vida!"[2] A causa da incredulidade era o fato de muitos grupos de pesquisa, dos mais brilhantes e bem financiados do mundo, terem passado décadas tentando imaginar como construir um computador quântico, máquina capaz de realizar determinados cálculos muito mais depressa e com muito mais eficiência que os computadores mais poderosos à disposição do mundo hoje (já que, em vez de recorrer a *bits* numéricos de informação que são apenas 0 ou 1, ele permitiria que fossem 0 e 1 ao mesmo tempo e, portanto, conseguiria realizar todos os cálculos possíveis ao mesmo tempo – o supremo processamento em paralelo). O texto do *New York Times* afirmava que uma humilde folha de capim era capaz de realizar o tipo de truque que está no âmago da computação quântica. Não admira que esses pesquisadores do MIT ficassem incrédulos. Talvez eles não conseguissem construir um computador quântico que funcionasse, mas, se a reportagem estivesse correta, eles os comeriam na salada do almoço!

Enquanto isso, não muito longe da sala onde o clube de periódicos do MIT ria a bandeiras quânticas despregadas, um fóton de luz viajava a 300.000 quilômetros por segundo rumo a uma árvore de *pedigree* famoso.

O mistério central da mecânica quântica

Logo voltaremos àquele fóton e àquela árvore e a como eles podem estar relacionados ao mundo quântico, mas antes é preciso apresentar o leitor a uma experiência bela e simples que ressalta como o mundo quântico é mesmo esquisito. Embora nos esforcemos muito para explicar da melhor maneira possível o que significam noções como "superposição quântica", nada transmite melhor a mensagem do que a famosa experiência da dupla fenda, que descreveremos aqui.

O que essa experiência nos oferece é a demonstração mais simples e cabal de que, no mundo quântico, *tudo é diferente*. As partículas podem se comportar como ondas que se espalham pelo espaço e, às vezes, as ondas podem se comportar como partículas individuais e localizadas. Já encontramos essa dualidade onda-partícula: no capítulo de abertura, como peculiaridade necessária para explicar como o Sol gera sua energia; e no Capítulo 3, onde vimos que as propriedades ondulatórias de prótons e elétrons permitem que eles se infiltrem pelas barreiras energéticas dentro das enzimas. Neste capítulo, você descobrirá que a dualidade onda-partícula também está envolvida na reação bioquímica mais importante da biosfera: a conversão de ar, água e luz em plantas, micróbios e, indiretamente, todos nós. Mas antes temos de descobrir como a ideia inusitada de que partículas podem estar em muitos lugares ao mesmo tempo nos é imposta por uma das experiências mais simples, elegantes e abrangentes já realizadas: aquela que, de acordo com Richard Feynman, "tem em si o coração da mecânica quântica".

No entanto, um aviso: o que será descrito aqui parecerá impossível, e talvez você tenha certeza de que é preciso haver um modo mais racional de explicar o que acontece. Talvez você se pergunte onde está a prestidigitação desse aparente truque de mágica. Ou suponha que a experiência não passa de especulação teórica sonhada por cientistas sem imaginação para compreender o funcionamento da natureza. Mas nenhuma dessas explicações está certa. A experiência da dupla fenda não faz sentido (no senso comum), mas é real e foi realizada milhares de vezes.

Descreveremos a experiência em três estágios: os dois primeiros meramente prepararão o cenário para que, em seguida, você possa apreciar o resultado desconcertante do terceiro estágio, o principal.

Primeiro, um raio de luz monocromática (que consiste em uma única cor, ou comprimento de onda) incide sobre uma tela com duas fendas estreitas que permitam a passagem de parte da luz até uma segunda tela (Figura 4.1). Com o controle meticuloso da largura das fendas, da distância entre elas e da distância entre as duas telas, podemos criar uma sequência de faixas claras e escuras na segunda tela, o chamado padrão de interferência.

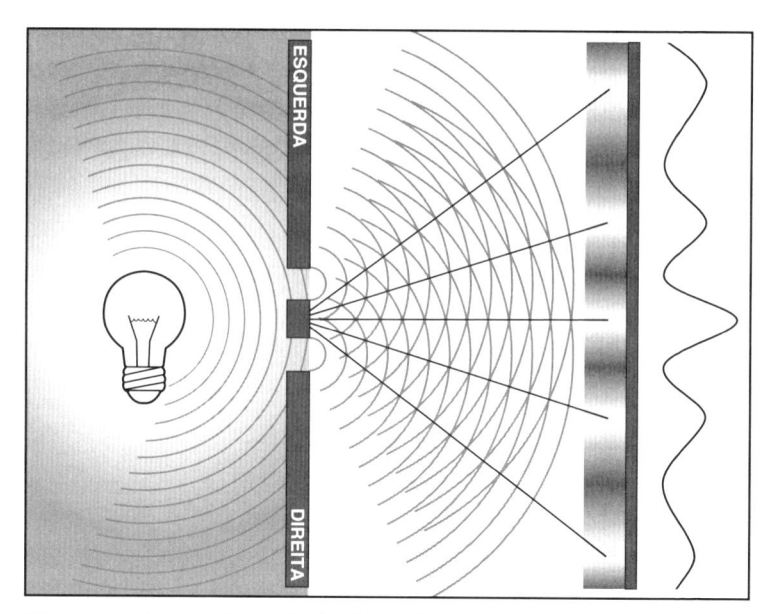

Figura 4.1 *A experiência de dupla fenda, primeiro estágio. Quando a luz monocromática (com um comprimento de onda específico) incide sobre as duas fendas, cada uma delas atua do outro lado como nova fonte de luz e, em virtude da natureza ondulatória, a luz se espalha (se difrata) ao se espremer por cada fenda, de modo que as ondas circulares se sobrepõem e interferem entre si, provocando listras claras e escuras na tela atrás.*

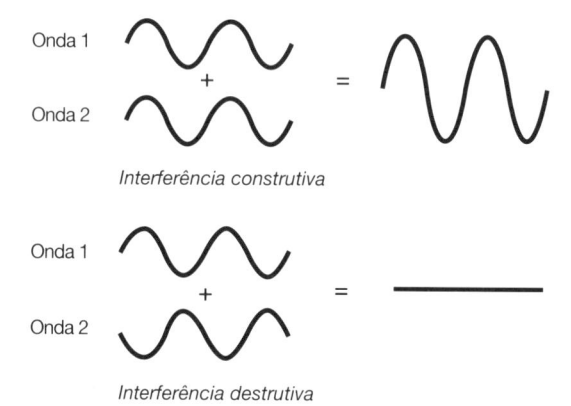

Figura 4.2 *Interferência ondulatória construtiva e destrutiva.*

Os padrões de interferência são marca registrada das ondas e fáceis de ver em qualquer meio ondulatório. Jogue uma pedrinha num lago parado e observe o conjunto de ondas circulares concêntricas que se espalham de dentro para fora a partir do ponto onde a pedrinha caiu. Jogue duas pedrinhas no mesmo lago e cada uma delas gerará suas ondas concêntricas em expansão, mas onde as ondas das duas pedrinhas se sobrepuserem você verá um padrão de interferência (Figura 4.2). Onde o pico de uma onda encontrar o vale da outra, elas se cancelarão, resultando em nenhuma onda nesses pontos. É a chamada interferência destrutiva. Por outro lado, dois picos ou dois vales se reforçam quando se encontram e geram o dobro da onda: é a chamada interferência construtiva. Esse padrão de cancelamento e reforço da onda pode ser produzido em qualquer meio ondulatório. Na verdade, foi a demonstração, pelo físico inglês Thomas Young, da interferência de raios de luz em uma versão primitiva da experiência de dupla fenda, realizada há mais de dois séculos, que o convenceu, e a maioria dos outros cientistas, de que a luz era mesmo uma onda.

A interferência mostrada na experiência de dupla fenda se deve, em primeiro lugar, ao modo como as ondas de luz passam por ambas as fendas e depois se espalham, uma propriedade ondulatória chamada difração, de modo que os raios que saem das fendas se sobrepõem e se fundem, como as ondas de água, antes de atingir a tela de trás. Em determinados pontos da tela, as ondas de luz que emanam das duas fendas chegarão *em fase*, com a coincidência de picos e vales, porque percorreram a mesma distância até a tela ou porque a diferença da distância percorrida é igual a um múltiplo da distância entre os picos. Quando isso acontece, as cristas e os vales das ondas se combinam para formar picos mais altos e vales mais fundos: a interferência construtiva. As ondas fundidas criam luz de muita intensidade nesses pontos e, assim, uma faixa clara na tela. Mas, em outros pontos, a luz das duas fendas chega *fora de fase*, no ponto onde a crista de uma onda se encontra com o vale da outra. Nesses pontos, as ondas se cancelam, resultando numa faixa escura na tela: a interferência destrutiva. Entre esses dois extremos, a combinação não está completamente "em fase" nem completamente "fora de fase", e alguma luz sobrevive. Portanto, não vemos uma sequência nítida de faixas claras e escuras na tela, mas uma variação suave de intensidade entre os chamados máximos e mínimos do padrão de interferência. Essa variação da intensidade, suave e adequadamente ondulada, é um indicador básico dos fenômenos ondulatórios. Um exemplo conhecido são as ondas sonoras: o músico que afina o instrumento presta atenção aos "batimentos"* que ocorrem quando uma nota tem frequência muito próxima de outra, de modo que, na viagem até o ouvido do músico, às vezes chegam em fase, às vezes fora de fase. Essa variação do padrão conjunto gera um som que sobe e desce de volume periodicamente. Essa variação suave da intensidade do som se deve à interferência entre duas ondas separadas. Observe que esse "batimento" das notas é um exemplo totalmente clássico que não exige nenhuma explicação quântica.

Um fator fundamental da experiência da dupla fenda é que o raio de luz que incide sobre a primeira tela tem de ser monocromático (formado por um único comprimento de onda). Em contraste, a luz branca, como a emitida por uma lâmpada normal, é composta de muitos comprimentos de onda diferentes (todas as cores do arco-íris), de modo que as ondas incidirão na tela em desordem. Nesse caso, embora picos e vales ainda interfiram uns com os outros, o padrão resultante será tão complexo e tão borrado que não se verão faixas distintas. Do mesmo modo, embora seja fácil gerar um padrão de interferência quando jogamos duas pedrinhas num

---

* São flutuações de volume, um tipo de pulsação, criadas por duas notas quase da mesma frequência e, portanto, quase afinadas. A palavra "batimento" não deve ser confundida com a palavra "batida", usada na música para denominar seu ritmo.

lago, quando o que cai é um aguaceiro, geram-se tantas ondas que fica impossível encontrar um padrão de interferência coerente.

Agora, o segundo estágio da experiência da dupla fenda, que não realizamos com luz, mas atirando na tela com uma arma de fogo. A questão aqui é que estamos usando partículas sólidas em vez de ondas que se espalham. É claro que cada bala terá de passar por uma fenda ou outra, não pelas duas. Com balas suficientes, veremos que a tela preta terá duas faixas de furos acumulados, correspondentes às duas fendas (Figura 4.3). Fica claro que não lidamos com ondas. Cada bala é uma partícula independente que não se relaciona com nenhuma outra, portanto não há interferência.

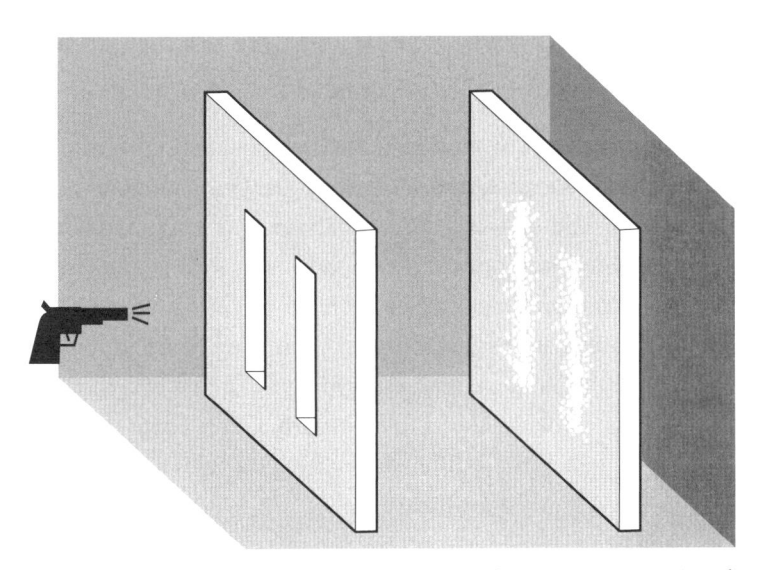

Figura 4.3 *A experiência de dupla fenda, segundo estágio. Ao contrário do comportamento ondulatório que vimos com a luz, atirar uma série de balas nas fendas mostra um comportamento particulado. Cada bala que chega à tela de trás tem de passar por uma fenda ou outra, mas não por ambas (supondo, é claro, que a tela do meio tenha espessura suficiente para bloquear as balas que errarem as fendas). Em vez de uma interferência com várias faixas, o padrão na tela de trás mostra agora um acúmulo de balas ao longo apenas de duas faixas estreitas correspondentes a cada fenda.*

Agora, o terceiro estágio: o "truque de mágica" quântico. A experiência é repetida com átomos em vez de balas. Uma fonte que possa produzir um feixe de átomos os lança sobre uma tela com duas fendas adequadamente estreitas*. Para detectar a chegada dos átomos, a segunda tela tem um revestimento fotoluminescente que mostra um pontinho brilhante onde é atingido por um átomo.

Se o senso comum predominasse no nível microscópico, os átomos deveriam se comportar como balas de revólver incrivelmente minúsculas. Primeiro, fazemos a experiência abrindo apenas a fenda esquerda e vemos uma faixa de pontos claros na tela atrás da fenda. Há algum espalhamento dos pontos, resultante, pode-se presumir, de alguns átomos que ricocheteiam nas bordas e se desviam em vez de passar diretamente pela fenda. Em seguida, abrimos também a fenda direita e esperamos que os pontos se acumulem na tela de trás.

Se lhe pedissem que previsse a distribuição dos pontos brilhantes e você não soubesse nada de mecânica quântica, naturalmente seu palpite seria muito parecido com o padrão produzido pelas balas; ou seja, que uma faixa de pontos se acumularia atrás de cada fenda, formando duas manchas distintas de luz mais clara no centro e sumindo aos poucos ao se afastar dele, conforme o impacto de átomos ficasse mais raro. Também seria esperado que o ponto intermediário entre as duas manchas claras fosse escuro, já que corresponderia a uma região da tela mais difícil de ser atingida pelos átomos, qualquer que seja a fenda que atravessem.

Mas não é o que encontramos. Em vez disso, vemos um padrão de interferência claríssimo, com listras claras e escuras, como no caso da luz. A parte mais brilhante da tela, acredite se quiser, fica no centro: o mesmo lugar que não esperaríamos que muitos átomos

---

* As fendas realmente precisam ser estreitíssimas e estar muito próximas. Na experiência realizada na década de 1990, a tela era uma folha de ouro, e a largura das fendas era da ordem de um único micrômetro (um milésimo de milímetro).

conseguissem atingir (Figura 4.4). Na verdade, com a distância certa entre as fendas e as duas telas, podemos assegurar que a região brilhante da tela de trás (a área que os átomos conseguiam atingir com apenas uma fenda aberta) fique agora escura (nenhum átomo chegando lá) quando abrimos a segunda fenda. Como a abertura de outra fenda, que deveria simplesmente permitir que mais átomos passassem, impede que eles atinjam determinadas regiões da tela?

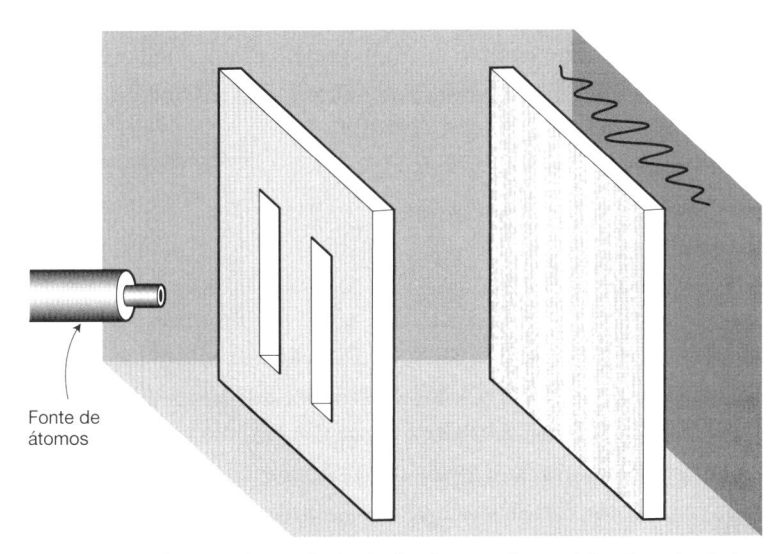

Fonte de
átomos

Figura 4.4 *A experiência de dupla fenda, terceiro estágio. Ao substituir as balas pelos átomos de uma fonte capaz de lançá-los nas fendas (é claro que, em cada estágio, a largura das fendas e a distância entre elas são adequadamente escolhidas), vemos que o padrão de interferência ondulatória volta a aparecer. Apesar de cada átomo atingir a tela de trás num ponto específico, indicando sua natureza de partícula, eles se amontoam em faixas, como aconteceu com a luz. Portanto, o que acontece em ambas as fendas ao mesmo tempo, sem o qual não obteríamos as várias listras da interferência?*

Vejamos se conseguimos explicar o que acontece usando o simples senso comum e, por enquanto, evitando recorrer à mecânica quântica. Suponhamos que, apesar de cada átomo ser uma partícula minúscula e localizada – pois cada átomo atinge a tela num único ponto –, o número imenso de átomos envolvidos, todos colidindo e interagindo entre si de maneira específica e coordenada, produza um padrão que *pareça* interferência. Afinal de contas, sabemos que, na verdade, as ondas de água se compõem de muitas moléculas que, por conta própria, não se esperaria que fossem ondulatórias. É o movimento coordenado de trilhões de moléculas de água que produz as propriedades ondulatórias, não cada molécula individualmente. Talvez o canhão de átomos ejete um fluxo coordenado de átomos, como uma máquina de ondas numa piscina.

Para comprovar a teoria dos átomos coordenados, repetimos a experiência, mas agora lançamos os átomos *um de cada vez*. Disparamos o canhão de átomos, aguardamos o surgimento de um ponto de luz na tela de trás antes de disparar de novo e assim por diante. A princípio, o senso comum parece predominar. Cada átomo que atravessa as fendas deixa apenas um pontinho localizado de luz em algum lugar da tela. Parece que os átomos saem do canhão como partículas semelhantes a balas e chegam à tela como partículas. Sem dúvida, entre o canhão e a tela eles também têm de se comportar como partículas, certo? Mas agora o coelho quântico sai da cartola. Conforme os pontos se acumulam aos poucos na tela, cada um deles registrando a chegada de um único átomo-bala, o padrão de interferência claro-escuro vai voltando a surgir. Como agora os átomos passam pelo instrumento um de cada vez, não podemos mais argumentar que haja algum comportamento coletivo de montes de átomos que esbarram uns nos outros e interagem entre si. Não são como as ondas da água. Aqui, mais uma vez, estamos diante do resultado contraintuitivo de que há lugares na tela de trás onde os átomos só podem incidir quando uma das fendas está aberta, mas que ficam completamente escuros quando se abre também a segunda fenda, apesar de sua abertura permitir uma rota adicional para o átomo atingir a tela. É como se, de algum modo, o átomo que passa por uma fenda *soubesse* se a outra fenda está aberta ou não e agisse de acordo!

Para recapitular, cada átomo sai do canhão como uma partícula minúscula e localizada e chega à segunda tela também como partícula, como fica evidente pela luzinha que surge quando ele chega. Mas, no meio do caminho, ao encontrar as duas fendas, acontece algo misterioso e semelhante ao comportamento de uma onda que se espalha e se divide em dois componentes, cada um saindo de uma das fendas e interferindo com o outro no lado de lá. De que outra maneira um único átomo teria *consciência* do estado (aberto ou fechado) de ambas as fendas ao mesmo tempo?

Desconfiados de algum truque em algum lugar, vejamos se conseguimos desmascarar os átomos ficando à espera deles entre as fendas. Pode-se conseguir isso instalando um detector atrás da fenda esquerda, digamos, para registrar um "sinal" (talvez um bipe) sempre que um átomo passe por aquela fenda a caminho da tela*. Podemos também pôr um segundo detector sobre a fenda direita, para captar os átomos que passam por ali. Agora, se um átomo passar por uma ou outra fenda, ouviremos um bipe vindo do detector da esquerda ou da direita; mas, se o átomo conseguir, sabe-se lá como, perder sua natureza de bala e passar pelas duas, ambos os detectores soarão ao mesmo tempo.

O que descobrimos agora é que, a cada disparo do canhão de átomos acompanhado pelo aparecimento de um ponto brilhante na tela, soa um detector ou outro, nunca ambos. Sem dúvida, agora temos finalmente a prova de que os átomos em interferência realmente passam por uma fenda ou outra, não por ambas ao mesmo tempo.

---

* Supomos aqui que o detector tenha 100% de eficiência e que, sem dúvida alguma, disparará caso um átomo passe pela fenda que observa, sem interferir com sua trajetória. É claro que, na prática, isso não é possível, já que perturbamos inevitavelmente a passagem do átomo com o ato de observar, como logo veremos.

Mas seja paciente e continue a observar a tela. Conforme as muitas marquinhas luminosas se juntam e acumulam, vemos que não se produz mais um padrão de interferência. Em seu lugar, há apenas duas faixas claras, indicando a incidência de um monte de átomos atrás de cada fenda, exatamente o que tivemos na experiência com balas. Agora os átomos se comportam como partículas convencionais durante toda a experiência. É como se cada átomo se comportasse como onda diante das fendas a menos que fosse espiado, e nesse caso, inocentemente, ele continua a ser uma partícula minúscula.

Talvez a presença do detector esteja provocando o problema, quem sabe interferindo com o comportamento estranho e delicado dos átomos que passam pelas fendas. Vamos verificar isso com a remoção de um dos detectores, o da fenda direita, digamos. Ainda podemos obter a mesma informação com esse arranjo, porque, ao disparar o canhão, se ouvirmos um bipe e virmos um ponto brilhante na tela, saberemos que o átomo passou pela fenda esquerda; se dispararmos o canhão e não ouvirmos o bipe, mas virmos um ponto brilhante, saberemos que o átomo chegou à tela pela fenda direita. Agora podemos saber se os átomos passaram pela fenda esquerda ou direita, mas só "perturbaremos" uma das rotas. Se o detector provocava o problema, é de se esperar que os átomos que provoquem o bipe se comportem como balas, mas os que passarem pela fenda direita sem bipes se comportem como ondas. Talvez agora vejamos na tela uma mistura de padrão de balas (dos átomos que passam pela fenda esquerda) e padrão de interferência (dos átomos que passam pela fenda direita).

Mas não. Com esse arranjo, ainda não vemos nenhum padrão de interferência. Só se vê na tela o padrão de pontos, como o das balas, atrás de cada fenda. Parece que basta a mera presença de um detector capaz de registrar a localização de um átomo para destruir seu comportamento ondulatório, mesmo que esse detector esteja a alguma distância da trajetória do átomo pela outra fenda!

Talvez a presença física do detector sobre a fenda esquerda seja suficiente para influenciar a trajetória dos átomos que passam por ela, como um grande rochedo que muda o fluxo da água numa torrente veloz. Podemos testar isso desligando o detector esquerdo. Ele ainda está lá, e esperamos que sua influência seja praticamente a mesma. Mas agora, com o detector presente, mas desligado, o padrão de interferência se forma na tela outra vez! Todos os átomos que passam pela experiência voltam a se comportar como ondas. Como é que os átomos se comportaram como partículas com o detector da fenda esquerda ligado, mas, assim que o desligamos, passaram a se comportar como ondas? Como a partícula que passa pela fenda direita *sabe* que o detector da fenda esquerda está ligado ou desligado?

É nesse estágio que precisamos abandonar o senso comum. Agora temos de enfrentar a dualidade onda-partícula de objetos minúsculos como átomos, elétrons ou fótons, que se comportam como onda quando não temos informações sobre qual fenda atravessaram, mas como partícula quando os observamos. Esse é o processo de observação ou medição de objetos quânticos que encontramos no Capítulo 1 ao examinar a demonstração de Alain Aspect do emaranhamento quântico de fótons separados. Você deve se lembrar que a equipe de Aspect mediu seus fótons passando-os por uma lente polarizada que destruía o estado emaranhado – que é um aspecto de sua natureza ondulatória –, forçando-os a escolher uma única direção clássica de polarização. De modo semelhante, a medição dos átomos que passam pela experiência da dupla fenda os força a escolher se vao pela fenda direita ou pela esquerda.

De fato, a mecânica quântica nos oferece uma explicação perfeitamente lógica desse fenômeno; mas é apenas uma explicação do que observamos – o resultado de uma experiência –, não do que acontece quando não estamos olhando. Mas, como só temos o que conseguimos ver e medir, talvez não faça sentido pedir mais. Como avaliar a legitimidade ou a verdade da descrição de um fenômeno que, mesmo em princípio, nunca poderemos verificar? Assim que tentarmos, alteraremos o resultado.

A interpretação quântica da experiência da dupla fenda é que, em qualquer momento dado, cada átomo tem de ser descrito por um conjunto de números que definam sua localização provável no espaço. Essa é a quantidade que apresentamos no Capítulo 2 como a *função de onda*. Lá, dissemos que era semelhante à ideia de investigar uma onda de crimes que se espalha pela cidade atribuindo probabilidades à ocorrência de roubos em diversos bairros. De forma parecida, a função de onda que descreve um átomo que passa pelas duas fendas investiga a probabilidade de encontrá-lo em algum lugar do equipamento em qualquer momento dado. Mas, como já enfatizamos, embora o ladrão só possa ter uma única localização no espaço e no tempo e a onda "probabilidade de crime" descreva apenas nossa falta de conhecimento de onde ele realmente está, na experiência da dupla fenda, por sua vez, a função de onda do átomo é real no sentido de que representa o estado físico do próprio átomo, que realmente não tem localização específica a menos que a meçamos, e, até então, estará em todos os lugares ao mesmo tempo – com probabilidade variada, é claro, de modo que é improvável que o encontremos em lugares onde sua função de onda é pequena.

Assim, em vez de átomos individuais que passam pela experiência de dupla fenda, temos de considerar a função de onda que vai da fonte à tela de trás. Ao encontrar as fendas, a função de onda se divide em duas, e cada metade passa por uma delas. Note que, aqui, estamos descrevendo o modo como uma quantidade *matemática* abstrata muda com o tempo. Não faz sentido perguntar o que *realmente* acontece, já que teríamos de olhar para conferir. Mas, assim que tentarmos, alteraremos o resultado. Perguntar o que *realmente* acontece entre as observações é como perguntar se a luz da geladeira está acesa antes de abrir a porta: é impossível saber, porque, assim que espiamos, mudamos o sistema.

Surge, então, a pergunta: quando a função de onda "se torna" um átomo localizado outra vez? A resposta é: quando tentamos detectar sua localização. Quando essa medição ocorre, a função de onda quântica *colapsa* numa única possibilidade. Mais uma vez, essa situação é muito diferente da do ladrão, na qual a incerteza de seu paradeiro de repente se resume a um ponto único quando ele é capturado pela polícia. Nesse caso, apenas nossa informação sobre o paradeiro do ladrão foi afetada pela detecção. Ele estava sempre num único lugar a cada momento dado. Não é assim com o átomo; na ausência de medições, o átomo realmente está em toda parte.

Portanto, a função de onda quântica calcula a probabilidade de detectar o átomo num local específico, *caso realizássemos a medição de sua posição naquele momento*. Onde a função de onda é grande antes da medição, a probabilidade resultante de encontrar o átomo ali será alta. Mas onde é pequena, talvez em razão da interferência ondulatória destrutiva, a probabilidade de encontrar o átomo ali quando decidirmos olhar será correspondentemente pequena.

Vamos imaginar que seguimos a função de onda que descreve o átomo isolado que deixa a fonte. Ela se comporta igualzinho a uma onda que flui na direção das fendas, e assim, no nível da primeira tela, terá amplitude igual nas duas. Se pusermos um detector numa das fendas, deveríamos esperar probabilidades iguais: 50% das vezes, perceberemos o átomo na fenda esquerda; 50% das vezes, o perceberemos na direita. Mas – e essa é a parte importante –, se não tentarmos detectar o átomo no nível da primeira tela, a função de onda flui por ambas as fendas sem sofrer colapso. Portanto, em termos quânticos, podemos falar de uma função de onda que descreve um único átomo que está em superposição: está em dois lugares ao mesmo tempo, correspondendo à sua função de onda que passa simultaneamente tanto pela fenda esquerda quanto pela direita.

No outro lado das fendas, cada parte separada da função de onda, uma da fenda esquerda, a outra da direita, espalha-se novamente, e ambas formam conjuntos de ondulações matemáticas que se sobrepõem, reforçando sua amplitude em alguns pontos, cancelando-a em outros. O efeito conjunto é que, agora, a função de onda tem o padrão característico de outros fenômenos ondulatórios, como a luz. Mas não se esqueça de que essa função de onda que se complicou ainda descreve apenas um único átomo.

Na segunda tela, onde finalmente acontece a medição da posição do átomo, a função de onda nos permite calcular a probabilidade de perceber a partícula em diversos pontos. As manchas claras na tela correspondem àquelas posições onde as duas partes da função de onda que vêm das duas fendas se reforçam, e as manchas escuras correspondem às posições onde se cancelam para gerar zero de probabilidade de serem percebidos átomos nessas posições.

É importante lembrar que esse processo de reforço e cancelamento – a interferência quântica – ocorre mesmo quando apenas uma única partícula está envolvida. Lembre-se de que há regiões da tela que os átomos, atirados um de cada vez, alcançariam com apenas uma das fendas abertas, mas que não são mais atingidas quando ambas as fendas se abrem. Isso só faz sentido se cada átomo liberado pelo canhão for descrito por uma função de onda que possa explorar ambas as trajetórias ao mesmo tempo. A função de onda combinada, com suas regiões de interferência construtiva e destrutiva, cancela a probabilidade de encontrar o átomo em determinadas posições da tela que ele só atingiria se houvesse apenas uma fenda aberta.

Todas as entidades quânticas, sejam partículas fundamentais, sejam átomos e moléculas compostos dessas partículas, exibem comportamento ondulatório coerente, de modo que podem interferir consigo mesmos. Nesse estado quântico, elas podem exibir todos os comportamentos quânticos esquisitos, como estar em dois lugares ao mesmo tempo, rodopiar em dois sentidos ao mesmo tempo, tunelar por barreiras intransponíveis ou ter fantasmagóricas ligações emaranhadas com um parceiro distante.

Mas então por que eu e você, compostos, em última análise, de partículas quânticas não podemos estar em dois lugares ao mesmo tempo, algo que, sem dúvida, seria utilíssimo num dia muito ocupado? Num nível, a resposta é simplíssima: quanto maior o tamanho e a massa de um corpo, menor será sua natureza ondulatória, e algo com o tamanho e a massa de um ser humano, e mesmo algo com tamanho suficiente para ser visível a olho nu, terá um comprimento de onda quântico tão minúsculo que seu efeito não será mensurável. Mas, de um modo mais profundo, é possível pensar que cada átomo de seu corpo está sendo observado ou medido por todos os outros átomos em volta, de modo que quaisquer propriedades quânticas delicadas que possa ter se destroem muito depressa.

Então, o que realmente queremos dizer com "medição"? Já examinamos brevemente essa questão no Capítulo 1, mas agora daremos uma olhada mais atenta nesse conceito fundamental para a questão de até que ponto a biologia quântica é "quântica".

Medição quântica

Apesar de todo o seu sucesso, a mecânica quântica nada nos diz sobre como dar o passo que vai das equações que descrevem como, digamos, o elétron se move em torno do átomo ao que vemos quando fazemos uma medição específica daquele elétron. Por essa razão, os pais da mecânica quântica criaram um conjunto de regras arbitrárias que se tornaram um adendo do formalismo matemático. São os chamados "postulados quânticos", que oferecem um tipo de manual de instruções para traduzir as previsões matemáticas das equações em propriedades tangíveis que possamos observar, como a posição ou a energia de um átomo em qualquer momento dado.

Quanto ao processo real pelo qual um átomo, quando o olhamos, deixa instantaneamente de estar "aqui *e* ali" e fica apenas "bem aqui", ninguém sabe direito o que acontece, e a maioria dos físicos se contenta em adotar o ponto de vista pragmático de que "simplesmente acontece". O problema é que isso exige uma distinção arbitrária entre o mundo quântico, onde acontecem coisas esquisitas, e o nosso macromundo cotidiano onde os objetos se comportam "com sensatez". Um aparelho de medição que perceba um elétron tem de fazer parte desse macromundo. Mas *como*, *por que* e *quando* esse processo de medição acontece nunca foi esclarecido pelos criadores da mecânica quântica.

Nas décadas de 1980 e 1990, os físicos passaram a avaliar o que deve acontecer quando um sistema quântico isolado, como um único átomo na experiência da dupla fenda, com sua função de onda existindo na superposição de estar em dois lugares ao mesmo tempo, interage com um aparelho de medição macroscópico, digamos, aquele colocado sobre a fenda esquerda. Acontece que perceber o átomo (e observe aqui que *não* detectar o átomo também é considerado uma medição, já que isso significa que ele passou pela outra fenda) faz sua função de onda interagir com todos os trilhões de átomos do aparelho medidor. Essa interação complexa leva a delicada coerência quântica a se esvair muito depressa e se perder no ruído incoerente do ambiente. Esse é o processo chamado decoerência, que já encontramos no Capítulo 2.

Mas a decoerência não precisa de aparelhos medidores para entrar em vigor. Ela ocorre o tempo todo, dentro de todos os objetos clássicos, quando seus constituintes quânticos, os átomos e as moléculas, sofrem vibrações térmicas e são jogados de um lado para o outro por todos os átomos e as moléculas circundantes, de modo que sua coerência ondulatória se perde. Dessa maneira, podemos pensar na decoerência como o modo pelo qual todo o material que cerca um dado átomo – seu ambiente, como se diz – está constantemente *medindo* aquele átomo e forçando-o a se comportar como uma partícula clássica. Na verdade, a decoerência é um dos processos mais velozes e eficientes de toda a física. E é por causa dessa eficiência extraordinária que a decoerência escapou à descoberta por tanto tempo. Só agora os físicos estão aprendendo a controlá-la e estudá-la.

Voltemos à analogia das pedrinhas jogadas na água: quando as jogamos no lago parado, foi fácil ver suas ondas sobrepostas interferindo entre si. Mas tente jogar as mesmas pedrinhas na base das Cataratas do Niágara. Agora, a natureza imensamente complexa e caótica da água apaga de imediato qualquer padrão de interferência gerado pelas pedrinhas. Essa água turbulenta é o equivalente clássico do movimento molecular aleatório que cerca um sistema quântico, resultando em decoerência instantânea. Em nível molecular, a maioria dos ambientes é tão turbulento quanto a água na base das Cataratas do Niágara. O tempo todo, as partículas dentro dos materiais levam empurrões e cotoveladas do ambiente (outros átomos, moléculas ou fótons de luz).

Neste ponto, temos de esclarecer parte da terminologia que usamos neste livro. Falamos sobre átomos em dois lugares ao mesmo tempo, comportando-se como ondas que se espalham e existindo em superposição de dois ou mais estados simultâneos. Para facilitar as coisas para você que nos lê, podemos combinar um único termo que abranja todos esses conceitos: "coerência" quântica. Portanto, quando nos referirmos a efeitos "coerentes", queremos dizer que algo se comporta de modo mecânico quântico, exibindo comportamento ondulatório ou fazendo mais de uma coisa ao mesmo tempo. Portanto, a "decoerência" é o processo físico pelo qual se perde a coerência e o quântico se torna clássico.

Normalmente, espera-se que a coerência quântica tenha vida curtíssima, a menos que o sistema quântico possa ser isolado do ambiente (menos partículas se acotovelando) e/ou resfriado até uma temperatura baixíssima (muito menos acotovelamento) para preservar a delicada coerência. Na verdade, para demonstrar padrões de interferência com átomos isolados, os cientistas bombeiam todo o ar para fora do equipamento e o resfriam até bem perto do zero absoluto. Só com esses passos extremos eles conseguem manter seus átomos em tranquilo estado de coerência quântica tempo suficiente para demonstrar os padrões de interferência.

É claro que a questão da fragilidade da coerência quântica (evitar que a função de onda entre em colapso) é o principal desafio do grupo do MIT que encontramos nos primeiros parágrafos deste capítulo e seus colegas do mundo inteiro que tentam construir um computador quântico; e foi por isso que eles ficaram tão céticos com a declaração do *New York Times* de que as plantas eram computadores quânticos. Os físicos inventaram todo tipo de estratagema caro e engenhoso para proteger do ambiente externo destruidor da coerência o mundo quântico dentro de seus computadores. Portanto, a ideia de que a coerência quântica poderia se manter no ambiente quente, úmido e com turbulência molecular de uma folha de capim foi, compreensivelmente, considerada maluca.

No entanto, hoje sabemos que, em nível molecular, muitos processos biológicos importantes podem mesmo ser velocíssimos (da ordem de trilionésimos de segundo) e também confinados a distâncias atômicas pequenas – o tipo de escala espacial e temporal em que processos quânticos como o tunelamento podem fazer efeito. Portanto, embora nunca possa ser inteiramente prevenida, é possível conter a decoerência tempo suficiente para que se seja biologicamente útil.

Viagem ao centro da fotossíntese

Dê uma olhada no céu por um segundo e uma coluna de luz com trezentos mil quilômetros de comprimento entra em seu olho. Nesse mesmo segundo, as plantas e os micróbios fotossintéticos da Terra colhem a coluna de luz solar para fazer cerca de dezesseis mil toneladas de matéria orgânica nova sob a forma de árvores, capim, algas, dentes-de-leão, sequoias gigantes e maçãs. Nesta seção, a meta é descobrir como realmente funciona esse primeiro passo da transformação de matéria inanimada em quase toda a biomassa de nosso planeta; e nossa transformação exemplar será a conversão do ar da Nova Inglaterra numa maçã da árvore de Newton.

Para ver esse processo em ação, pegaremos emprestado outra vez o submarino nanotecnológico que usamos para explorar a ação das enzimas no capítulo anterior. Depois de embarcar e ligar o botão miniaturizador, você dispara o veículo para o céu até a copa da árvore e pousa sobre uma de suas folhas, que vai crescendo. A folha continua crescendo até as bordas mais distantes se perderem além do horizonte e a superfície aparentemente lisa se tornar uma plataforma irregular, pavimentada com tijolos retangulares verdes marcados por blocos redondos mais claros, cada um perfurado por um poro central. Os tijolos verdes são as células epidérmicas, e os blocos redondos se chamam estômatos: seu trabalho é permitir que ar e água (substratos da fotossíntese) atravessem a superfície até o interior da folha. Você manobra até o estômato mais próximo e, quando o veículo mede apenas um mícron (um milionésimo de metro), baixa a proa, mergulha pelo poro e sai dentro do interior verde e luminoso da folha.

Lá dentro, você descansa no espaço amplo e bastante quieto do interior da folha, revestido por filas de células verdes parecidas com rochedos e com grossos cabos cilíndricos no teto. Os cabos são os *veios* da folha, que trazem água das raízes (vasos do xilema) ou transportam os açúcares recém-fabricados na folha para o resto da planta (vasos do floema). Enquanto você encolhe ainda mais, a face da célula parecida com um rochedo se expande em todas as direções até ficar do tamanho de um campo de futebol. Nessa escala – agora você mede uns dez nanômetros de altura, ou um centésimo de milésimo de milímetro –, é possível ver que a superfície está recoberta por um emaranhado de cordas, como um grosso tapete de juta. Esse material encordoado é a *parede celular*, que é um tipo de exoesqueleto da célula. Seu nanossubmarino está equipado com instrumentos que você usa para abrir caminho através desse tapete de cordas e revelar a camada cerosa inferior, a membrana celular, última barreira impermeável à água entre a célula e o ambiente externo. Uma inspeção mais atenta revela que não é inteiramente lisa e está cheia de buraquinhos cheios d'água. Esses canais da membrana se chamam *porinas* e são o encanamento da célula, que permite a entrada de nutrientes e a saída de resíduos. Para entrar na célula, basta aguardar ao lado de uma das porinas até que ela se expanda o suficiente para você mergulhar no interior aquoso.

Depois de passar pelo canal de porina, você vê imediatamente que o interior da célula é muito diferente do exterior. Em vez de colunas majestosas e espaços amplos, esse interior é apinhado e meio bagunçado. Também parece um lugar ocupadíssimo! O fluido aquoso que enche a célula, chamado de *citoplasma*, é espesso e viscoso; em certos pontos, mais parece um gel que um líquido. Suspensos no gel, há milhares de objetos globosos irregulares que parecem em constante movimento interno. São enzimas, como as que encontramos no capítulo anterior, proteínas responsáveis pelos processos metabólicos da célula, pela decomposição de nutrientes e pela formação de biomoléculas como carboidratos, DNA, proteínas e gorduras. Muitas dessas enzimas estão atreladas a uma rede de cabos (o *citoesqueleto* da célula) que, como um teleférico, parece levar numerosas cargas a vários destinos ali dentro. Essa rede de transporte parece emanar de vários eixos, onde os cabos ficam ancorados a grandes cápsulas verdes. Essas cápsulas são os *cloroplastos* da célula, dentro dos quais ocorre a ação central da fotossíntese.

Você impele o submarino pelo citoplasma viscoso. O avanço é lento, mas você acaba chegando ao cloroplasto mais próximo. Ele está ali embaixo como um imenso balão verde. É possível ver que, como a célula que o contém, ele é envolto por uma membrana transparente, através da qual são visíveis grandes pilhas de objetos verdes que lembram moedas. São os *tilacoides*, cheinhos de moléculas de clorofila, o pigmento verde que colore as plantas. Os tilacoides são os motores da fotossíntese; quando alimentados por fótons de luz, conseguem unir átomos de carbono (absorvidos do dióxido de carbono do ar) e formar os açúcares de sua maçã. Para ver melhor esse primeiro passo da fotossíntese, você manobra o veículo por um dos poros da membrana do cloroplasto rumo à moeda verde no alto da pilha de tilacoides. Ao chegar a seu destino, você desliga o motor do aparelho e permite que o veículo paire acima dessa usina de ação fotossintética.

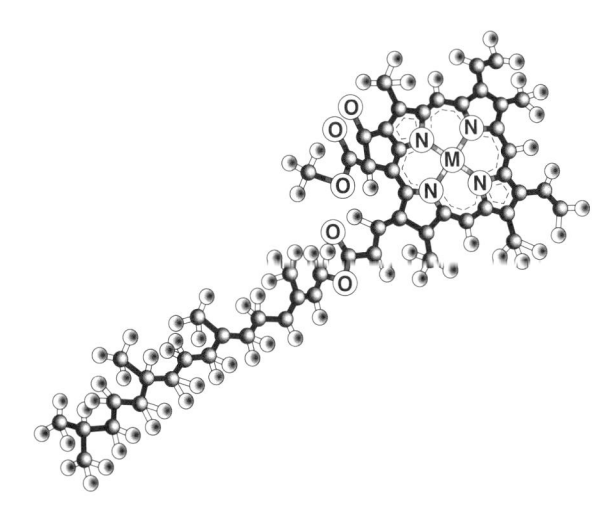

Figura 4.5 *A molécula de clorofila.*

Ali embaixo está apenas uma das trilhões de máquinas fotossintéticas que fabricam a biomassa do mundo. Do lugar onde está, você consegue ver que, como descobrimos no capítulo anterior ao examinar a maquinaria enzimática, também há um grau impressionante de ordem, embora em volta haja muitas colisões moleculares turbulentas como as do bilhar. A superfície membranosa do tilacoide é cravejada de ilhas verdes e ásperas, revestidas de estruturas parecidas com árvores que terminam em placas pentagonais que lembram antenas. Essas placas-antenas são moléculas colhedoras de luz chamadas *cromóforos*, das quais a clorofila é o exemplo mais famoso, e são elas que realizam o primeiro passo fundamental da fotossíntese: capturar a luz.

Provavelmente a segunda molécula mais importante de nosso planeta (depois do DNA), a clorofila merece um exame mais atento (Figura 4.5). Ela é uma estrutura bidimensional formada de séries pentagonais de átomos, principalmente de carbono (esferas cinzentas) e nitrogênio (N), que envolvem um átomo central de magnésio (M), com uma cauda comprida de átomos de carbono, oxigênio (O) e hidrogênio (brancos). O elétron mais externo do átomo de magnésio está ligado frouxamente ao restante do átomo e pode ser absorvido pela gaiola circundante de carbono com a absorção de um fóton de energia solar, deixando uma lacuna num átomo que, então, fica com carga positiva. Essa lacuna, ou buraco eletrônico, pode, de maneira bastante abstrata, ser considerada uma "coisa" em si: um buraco com carga positiva. A ideia é considerarmos neutro o resto do átomo de magnésio enquanto se cria, pela absorção do fóton, um sistema formado pelo elétron negativo que escapou e o buraco positivo que deixou para trás. Esse sistema binário é chamado de *excíton* (Figura 4.6) e pode ser visto como uma bateria minúscula, com polos positivo e negativo capazes de armazenar energia para uso posterior.

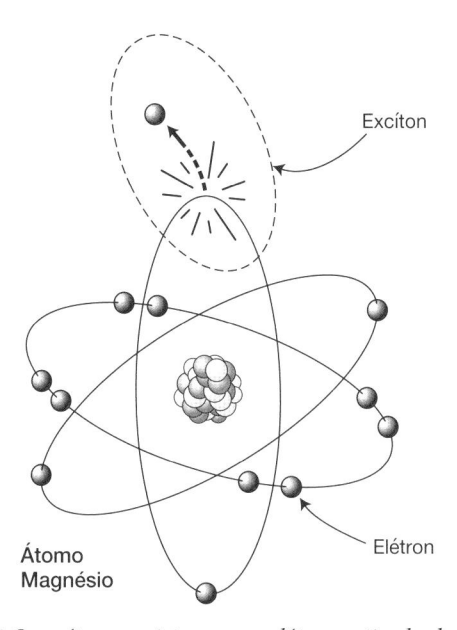

Figura 4.6 *O excíton consiste em um elétron retirado de sua órbita no átomo junto com o buraco que fica para trás.*

Os excítons são instáveis. O elétron e seu buraco sentem uma força de atração eletrostática que tende a juntá-los. Caso se recombinem, a energia solar do fóton original se perde como calor residual. Portanto, para guardar a energia solar capturada, a planta tem de transportar o excíton bem depressa para uma unidade de manufatura molecular conhecida como *centro de reação*, onde ocorre um processo chamado separação de cargas. Em essência, isso exige retirar completamente do átomo o elétron carregado de energia e transferi-lo para uma molécula vizinha, como na ação enzimática que observamos no capítulo anterior. Esse processo cria uma bateria química mais estável que o excíton (chamada NADPH), usada para alimentar as importantíssimas reações químicas fotossintéticas.

Mas os centros de reação costumam estar bem distantes em termos moleculares (distâncias de nanômetros) das moléculas excitadas

de clorofila, e a energia precisa ser transferida de uma molécula-
-antena a outra dentro da floresta de clorofila até chegar ao centro de
reação. Isso pode acontecer graças à natureza apinhada da clorofila. As moléculas vizinhas à que absorveu o fóton podem se excitar
também e, efetivamente, herdar a energia do elétron excitado inicial, transferida então para o elétron de seu átomo de magnésio.

É claro que o problema é a rota que essa transferência de energia
deveria adotar. Se for na direção errada, pulando aleatoriamente de
uma molécula a outra na floresta de clorofila, acabará perdendo a
energia em vez de levá-la ao centro de reação. Para que lado ela
deveria ir? Não há muito tempo para descobrir o caminho até o
destino antes que o excíton expire.

Até recentemente, achava-se que esse pula-pula da energia de
uma molécula de clorofila a outra acontecia ao acaso e, em essência,
adotava o último recurso das estratégias de busca: o passeio aleatório, às vezes chamado de "andar de bêbado" por lembrar a trajetória
do bebedor embriagado que sai do bar e perambula daqui para lá
até achar o caminho de casa. Mas passeios aleatórios não são um
modo muito eficiente de chegar a algum lugar: se morar longe, o
bêbado pode acordar na manhã seguinte no mato ou no lado contrário da cidade. Um objeto em passeio aleatório tenderá a se afastar
do ponto de partida por uma distância proporcional à raiz quadrada do tempo decorrido. Se em um minuto o bêbado avançar
um metro, em quatro minutos terá avançado dois metros e, após nove
minutos, apenas três. Dado esse avanço lento, não surpreende que
animais e micróbios raramente usem passeios aleatórios para achar
comida ou presas e só recorram a essa estratégia se não houver outra
opção disponível. Largue uma formiga em terreno desconhecido e,
assim que encontrar um cheiro, ela abandonará o passeio aleatório
e seguirá seu nariz.

Sem nariz nem talento para navegação, acreditava-se que a energia do excíton avançava pela floresta de clorofila com a estratégia

do bêbado. Mas essa imagem não fazia muito sentido, já que sabemos que esse primeiro passo da fotossíntese é de uma eficiência extraordinária. Na verdade, a transferência da energia do fóton capturada pela molécula de uma antena de clorofila até o centro de reação pode se gabar de ter a maior eficiência de todas as reações conhecidas, naturais ou artificiais: perto de 100%. Em condições ótimas, quase todo o quinhão de energia absorvido pela molécula de clorofila chega ao centro de reação. Se o caminho fosse sinuoso, quase todo ele, com certeza a maior parte, se perderia. O modo como essa energia fotossintética consegue encontrar o caminho até o destino tão melhor que bêbados, formigas e até nossa tecnologia de maior eficiência energética é um dos maiores enigmas da biologia.

O batimento quântico

O importante autor da pesquisa[3] que deu origem à notícia de jornal que fez o clube de periódicos do MIT rir a bandeiras quânticas despregadas foi o americano naturalizado Graham Fleming. Nascido em 1949 em Barrow, no norte da Inglaterra, hoje Fleming encabeça um grupo da Universidade de Berkeley, na Califórnia, reconhecido como uma das principais equipes de pesquisa do mundo nesse campo, com uma técnica poderosa que tem o nome impressionante de "espectroscopia eletrônica bidimensional por transformada de Fourier" (2D-FTES, na sigla em inglês). A 2D-FTES pode sondar a estrutura interna e a dinâmica dos menores sistemas moleculares, atingindo-os com pulsos *laser* de curta duração e altamente concentrados. O grupo fez a maior parte de seu trabalho estudando, em vez de plantas, um complexo fotossintético chamado proteína de Fenna-Matthews-Olson (FMO), produzido por micróbios fotossintéticos chamados bactérias verdes sulfurosas, encontradas em corpos d'água profundos e ricos em sulfeto, como o Mar

Negro. Para sondar a amostra de clorofila, os pesquisadores dispararam três pulsos de *laser* sucessivos nos complexos fotossintéticos. Esses pulsos depositam sua energia em rajadas rapidíssimas em ritmo muito preciso e geram um sinal luminoso da amostra captado por detectores.

Greg Engel, o principal autor do artigo, passou a noite inteira reunindo os dados gerados por sinais com 50 a 600 fentossegundos* para produzir um gráfico do resultado. O que ele descobriu foi um sinal que subia e descia e oscilava durante pelo menos seiscentos fentossegundos (Figura 4.7). Essas oscilações se assemelham ao padrão de interferência de listras claras e escuras na experiência da dupla fenda, ou o equivalente quântico aos batimentos sonoros ouvidos quando se afina um instrumento musical. Esse "batimento quântico" mostrava que o excíton não percorria uma única rota pelo labirinto de clorofila, mas seguia várias trajetórias ao mesmo tempo (Figura 4.8). Essas trajetórias alternativas agem um pouco como a pulsação das notas do violão quase afinado: geram batimentos quando têm quase o mesmo comprimento.

Mas lembre-se de que essa coerência quântica é delicadíssima e dificílima de manter. Seria realmente factível que uma planta ou um micróbio conseguisse vencer o esforço heroico dos melhores e mais inteligentes pesquisadores de computação quântica do MIT e manter a decoerência sob controle? Essa foi realmente a afirmativa ousada feita pelo artigo de Fleming, e essa "suruba quântica", como descreveu Seth Lloyd, mexeu com os brios do clube de periódicos do MIT. O grupo de Berkeley dizia que o complexo FMO atuava como computador quântico para descobrir a rota mais rápida para o centro de reação, um difícil problema de otimização equivalente ao famoso problema matemático do caixeiro-viajante que, em planos

---

* O fentossegundo é um milionésimo de bilionésimo de segundo, ou 10^{-15} de um segundo.

de viagem que envolvam mais que alguns poucos destinos, só é solucionável com um computador poderosíssimo[*].

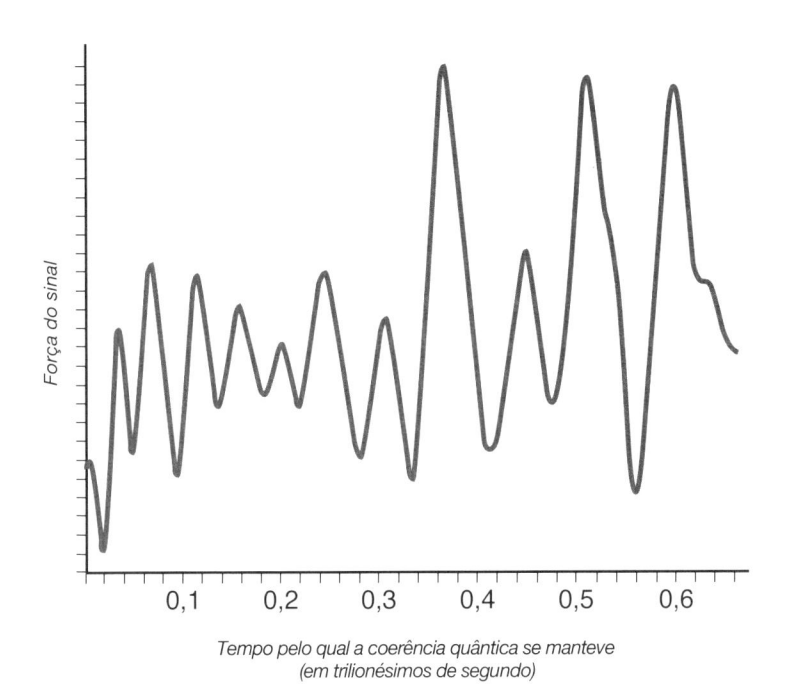

Tempo pelo qual a coerência quântica se manteve
(em trilionésimos de segundo)

Figura 4.7 *Os batimentos quânticos encontrados por Graham Fleming e seus colegas na experiência de 2007. O importante não é o formato irregular das oscilações; é o fato de haver oscilações.*

Apesar do ceticismo, o clube de periódicos deu a Seth Lloyd a tarefa de investigar a afirmativa. Para surpresa de todos no MIT, a conclusão do serviço de detetive científico de Lloyd foi que as

---

[*] O problema do caixeiro-viajante é encontrar a rota mais curta que passe por um grande número de cidades. É um problema matematicamente descrito como *NP-difícil*: isto é, um problema para o qual não existe atalho para uma solução, nem mesmo em teoria; a única maneira de descobrir a solução ótima seria uma busca computacional intensa e exaustiva de todas as rotas possíveis.

declarações do grupo californiano realmente tinham substância. Os batimentos descobertos pelo grupo de Fleming no complexo FMO eram realmente a marca inconfundível da coerência quântica, e Lloyd concluiu que as moléculas de clorofila usavam uma nova estratégia de busca chamada *passeio quântico*.

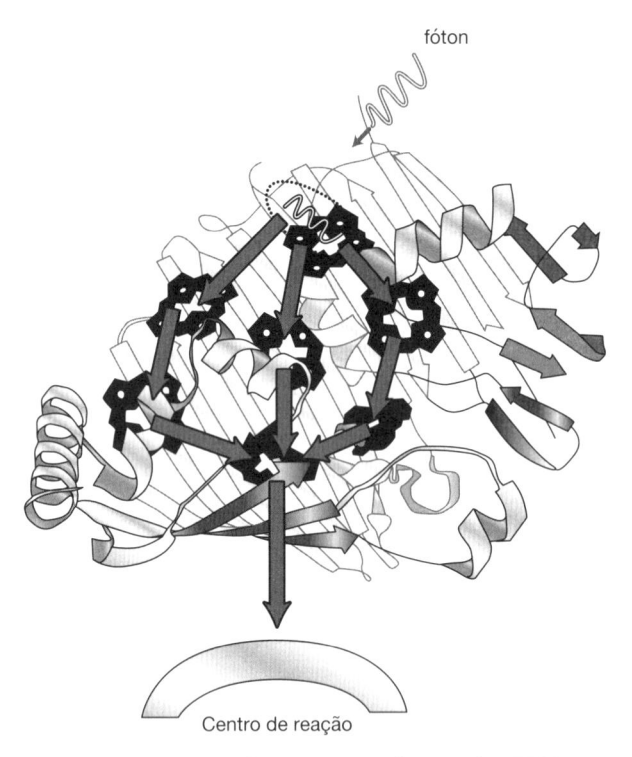

Figura 4.8 *O excíton se move pela proteína FMO seguindo várias trajetórias ao mesmo tempo.*

É possível avaliar a vantagem do passeio quântico em relação ao passeio aleatório clássico retornando a nosso bêbado lerdo e imaginando que o bar de onde saiu tem um vazamento e que a água escorre pela porta. Ao contrário de nosso bebedor embriagado, que tem de escolher uma única rota, as ondas de água que escapam do bar avançam em todas as direções possíveis. Nosso caminhante bêbado logo será ultrapassado, pois a onda aquosa avança pelas ruas em ritmo proporcional apenas ao tempo decorrido, não à sua raiz quadrada. Assim, se num segundo ela avançou um metro, em dois segundos avançará dois metros e em três, três metros, e assim por diante. Não só isso; já que ela avança por todas as trajetórias possíveis ao mesmo tempo, como o átomo superposto na experiência da dupla fenda, sem dúvida alguma a frente da onda encontrará a casa do bêbado bem antes do inebriado pedestre em pessoa.

O artigo de Fleming provocou sua própria onda de surpresa e horror, que viajou bem além do clube de periódicos do MIT. Mas alguns comentaristas logo ressaltaram que as experiências foram realizadas com complexos FMO isolados resfriados a 77 K (bem gelados: -196 °C): muito mais frio que qualquer temperatura compatível com a fotossíntese das plantas ou mesmo com a vida, mas baixa o suficiente para acuar a travessa decoerência. Que relevância teriam essas bactérias geladas para o que acontece no interior quente e bagunçado das células vegetais?

No entanto, logo ficou claro que a coerência quântica não se limitava a complexos FMO gelados. Em 2009, Ian Mercer, da University College Dublin, percebeu batimentos quânticos em outro sistema fotossintético bacteriano (ou fotossistema, para resumir) chamado Complexo Coletor de Luz II (CCL2), muito parecido com um fotossistema vegetal, mas na temperatura ambiente normal em que plantas e micróbios normalmente fazem fotossíntese.[4] Depois, em 2010, Greg Scholes, da Universidade de Ontário, demonstrou batimentos quânticos no fotossistema de um grupo de algas aquáticas (que, ao contrário das plantas superiores, não têm raízes, hastes nem folhas) chamadas criptófitas, extraordinariamente abundantes, a ponto de serem responsáveis por fixar tanto carbono atmosférico (isto é, extrair dióxido de carbono da atmosfera) quanto as plantas superiores.[5] Mais ou menos na mesma época, Greg Engel demonstrou batimentos quânticos no mesmo complexo FMO que estudara no laboratório de Graham Fleming, só que agora em temperaturas muito mais altas e capazes de sustentar a vida.[6] E, só no caso de você achar que esse fenômeno extraordinário se restringe a algas e bactérias, Tessa Calhoun e colegas do laboratório de Fleming em Berkeley registraram recentemente batimentos quânticos em outro sistema CCL2, dessa vez do espinafre.[7] O CCL2 está presente em todas as plantas superiores e contém 50% de toda a clorofila do planeta.

Antes de continuarmos, descreveremos brevemente como a energia do excíton, vinda do sol, é usada, como descreveu Feynman, para arrancar "esse oxigênio do carbono [...] deixando o carbono e a água para formar a substância da árvore" – ou da maçã.

Quando energia suficiente chega ao centro de reação, um par especial de moléculas de clorofila (chamado P680) é levado a cuspir elétrons. Saberemos um pouco mais sobre o que acontece dentro do centro de reação no Capítulo 10, pois é um lugar fascinante que talvez abrigue outro novo processo quântico. A fonte desses elétrons é a água (que, lembre-se, é um dos ingredientes da descrição da fotossíntese de Feynman). Como descobrimos no capítulo anterior, a captura de elétrons de qualquer substância se chama oxidação, e é o mesmo processo que acontece na queima. Quando a madeira queima no ar, por exemplo, os átomos de oxigênio tiram elétrons dos átomos de carbono. Os elétrons da órbita externa do carbono estão presos de forma bem frouxa, e por isso o carbono queima com facilidade. No entanto, na água eles estão muito bem presos: os sistemas de fotossíntese são inigualáveis por serem o único caso, no mundo natural, em que a *água* é "queimada" para produzir elétrons[*].

---

[*] Quando dizemos "queima da água", é claro que não queremos dizer que a água seja um combustível como o carvão. Usamos a expressão com certa liberdade para denotar o processo molecular de oxidação.

Por enquanto, tudo bem: agora temos um suprimento de elétrons livres graças à energia transportada pelos excítons da clorofila. Em seguida, a planta precisa mandar esses elétrons para onde possam trabalhar. Primeiro, eles são capturados pelo transportador de elétrons oficial da célula, o NADPH. No capítulo anterior, encontramos brevemente uma molécula parecida, o NADH, envolvido em transportar elétrons capturados em nutrientes como os açúcares até a cadeia respiratória de enzimas nas mitocôndrias, organelas que geram energia na célula. Você deve se lembrar que os elétrons capturados e entregues às mitocôndrias pelo NADH, como um tipo de corrente elétrica, percorrem uma cadeia respiratória de enzimas e são usados para bombear prótons por uma membrana; o refluxo resultante de prótons é usado para produzir o transportador de energia da célula, o ATP. Um processo muito semelhante é usado para fazer ATP nos cloroplastos da planta. O NADPH leva os elétrons que carrega para uma série de enzimas que, de modo parecido, bombeiam prótons para fora da membrana do cloroplasto. O refluxo desses prótons é usado para produzir moléculas de ATP, que podem então pôr em andamento vários processos da célula vegetal que exigem muita energia.

Mas o processo real de fixação de carbono, a captura de átomos de carbono do dióxido de carbono do ar e seu uso para produzir moléculas orgânicas ricas em energia, como os açúcares, ocorre fora do tilacoide, embora ainda dentro do cloroplasto. Ele é realizado por uma enzima grande e volumosa chamada RuBisCO, provavelmente a proteína mais abundante na Terra, já que é ela quem executa o maior serviço: produzir quase toda a biomassa do mundo. Essa enzima prende o átomo de carbono tirado do gás carbônico numa molécula de açúcar simples com cinco carbonos, chamada ribulose-1,5-difosfato, para formar um açúcar com seis átomos de carbono. Para realizar essa façanha, ela usa os dois ingredientes que lhe são fornecidos: elétrons (entregues pelo NADPH) e uma fonte de energia (ATP).

Ambos os ingredientes são produtos dos processos da fotossíntese, alimentados pela luz.

O açúcar de seis carbonos feito pela RuBisCO se decompõe imediatamente em dois açúcares de três carbonos, unidos então de maneiras variadíssimas para formar todas as biomoléculas que compõem a macieira, inclusive suas maçãs. O ar e a água inanimados da Nova Inglaterra, com a ajuda da luz e de uma pitada de mecânica quântica, transformaram-se no tecido vivo de uma árvore.

Quando se compara a fotossíntese das plantas com a respiração (queima de comida) que ocorre em nossas células, discutida no capítulo anterior, é possível ver que, debaixo da pele, plantas e animais não são tão diferentes assim. A distinção essencial é onde nós e elas obtemos os tijolos básicos da vida. Ambos precisamos de carbono, mas as plantas o tiram do ar, enquanto nós o obtemos em fontes orgânicas como as próprias plantas. Ambos precisamos de elétrons para construir biomoléculas: nós queimamos moléculas orgânicas para capturar seus elétrons, enquanto as plantas usam a luz para queimar água e capturar seus elétrons. E ambos precisamos de energia: nós a tiramos dos elétrons com alta energia que obtivemos dos alimentos, fazendo-os passar pela encosta energética respiratória; as plantas capturam a energia dos fótons solares. Cada um desses processos envolve o movimento de partículas fundamentais governadas por regras quânticas. Parece que a vida atrela os processos quânticos em sua ajuda.

A descoberta da coerência quântica em sistemas quentes, úmidos e turbulentos como as plantas e os micróbios foi um choque enorme para os físicos quânticos, e hoje muitas pesquisas se concentram em verificar exatamente como os sistemas vivos protegem e utilizam seus delicados estados quânticos coerentes. Voltaremos a esse enigma no Capítulo 10, no qual examinaremos algumas respostas possíveis e muito surpreendentes que talvez até ajudem físicos como os teóricos quânticos do MIT a construir computadores quânticos

práticos que funcionem em nossa mesa e não no fundo do conge-
lador. Também é provável que a pesquisa inspire uma nova geração
de tecnologias fotossintéticas artificiais. As atuais células solares
se baseiam livremente em princípios fotossintéticos e já competem
com os painéis solares pela participação no mercado de energia
limpa, mas sua eficiência é limitada pela perda no transporte da
energia (eficiência máxima de 70%, comparada à eficiência de quase 100% da captura de energia dos fótons na fotossíntese). Levar
às células solares a coerência quântica de inspiração vegetal tem o
potencial de aumentar muitíssimo a eficiência da energia solar e,
assim, permitir um mundo mais limpo.

Finalmente, vamos então reservar um instante neste capítulo
para pensar na importância do que acrescentamos à nossa compreensão do que há de especial na vida. Pensemos de novo naquele
batimento quântico que Greg Engel viu nos dados de seu complexo
FMO e que mostra que as partículas se movem como ondas dentro
das células vivas. Há a tentação de pensar nisso como um fenômeno
de laboratório, sem importância fora da experimentação bioquímica. Mas pesquisas subsequentes demonstraram que ele realmente
existe no mundo natural, dentro de folhas, algas e micróbios, e que
tem um papel talvez fundamental na construção de nossa biosfera.

Ainda assim, o mundo quântico nos parece estranhíssimo, e é
comum afirmar que essa estranheza é sintoma de uma divisão fundamental entre o mundo que vemos e sua base quântica. Mas, na
verdade, há um conjunto único de leis que governa o comportamento do mundo: as leis quânticas*. As conhecidas leis estatísticas
e newtonianas são, em última análise, leis quânticas filtradas por

---

* Deveríamos acrescentar aqui uma restrição, já que, até agora, a mecânica quântica não explica a força da gravidade; a relatividade geral (que é como entendemos a gravidade) parece incompatível com a mecânica quântica. Unificar a
mecânica quântica e a relatividade geral para montar uma teoria quântica da
gravidade continua a ser um dos maiores desafios enfrentados pela física.

uma lente de decoerência que esconde a esquisitice (e por isso os fenômenos quânticos nos parecem esquisitos). Quando se cava mais fundo, sempre se encontra a mecânica quântica escondida no âmago de nossa realidade conhecida.

Mais que isso, alguns objetos macroscópicos *são* sensíveis a fenômenos quânticos, e a maioria deles está viva. Descobrimos no capítulo anterior que o tunelamento quântico dentro das enzimas pode fazer diferença para células inteiras; e aqui verificamos que esse evento inicial de captura de fótons, responsável por criar quase toda a biomassa do planeta, parece depender de uma delicada coerência quântica mantida por períodos biologicamente relevantes dentro do interior quente, mas organizadíssimo de uma folha ou um micróbio. Mais uma vez, vemos a *ordem a partir da ordem* de Schrödinger, capaz de envolver eventos quânticos, e o que Jordan chamou de *amplificação* de fenômenos quânticos no mundo macroscópico. Parece que a vida lança uma ponte entre o mundo quântico e o clássico, empoleirada no limite quântico.

Em seguida, voltaremos nossa atenção a outro processo essencial para nossa biosfera. A macieira de Newton não seria capaz de fazer maçãs se suas flores não tivessem sido polinizadas por pássaros e insetos, principalmente abelhas. Mas as abelhas têm de encontrar a flor da macieira; e o fazem usando outra capacidade que muitos acreditam ser determinada pela mecânica quântica: o olfato.

5. Procurando a casa de Nemo

O nariz, por exemplo, do qual nenhum filósofo jamais falou com veneração e gratidão; o nariz, embora provisoriamente, é o mais delicado instrumento à nossa disposição. É um instrumento capaz de registrar mudanças mínimas, que escapam até ao exame espectroscópico.
Friedrich Nietzsche, *Crepúsculo dos ídolos*, 1889

Parecem nos trazer uma determinada mensagem da realidade material.
Gaston Bachelard, *La Formation de l'esprit scientifique, contribution à une psychoanalyse de la connaissance objective*, 1938

Enfiado entre os braços de uma fatal anêmona-do-mar presa a um recife de coral na costa da Ilha Verde, nas Filipinas, há um par de peixinhos listrados de laranja e branco chamados peixes-palhaços ou, mais exatamente, peixes-das-anêmonas, ou mais exatamente ainda, *Amphiprion ocellaris*. Do par, a fêmea teve uma vida mais interessante que a maioria dos vertebrados, porque nem sempre foi fêmea. Como todos os peixes-palhaços, ela começou a vida como um macho menor subordinado à única fêmea do grupo de peixes que habitava essa anêmona específica. Os peixes-palhaços têm uma estrutura social rígida e, como macho, esse competiu com os outros até, finalmente, tornar-se dominante e gozar a honra de se acasalar com a única fêmea. Mas, quando a parceira foi comida por uma enguia de passagem, os ovários que passaram vários anos dormentes em seu corpo amadureceram, os testículos deixaram de funcionar e o peixe-palhaço macho se tornou a fêmea rainha, pronta para acasalar com o próximo macho da hierarquia.

Os peixes-palhaços são habitantes comuns dos recifes de coral, do Oceano Índico ao Pacífico ocidental, e se alimentam de plantas, algas, plâncton e animais como moluscos e pequenos crustáceos. O tamanho pequeno, as cores vivas e a ausência de espinhos, barbatanas afiadas, farpas ou esporões fazem deles presa fácil para enguias, tubarões e outros predadores que vagam pelo recife. Quando ameaçados, seu principal meio de defesa é correr para os tentáculos de sua anêmona hospedeira, de cuja espetadela venenosa são protegidos pela espessa camada de muco que recobre suas escamas. Em troca, a anêmona se beneficia dos inquilinos coloridos que expulsam intrusos indesejáveis, como os peixes-borboletas em busca de alimento.

Foi nesse ambiente que o peixe-palhaço se tornou conhecido no desenho animado *Procurando Nemo*[*]. O desafio enfrentado por Marlin, pai de Nemo, era encontrar o filho, que fora sequestrado em casa, na Grande Barreira de Coral australiana, e levado para Sydney. Mas o desafio que os peixes-palhaços reais enfrentam é encontrar o caminho de casa.

Cada anêmona pode hospedar uma colônia inteira de peixes-palhaços, com um macho e uma fêmea dominantes e vários machos

---

[*] Infelizmente, essa popularidade agora ameaça o animal em seu *habitat* natural, que se tornou o favorito dos pescadores que o capturam em excesso para alimentar o próspero mercado de peixes-palhaços como animais de aquário. Portanto, não guarde Nemo em casa; o lugar dele/dela são os recifes de coral de verdade!

jovens que disputam entre si o papel de consorte da rainha. A rara capacidade do macho dominante de mudar de sexo com a morte da rainha, chamada de hermafroditismo protândrico, pode ser uma adaptação à vida no perigoso recife de coral, pois permite que a colônia sobreviva ao falecimento da única fêmea reprodutora sem necessidade sequer de abandonar a proteção da anêmona hospedeira. Mas, embora uma colônia inteira de peixes possa residir numa única anêmona durante muitos anos, a progênie desses peixes precisa deixar a segurança do lar. E, mais tarde, terá de encontrar o caminho de volta.

A lua cheia é a deixa para o acasalamento da maioria dos peixes recifais*. Quando a lua começa a minguar sobre o oceano, a fêmea se ocupa pondo um punhado de ovos a serem fecundados pelo macho dominante. Depois disso, seu trabalho acabou; guardar os ovos e afastar peixes carnívoros do recife é serviço do macho. Após cerca de uma semana de guarda, os ovos eclodem, e centenas de larvas são lançadas na corrente marinha.

As larvas de peixe-palhaço têm apenas alguns milímetros de comprimento e são quase completamente transparentes. Durante cerca de uma semana, elas ficam à deriva nas correntes da zona pelágica e se alimentam de zooplâncton. Como sabe quem já mergulhou em recifes de coral, ficar à deriva numa corrente oceânica logo nos afasta do ponto de partida; assim, as larvas do peixe-palhaço podem ser arrastadas por muitos quilômetros desde seu recife natal. A maioria delas é comida, mas algumas sobrevivem; em cerca de uma semana, essas sortudas nadam até o fundo do mar e, no fim de um dia, metamorfoseiam-se (como nossa rã do Capítulo 3) na forma juvenil, que é uma versão menor do peixe adulto. Sem a proteção da anêmona venenosa, o jovem de cores vivas é muito vulnerável aos predadores que atravessam as águas bentônicas. Se quiser

---

* Acredita-se que as marés mais fortes nessa época auxiliem a dispersão.

sobreviver, terá de achar rapidamente um recife de coral onde possa se refugiar.

Acreditava-se que as larvas de peixes recifais ficavam à deriva nas correntes oceânicas e, depois, confiavam no mero acaso para se aproximarem de um recife adequado. Mas essa explicação não faz muito sentido, pois se sabia que a maioria das larvas é forte nadadora, e não faz sentido nadar quando não se sabe aonde ir. Então, em 2006, Gabriele Gerlach, pesquisadora do famoso Laboratório Biológico Marinho de Woods Hole, no estado de Massachusetts, fez a caracterização genética dos peixes que vivem em recifes separados por distâncias de 3 a 23 quilômetros no complexo que forma a Grande Barreira de Coral da Austrália. Ela descobriu que os peixes que habitavam o mesmo recife eram muito mais aparentados entre si que com os que habitavam recifes mais distantes. Como todas as larvas dos peixes recifais se dispersam por grandes distâncias, o achado só fazia sentido se a maioria dos adultos retornasse ao recife onde nasceu. De algum modo, cada larva deveria ter uma marca que identificasse sua área de fecundação.

Mas como as larvas ou os jovens peixes-palhaços que tanto se afastaram do lar sabem em que direção nadar? O fundo do mar não oferece nenhuma pista visual útil. Não tem pontos de referência e parece igual em todas as direções: um deserto de areia decorado com seixos dispersos, rochedos e, ocasionalmente, um artrópode perambulando. É improvável que o distante recife de coral emita algum sinal auditivo que se transmita por vários quilômetros. As próprias correntes são um problema adicional, já que a direção do fluxo varia com a profundidade, e pode ser dificílimo determinar se o corpo d'água está em movimento ou estacionário. Não há indícios de que os peixes-palhaços possuam o tipo de bússola magnética que ajudou a guiar nosso pisco em sua migração invernal. Então, como eles acham o caminho?

Os peixes possuem um olfato apurado. Os tubarões, com dois terços do cérebro devotados ao olfato, conseguem, sabidamente, farejar uma gota de sangue a mais de um quilômetro de distância. Será que os peixes recifais farejam o caminho de casa? Em 2007, para verificar essa teoria, Gabriele Gerlach projetou um "teste em calha de escolha olfatória entre dois canais" no qual larvas de peixes recifais eram postas a jusante de duas calhas de água do mar: uma recolhida do recife onde tinham eclodido, a outra de um recife distante. Então, ela mediu que calha as larvas prefeririam: a de casa ou a de longe?

Invariavelmente, as larvas nadavam na direção da calha com água do recife onde tinham sido geradas. Era óbvio que conseguiam discriminar a água do recife nativo e a água estrangeira, presumivelmente pelo cheiro diferente. Michael Arvedlund, pesquisador da Universidade James Cook, em Queensland, na Austrália, usou um sistema experimental semelhante para demonstrar que os peixes-palhaços conseguiam sentir o cheiro da espécie de sua anêmona hospedeira e distingui-la de outras que não colonizam. De modo ainda mais extraordinário, Daniella Dixson, também da Universidade James Cook, constatou que os peixes-palhaços distinguem a água recolhida de seu *habitat* preferido, os recifes que ficam abaixo de ilhas com vegetação, da água de recifes de alto-mar, de que gostam menos. Parece mesmo que Nemo e outros peixes recifais farejam o caminho de casa.

A capacidade dos animais de se orientar pelo olfato é lendária. Todo ano, em litorais oceânicos do mundo inteiro, milhões de salmões se juntam em grandes cardumes na foz dos rios antes de se aventurar pelo interior para lutar contra a corrente, as corredeiras, as cachoeiras e os bancos de areia até chegar à região do acasalamento. Assim como o peixe-palhaço, achava-se que o salmão selecionava um rio adequado praticamente por acaso. Mas, em 1939, o canadense Wilbert A. Clemens marcou 469.326 jovens salmões pegos num afluente específico da bacia hidrográfica do rio Fraser. Anos depois, ele capturou 10.958 peixes que marcara e que haviam voltado ao mesmo afluente. Nenhum salmão marcado foi capturado em nenhum outro afluente do rio. Nenhum se perdeu na viagem do oceano até seu rio natal. Como conseguem se orientar no oceano e nos rios foi um mistério durante muitos anos. Então, o professor Arthur Hasler, da Universidade de Wisconsin-Madison, sugeriu que os jovens salmões seguem uma trilha de aromas e comprovou sua teoria em 1954 capturando várias centenas de peixes que retornavam acima de uma confluência do rio Issaquah, perto de Seattle, e transportando-os rio abaixo até antes da confluência. Invariavelmente, os salmões voltavam ao mesmo ramo da confluência onde tinham sido capturados. Mas quando ele fechou suas narinas com tampões de algodão antes de soltá-los, eles nadaram até a confluência do rio indo de lá para cá, e não conseguiam se decidir se entravam pela direita ou pela esquerda.

O olfato talvez seja ainda mais extraordinário em terra, porque o volume da atmosfera, na qual os odorantes se diluem, é ainda maior que o do oceano. A atmosfera também está sujeita a um grau maior de turbulência por causa do clima, e as moléculas odorantes se dispersam mais depressa no ar que na água. Mas o olfato é vital para a sobrevivência da maioria dos animais terrestres; além de achar o caminho de casa, ele é usado para caçar, fugir de predadores, encontrar parceiros sexuais, dar sinais de alarme, marcar território, provocar mudanças fisiológicas e se comunicar. Toda essa *paisagem olfatória* é muito menos óbvia para os seres humanos, que muitas vezes aproveitam o olfato mais apurado de seus companheiros animais para perceber esses signos e sinais. É claro que o interesse dos cães pelos cheiros é famoso, e o sabujo, cujo epitélio olfatório (mais sobre isso adiante) é quarenta vezes maior que o nosso, tem a justa reputação de ser capaz de seguir o cheiro de um único indivíduo. Todos já vimos aqueles filmes que mostram um bom cão rastreador que só precisa dar uma farejadinha na camisa que o preso fugido largou para rastrear o bandido por pântanos, florestas e rios. E, embora as histórias possam ser ficção, a capacidade do sabujo é absolutamente real. Os cães conseguem dizer pelo cheiro em que sentido a pessoa ou o animal ia e seguir pistas aromáticas vários dias depois.

O poder espantoso do olfato dos animais pode ser avaliado quando refletimos sobre as façanhas rotineiras de um sabujo ou um peixe-palhaço. Vejamos primeiro o sabujo; seu olfato é ajustado para perceber quantidades minúsculas de substâncias químicas orgânicas, como o ácido butírico, eliminado por seres humanos e outros animais; e a sensibilidade de seu nariz é extraordinária. Se apenas um grama de ácido butírico evaporasse numa sala, nós, humanos, mal conseguiríamos perceber seu odor doce e rançoso. Mas o cão é capaz de perceber o mesmo grama da substância caso seu vapor seja diluído para encher o ar acima de uma cidade inteira numa altura de 100 metros. E pense outra vez naqueles peixes-palhaços ou salmões que percebem o aroma do lar a quilômetros de distância, diluído na vastidão do oceano.

Mas o olfato dos animais não é extraordinário apenas pela sensibilidade. Também há seu desenvolvidíssimo poder discriminatório. Na rotina da alfândega, os funcionários usam cães para encontrar grande variedade de substâncias aromáticas, desde drogas como maconha e cocaína até produtos químicos usados em explosivos como o C-4, muitas vezes através de embalagens densas dentro de malas. Eles também conseguem distinguir o cheiro dos indivíduos, até de gêmeos idênticos. E como fazem isso? Sem dúvida o ácido butírico eliminado por alguém é o mesmo ácido butírico eliminado por todo mundo. É claro que é; mas, além do ácido butírico, cada um de nós elimina um coquetel delicado e complexo de centenas de moléculas orgânicas que constituem uma marca tão individual de nossa presença quanto as impressões digitais. Os cães conseguem "enxergar" nossa impressão digital olfatória com a mesma facilidade com que vemos a cor da camisa de alguém. Do mesmo modo, salmões e peixes-palhaços têm de reconhecer o aroma de seu lar, assim como reconhecemos nossa rua ou avistamos a cor de nossa porta da frente.

Mas cães, salmões e peixes-palhaços não são os maiores atletas do olfato. O olfato do urso é mais de sete vezes mais sensível que o do sabujo; ele consegue farejar uma carcaça a vinte quilômetros de distância. A mariposa percebe o parceiro a uns dez quilômetros; os ratos sentem cheiros em estéreo, e as cobras sentem cheiro com a língua. Todas essas habilidades olfatórias são essenciais para animais que têm de procurar comida, encontrar parceiros e/ou evitar predadores; eles desenvolveram a sensibilidade a pistas voláteis que traem a proximidade desses recursos ou perigos, seja no ar, seja na água. O olfato é tão importante para a sobrevivência dos animais que reações comportamentais aos odores parecem ser inatas em várias espécies. Experiências com arganazes da ilha Orkney demonstraram que eles evitavam armadilhas cujas iscas fossem secreções de arminhos predadores, muito embora os arminhos tenham se ausentado da ilha há cinco mil anos!

Dizem que os seres humanos têm um olfato muito mais fraco que nossos parentes. Vários milhões de anos atrás, quando ergueu a parte superior do corpo do chão da floresta para andar em pé, o *Homo erectus* também afastou o nariz do chão e de sua rica fonte de odores. Portanto, a visão e a audição, ambas mais eficientes de um ponto de vista mais alto, tornaram-se sua fonte principal de informações. Assim, o focinho humano ficou mais curto, as narinas se estreitaram e as mutações se acumularam na maioria dos mil e poucos genes mamíferos ancestrais que codificam os receptores olfatórios (mais sobre isso adiante). Talvez infelizmente, também perdemos um sentido olfatório auxiliar encontrado em outros animais e conferido pelo órgão vomeronasal ou órgão de Jacobson, cujo papel é perceber feromônios sexuais.

Mas, apesar de nosso repertório genético reduzido de apenas uns trezentos genes receptores olfatórios e das alterações de nossa anatomia, mantivemos um olfato surpreendentemente bom. Talvez não consigamos farejar um parceiro nem o jantar a quilômetros de distância, mas conseguimos discriminar uns dez mil aromas diferentes e, como Nietzsche notou, superar "até a detecção espectroscópica" de substâncias químicas odoríferas. Nossa capacidade de apreciar cheiros inspirou grandes poemas ("A rosa, mesmo com outro nome, teria o mesmo perfume") e tem papel fundamental em nossa sensação de bem-estar e contentamento.

Nosso olfato também teve papel ativo e surpreendente na história humana. Os primeiros textos registram reverência por aromas agradáveis e aversão ao mau cheiro. Lugares de culto e meditação eram frequentemente aromatizados com perfumes e especiarias. Na Bíblia hebraica, Deus instrui Moisés a construir um local de culto e lhe diz: "Toma substâncias odoríferas, estoraque, ônica e gálbano; estes arômatas com incenso puro, cada um de igual peso; e disto farás incenso, perfume segundo a arte do perfumista, temperado com sal, puro e santo".[1] Os antigos egípcios tinham até um deus do perfume, Nefertum, que também era deus da cura, um tipo de aromaterapeuta mítico.

A associação entre saúde e aromas agradáveis e, inversamente, doença e decomposição com mau cheiro levou muitos a acreditarem que o sentido causal ia do odor à saúde ou à doença, em vez do contrário. Por exemplo, o grande médico romano Galeno ensinava que lençóis, colchões e cobertores malcheirosos podiam acelerar a contaminação dos fluidos corporais. A exsudação nauseabunda (miasmas) que sai dos esgotos, ossários, fossas e pântanos era considerada fonte de muitas doenças fatais. Inversamente, acreditava-se que aromas agradáveis afastavam a doença, de modo que, na Europa medieval, antes de entrar na casa de uma vítima da peste, os médicos insistiam que ela fosse muito bem arejada e perfumada com fogos fragrantes aromatizados com incenso, mirra, rosas, cravos e outras ervas aromáticas. Na verdade, a profissão de perfumista era dedicada a princípio à desinfecção de casas, não aos cuidados pessoais.

É claro que a importância do olfato não se limita a perceber substâncias odoríferas inspiradas por nossas narinas. Considera-se, em geral, que nosso paladar é 90% olfato. Quando provamos a comida, os receptores de sabor da língua e do céu da boca percebem substâncias químicas dissolvidas na saliva; mas só há cinco variedades de receptores, capazes de identificar combinações de apenas cinco sabores básicos: doce, azedo, salgado, amargo e umami (palavra japonesa que significa "sabor apetitoso e agradável"). Mas as substâncias odoríferas voláteis que evaporam de alimentos e bebidas penetram na cavidade nasal pelo fundo da garganta e ativam combinações de centenas de receptores aromáticos diferentes. Em comparação com o paladar, eles nos dão uma capacidade muito maior de distinguir milhares de aromas diferentes e apreciar o *sabor* intenso (ou seja, cheiro) de um bom vinho, alimentos aromáticos, temperos, ervas e café. E embora tenhamos perdido o sentido vomeronasal da maioria de nossos colegas mamíferos, o imenso setor perfumista é a prova do papel que o cheiro continua a ter no namoro e nas relações sexuais humanas. Freud chegou a ver uma ligação entre a repressão sexual e a sublimação do olfato na maioria de nós, mas ainda assim afirmou que "existem, mesmo na Europa*, povos que muito apreciam o odor forte da genitália".[2] E como seres humanos, cães, ursos, cobras, mariposas, tubarões, ratos e peixes-palhaços percebem essas mensagens "da realidade material"? Como distinguimos uma variedade tão grande de substâncias odoríferas?

---

* Observe o racismo implícito.

A realidade física dos odores

Ao contrário dos sentidos da visão e da audição, que captam informações indiretamente por meio de ondas eletromagnéticas ou sonoras que nos vêm de um objeto, tanto o paladar quanto o olfato recebem informações diretamente por contato com o objeto detectado (uma molécula), que traz mensagens "da realidade material". Ambos parecem trabalhar com princípios bem semelhantes. As moléculas que eles percebem estão dissolvidas na saliva ou flutuam no ar e são captadas por receptores na língua (paladar) ou no epitélio olfatório do teto da cavidade nasal (olfato). Essa exigência de volatilidade faz com que a maioria das substâncias odoríferas tenha moléculas bem pequenas.

O nariz propriamente dito não tem nenhum papel direto no olfato além de canalizar o ar na direção do epitélio olfatório, que fica na parte de trás (Figura 5.1). Em seres humanos, esse tecido é bem pequeno e mede apenas três centímetros quadrados (mais ou menos o tamanho de um selo do correio), mas é forrado de glândulas secretoras de muco e milhões de *neurônios olfatórios* – um tipo de célula nervosa que é para o olfato o que os cones e bastonetes da retina do olho são para a visão. A parte da frente do neurônio olfatório lembra uma vassoura, com uma cabeça de várias pontas onde a membrana celular se dobra em muitos *cílios*. Essa vassoura com seus cílios se projeta da camada de células para capturar as moléculas odorantes que passam. A extremidade traseira da célula lembra o cabo da vassoura e forma o *axônio* ou nervo, que passa através de um ossinho no fundo da cavidade nasal e entra no cérebro, onde se conecta a uma região chamada *bulbo olfatório*.

Talvez seja melhor ler o restante deste capítulo com uma laranja à frente, quem sabe separada em gomos para que os aromas cítricos sejam liberados e viajem pelo seu nariz até o epitélio nasal. Você pode até enfiar um dos gomos na boca para que suas substâncias odoríferas voláteis sigam seu caminho pela rota retronasal até aquele mesmo tecido. Como todos os aromas naturais, o cheiro da laranja é muito complexo e formado de centenas de compostos voláteis, mas um dos mais fragrantes se chama limoneno*, cuja trajetória de molécula a fragrância seguiremos agora.

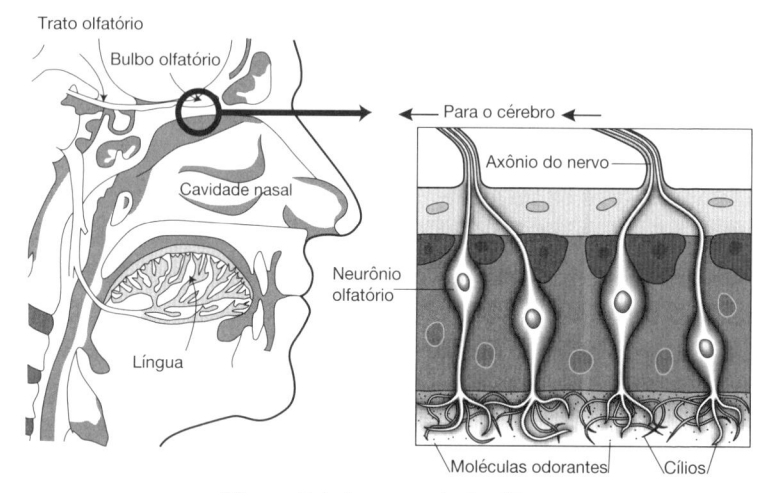

Figura 5.1 *A anatomia do olfato.*

Como o nome indica, o limoneno é abundante em frutas cítricas como laranja e limão e é um dos maiores responsáveis por seu aroma e sabor característicos. Essa substância química pertence a uma classe de compostos chamados *terpenos*, constituintes aromáticos dos óleos essenciais de muitas plantas e flores que geram os aromas ricos do pinheiro, das rosas, das uvas e do lúpulo. Portanto, fique à vontade para trocar a laranja por um copo de cerveja ou vinho, se preferir. Essa substância química é produzida por muitas partes da planta cítrica, inclusive as folhas, mas é mais abundante na casca da fruta, que pode ser espremida para produzir limoneno quase puro.

---

* 1-metil-4-(1-metiletenil)-ciclo-hexeno.

O limoneno é um líquido volátil que evapora aos poucos em temperatura ambiente, e sua laranja libera milhões de moléculas de limoneno no ar circundante. A maioria delas flutuará pela sala e sairá pela porta e pelas janelas, mas algumas serão levadas até perto de seu nariz pelas correntes de ar. Sua próxima inspiração sugará vários litros desse ar carregado de odorantes, que passará pelas narinas e chegará ao epitélio nasal, forrado com cerca de dez milhões de neurônios olfatórios.

Ao passar pelas vassouras do epitélio olfatório, algumas moléculas de limoneno se enredam nos neurônios olfatórios. A captura de uma única molécula de limoneno é suficiente para provocar a abertura de um minúsculo canal na membrana celular do neurônio que permite a entrada de um fluxo de íons de cálcio com carga positiva na célula. Quando cerca de trinta e cinco moléculas de limoneno forem capturadas, o fluxo subsequente de íons para dentro da célula corresponderá a uma corrente elétrica minúscula com um total aproximado de um picoampère*. Esse nível de corrente atua como interruptor para disparar um sinal elétrico chamado potencial de ação (aprenderemos muito mais sobre ele no Capítulo 8) no cabo da célula-vassoura, ou seja, seu axônio. O sinal viaja até o bulbo olfatório do cérebro. Depois de mais processamento neural, sentimos a "mensagem da realidade material" como o aroma cítrico das laranjas.

É claro que o evento mais importante de todo esse processo é a captura da molécula odorante pelo neurônio olfatório. Então, como isso funciona? Por analogia com a visão e com os cones e os bastonetes do olho (também neurônios), sensíveis à luz, esperava-se que, de modo semelhante, o olfato nos fosse conferido por algum tipo de receptor olfatório superficial. Mas na década de 1970, a natureza e a identidade dos receptores olfatórios eram completamente desconhecidas.

---

* O picoampère é um trilionésimo (10^{-12}) de ampère.

Em 1948, Richard Axel nasceu no Brooklyn, em Nova York, primogênito de pais imigrantes que fugiram da Polônia antes da invasão nazista. Sua infância foi típica do bairro: cumprir tarefas para ajudar o pai alfaiate entre os jogos de basquete ou *stickball* (tipo de beisebol de rua em que tampas de bueiro servem de base e os bastões são cabos de vassoura) nas ruas e pátios locais. O primeiro emprego, aos onze anos, foi de mensageiro, entregando dentaduras a dentistas; aos doze, instalava carpetes e, aos treze, servia *pastrami* e carne em conserva numa *delicatessen* local. O cozinheiro era um russo que costumava recitar Shakespeare enquanto fatiava repolho, dando ao jovem Richard sua primeira exposição ao mundo cultural além das *delicatessens* e das quadras de basquete e inspirando-lhe um amor profundo e duradouro pela grande literatura. O talento intelectual de Axel foi percebido pelo professor da escola secundária local, que o estimulou a se candidatar, com sucesso, a uma bolsa na Universidade de Colúmbia, em Nova York, para estudar literatura.

O então calouro Axel se lançou no redemoinho intelectual da vida universitária na década de 1960. Mas, para sustentar a vida de festeiro, ele arranjou emprego de lavador de vasilhames num laboratório de genética molecular. Ficou fascinado com essa ciência em surgimento, mas era péssimo na lavagem dos vasilhames; por isso, foi demitido do cargo e recontratado como auxiliar de pesquisa. Dilacerado entre a literatura e a ciência, ele finalmente decidiu se inscrever num curso de pós-graduação em genética, mas depois foi estudar medicina para fugir à convocação para a Guerra do Vietnã. Aparentemente, era tão ruim na medicina quanto na lavagem de vasilhames. Não conseguia ouvir sopros no coração nem ver a retina; certa vez, seus óculos caíram numa incisão abdominal, e ele chegou a costurar o dedo do cirurgião no paciente. Finalmente, só permitiram que se formasse sob a condição de prometer que jamais exerceria a medicina em pacientes vivos. Ele voltou à Universidade de

Colúmbia para estudar patologia, mas um ano depois o diretor do departamento insistiu que ele jamais deveria exercer a profissão, nem em pacientes mortos.

Ao perceber que era óbvio que a medicina estava além de seu talento, Axel acabou voltando à pesquisa na Universidade de Colúmbia. A partir daí, seu progresso foi rápido; ele chegou a inventar uma nova técnica para pôr DNA estrangeiro dentro de células de mamíferos que, no final do século XX, se tornou um dos esteios da revolução da engenharia genética e da biotecnologia e gerou para a universidade uma receita de centenas de milhões de dólares em acordos de licenciamento: um retorno generoso do investimento em bolsas.

Na década de 1980, Axel se perguntava se a biologia molecular poderia ajudar a resolver o maior de todos os mistérios: como funciona o cérebro humano. Ele deixou de estudar o comportamento dos genes e passou a estudar os genes do comportamento, com a meta a longo prazo de "dissecar até que ponto os centros cerebrais geram uma 'percepção', digamos, do aroma do lilás, do café, de um gambá".[3] Sua primeira investida na neurociência foi a investigação do comportamento de uma lesma marinha na postura de ovos. Foi mais ou menos nessa época que Linda Buck, uma pesquisadora talentosíssima, foi para o seu laboratório. Formada em imunologia pela Universidade de Dallas, ela ficou fascinada com o novo campo da neurociência molecular e foi para o laboratório de Axel para estar na linha de frente dessa pesquisa. Juntos, Axel e Buck imaginaram uma série engenhosa de experiências para sondar a base molecular do olfato. A primeira questão que abordaram foi a identidade das moléculas receptoras que, como se supunha, existiriam na superfície dos neurônios olfatórios para capturar e identificar as diversas moléculas odorantes. A partir do que se sabia de outras células sensoriais, eles supuseram que os receptores seriam algum tipo de proteína que se projetasse da membrana celular para se ligar às moléculas odorantes de passagem; mas, na época, ninguém jamais isolara nenhum desses receptores de odores, e ninguém fazia ideia de como seriam ou de como funcionariam. A equipe só tinha um palpite de que os fugidios receptores poderiam pertencer a uma família de proteínas chamadas receptores acoplados à proteína G, sabidamente envolvidos na percepção de outros tipos de mensagens químicas, como a dos hormônios.

Linda Buck conseguiu identificar toda uma nova família de genes que codificavam esse tipo de receptor, expressos* apenas em neurônios receptores olfatórios. Em seguida, ela demonstrou que esses genes realmente codificavam os fugidios receptores que captavam odores. Novas análises mostraram que o genoma do rato codificava cerca de mil desses receptores recém-identificados, cada um deles um pouquinho diferente dos outros, e, presumivelmente, ajustado para perceber uma única substância odorante. Os seres humanos têm um número semelhante de genes de receptores olfatórios, mas dois terços deles degeneraram nos chamados *pseudogenes*, um tipo de gene fóssil que acumulou tantas mutações que não funciona mais.

Mas sejam trezentos, sejam mil, o número de genes receptores fica muito longe dos dez mil cheiros diferentes que os seres humanos conseguem identificar. Era claro que não havia um mapeamento biunívoco entre tipos de receptores de odor e tipos de odor; portanto, o modo como as mensagens recebidas pelos receptores olfatórios se transformam em cheiros continuava um mistério. Também não se sabia como o trabalho de identificar toda a variedade de moléculas odorantes se dividia entre células

---

* Nesse contexto, "expresso" significa um gene ativo, no sentido de que sua informação é copiada no RNA para, então, alimentar a maquinaria da síntese de proteínas para formar a proteína codificada por aquele gene, como uma enzima ou um receptor olfatório específico.

diferentes. O genoma de cada célula contém o conjunto completo de genes receptores olfatórios e, potencialmente, ela poderia perceber todos os odores. Ou haverá algum tipo de divisão do trabalho? Para responder a essas questões, a equipe da Universidade de Colúmbia imaginou uma experiência ainda mais engenhosa. Os pesquisadores alteraram geneticamente os camundongos para que todos os neurônios olfatórios que expressassem um odor específico ficassem azuis. Se todas as células ficassem azuis, isso indicaria que todas expressavam esse receptor. A resposta ficou visível quando a equipe examinou as células olfatórias dos camundongos alterados: mais ou menos uma em cada mil células estava azul. Parecia que os neurônios olfatórios eram especialistas, não generalistas.

Não demorou para Linda Buck partir de Colúmbia para montar seu laboratório em Harvard, e os dois grupos continuaram trabalhando em paralelo para esmiuçar muitos segredos restantes do olfato. Eles logo imaginaram técnicas para isolar neurônios olfatórios e sondar diretamente sua sensibilidade a substâncias odorantes específicas, como o limoneno da laranja. E descobriram que cada uma dessas substâncias ativava não apenas um, mas vários neurônios; e também que neurônios isolados reagiam a várias substâncias odorantes. Esses achados pareceram resolver a charada de como apenas trezentos receptores olfatórios conseguem identificar dez mil cheiros diferentes. Assim como apenas vinte e seis letras podem se combinar de multíssimas maneiras para escrever todas as palavras deste livro, algumas centenas de receptores olfatórios podem ser ativados em trilhões de combinações para oferecer a imensa variedade de aromas.

Richard Axel e Linda Buck ganharam o Prêmio Nobel de 2004 pela descoberta pioneira de "receptores olfatórios e a organização do sistema olfatório".

Revelado o segredo do odor

Hoje se aceita que o evento inicial da percepção de um odor, como o de uma laranja, um recife de coral, um parceiro sexual, um predador ou uma presa, seja a ligação de uma única molécula odorante a um único receptor olfatório na superfície da extremidade cheia de cílios daqueles neurônios olfatórios parecidos com vassouras. Mas como cada receptor reconhece seu conjunto de moléculas odorantes, como o limoneno, e não captura nem se liga a nenhuma outra substância do oceano químico de moléculas odorantes que podem passar pelo epitélio olfatório?

Esse é o mistério central do olfato.

A explicação convencional se baseia no chamado mecanismo de chave e fechadura. Acredita-se que as moléculas odorantes se encaixem como uma chave na fechadura dos receptores olfatórios. Por exemplo, acreditava-se que a molécula de limoneno se enfiava bem ajustadinha num receptor olfatório especializado. Num processo que ainda não está claro, acreditava-se que essa ligação giraria a fechadura do receptor para provocar a liberação da chamada proteína G, normalmente atrelada à superfície interna do receptor, como um torpedo preso ao casco de um navio. Depois de disparada para dentro da célula, a proteína-torpedo vai até a membrana celular, onde abre um canal que permite a entrada de moléculas com carga elétrica. Essa corrente elétrica que passa pela membrana faz o neurônio disparar (mais a esse respeito no Capítulo 9) e mandar um sinal nervoso que viaja do epitélio olfatório até o cérebro.

O mecanismo chave-fechadura propõe que as moléculas receptoras tenham formato complementar ao das moléculas odorantes, que se encaixariam dentro delas. Uma analogia simples são os quebra-cabeças de encaixar peças de que as crianças gostam, nos quais um bloco cortado em determinado formato (digamos, um círculo, quadrado ou triângulo) tem de se encaixar num tabuleiro de madeira com a mesma forma recortada. Podemos pensar em cada molécula odorante como um dos blocos, de modo que, talvez, uma substância odorante da laranja, como o limoneno, seja um círculo, a da maçã, um quadrado, e a da banana, um triângulo. Podemos então imaginar que cada receptor olfatório tenha um *bolso de ligação de odorantes* moldado no formato ideal para a molécula olfativa se encaixar direitinho ali dentro.

É claro que raramente as moléculas de verdade têm formatos tão simples, e presume-se que as proteínas receptoras reais tenham bolsos de ligação complexos para receber os formatos mais complicados de moléculas odorantes reais. Provavelmente, a maioria tem formato muito complexo, semelhante ao do sítio ativo das enzimas que, como vimos no Capítulo 3, se liga às moléculas do substrato. Na verdade, acredita-se que as moléculas odorantes interajam com os bolsos de ligação de modo semelhante ao que atrela os substratos aos sítios ativos das enzimas (Figura 3.4) ou até do modo como medicamentos interagem com as enzimas. Já se argumentou que compreender o papel da mecânica quântica na interação entre substâncias olfativas e seus receptores poderia levar ao projeto de medicamentos mais eficientes.

Seja como for, uma previsão clara da teoria do formato é que teria de haver algum tipo de correlação entre o formato da molécula odorante e seu cheiro: moléculas odorantes de formato parecido deveriam ter cheiro parecido, e moléculas de formato muito diferente provavelmente teriam odores extremamente distintos.

Um dos cheiros mais temidos da história humana foi o cheiro de mostarda ou feno apodrecido nas trincheiras da Primeira Guerra Mundial. Gases invisíveis flutuavam pela terra de ninguém, e qualquer levíssima baforada de mostarda (gás de mostarda) ou feno mofado (fosgênio) bastava para dar ao soldado alguns segundos preciosos para pôr a máscara antes que a substância letal enchesse seu pulmão. O químico Malcolm Dyson sobreviveu a um ataque com gás de mostarda, e talvez tenha sido essa noção do valor de um nariz sensível para a sobrevivência que o levou a ponderar sobre a natureza do cheiro, porque, depois da guerra, ele sintetizou muitos compostos industriais e usou o nariz para cheirar os produtos de suas reações sintéticas. Mas Dyson ficou curioso com a aparente ausência de relação óbvia entre o formato e o cheiro das moléculas. Por exemplo, muitas moléculas com formatos bem diferentes, como os compostos da Figura 5.2 **a-d**, têm o mesmo cheiro – nesse caso, todas têm aroma almiscarado[*]. Por sua vez, compostos com estrutura muito semelhante (como os compostos **e** e **f** da figura) têm cheiro bem diferente; nesse caso, o composto **f** tem cheiro de urina, e o composto **e** não tem cheiro nenhum.[4]

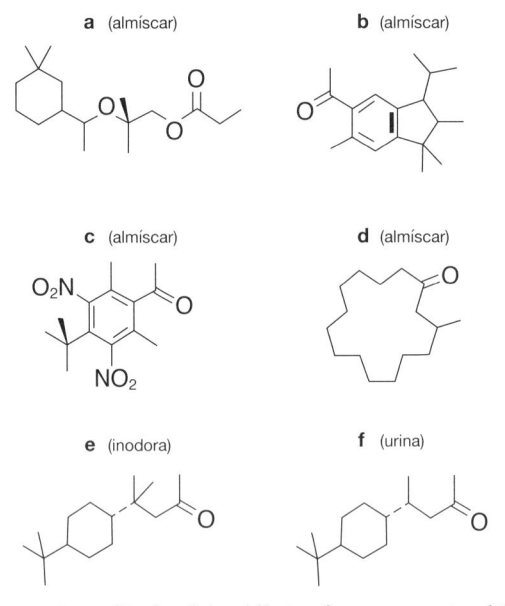

Figura 5.2 *As moléculas (a) a (d) têm formatos muito diferentes, mas seu cheiro é quase igual. As moléculas (e) e (f) têm formato quase idêntico, mas cheiro muito diferente.*

---

[*] Tradicionalmente, o almíscar era obtido de várias fontes naturais, como as glândulas sexuais do cervo-almiscareiro, as glândulas faciais do boi-almiscarado, as fezes da marta e a urina do damão-do-cabo, mas hoje quase todo almíscar dos perfumes é sintético.

Essa conexão nada direta entre o formato e o odor de uma molécula era, e ainda é, um grande problema para os fabricantes industriais de perfumes, aromatizantes e fragrâncias. Em vez de projetarem um perfume como projetariam o formato do frasco, os perfumistas são forçados a recorrer à síntese química por meio da força bruta e a testes olfativos de tentativa e erro realizados por químicos como Dyson. Mas Dyson notou que os grupos odoríferos (substâncias químicas com o mesmo cheiro) costumavam conter compostos que incorporavam os mesmos grupos químicos; por exemplo, o átomo de oxigênio ligado a um átomo de carbono por uma ligação dupla C=O nos produtos de cheiro almiscarado da Figura 5.2. Esses grupos químicos são as peças que compõem qualquer molécula grande e determinam muitas de suas propriedades, incluindo ao que parece, como notou Dyson, também seu aroma. Outro conjunto de compostos com cheiro parecido é o grande número de substâncias, com formatos moleculares diferentes, que possuem um grupo *sulfeto de hidrogênio* (S–H), no qual um átomo de hidrogênio está ligado a um átomo de enxofre, e têm o cheiro característico de ovo podre. Em seguida, Dyson propôs que o nariz não percebe o formato da molécula inteira, mas uma característica física diferente, ou seja, a frequência em que vibram as ligações moleculares entre seus átomos.

No final da década de 1920, quando Dyson afirmou essas coisas, ninguém fazia ideia de como detectar vibrações moleculares. Mas, numa viagem à Europa no começo daquela década, o físico indiano Chandrasekhara Venkata Raman ficou encantado com "a maravilhosa opalescência azul do mar Mediterrâneo" e especulou que "o fenômeno devia sua origem à dispersão da luz pelas moléculas de água". Normalmente, quando se reflete num átomo ou numa molécula, a luz o faz "elasticamente", isto é, sem perder nenhuma energia, como uma bola de borracha dura que ricocheteia numa superfície rígida. Raman sugeriu que, em raras ocasiões, a luz poderia se dispersar "inelasticamente", como uma bola dura que batesse num bastão de madeira e transferisse parte da energia para o taco e o batedor (pense no Pernalonga, que rebate com tanta força uma bola rápida de beisebol que tanto ele quanto o taco vibram). Na dispersão inelástica, os fótons também perdem energia para as ligações moleculares em que esbarram, fazendo com que vibrem; portanto, a luz que se dispersa sai com menos energia. Também pode acontecer, embora com menos probabilidade, que uma molécula já esteja vibrando e, assim, a luz que se dispersa inelasticamente pode sair com mais energia.

Os químicos utilizam esse princípio para sondar a estrutura molecular. Em essência, faz-se a luz incidir numa amostra química e a diferença de cor ou frequência (portanto, de energia) entre a luz que entra e a que sai é registrada no *espectro Raman* daquela substância específica, que representa um tipo de assinatura de suas ligações químicas. A técnica da espectroscopia Raman leva o nome do inventor e lhe valeu um Prêmio Nobel. Quando ouviu falar do trabalho de Raman, Dyson viu que aquele poderia ser um mecanismo para o nariz sondar as vibrações das moléculas odorantes. Ele propôs que o nariz "talvez seja um espectroscópio", capaz de perceber as frequências características das vibrações de ligações químicas diferentes. Ele chegou a identificar frequências comuns nos espectros Raman relacionadas ao odor dos compostos. Por exemplo, todos os *mercaptanos* (compostos que contêm uma ligação terminal enxofre-hidrogênio) têm o mesmo pico Raman característico, com frequência de 2.567 a 2.580. E todos fedem a ovo podre.

A teoria de Dyson explicava pelo menos a natureza analítica dos odores, mas ninguém tinha a mínima ideia de como algo como a espectroscopia Raman poderia ser aproveitada pelo nariz para nos dar o sentido do olfato. Afinal de contas, não só a luz dispersada teria de ser captada e analisada por algum espectroscópio biológico, como também, antes de tudo, seria preciso uma fonte de luz.

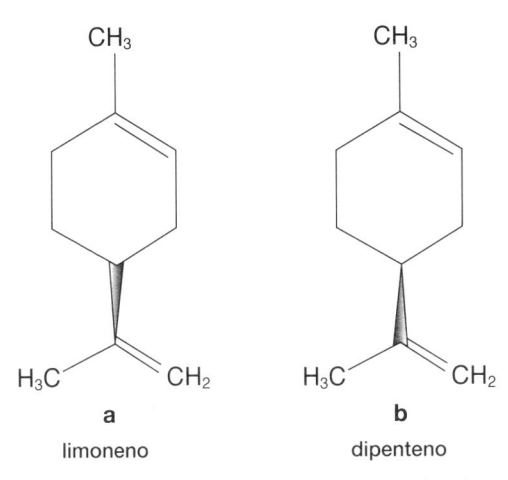

Figura 5.3 *O limoneno (a) e o dipenteno (b) são moléculas espelhadas com cheiro muito diferente. Elas só diferem na orientação do grupo químico inferior, representado apontando para baixo no limoneno, mas para cima no dipenteno. É claro que a molécula de dipenteno poderia ser virada para que seu grupo químico aponte para baixo como o do limoneno, mas aí a ligação dupla viraria para a esquerda e não para a direita, e elas continuariam diferentes. As moléculas são como a mão direita e a mão esquerda de um par de luvas.*

Uma deficiência ainda mais grave da teoria de Dyson ficou visível quando se descobriu que o nariz pode diferenciar com facilidade moléculas que têm exatamente a mesma estrutura química e espectros Raman idênticos, mas são imagens espelhadas uma da outra. Por exemplo, a molécula de limoneno, principal responsável pelo cheiro da laranja, pode ser descrita como uma molécula destra. Mas há uma molécula quase idêntica, chamada dipenteno, que é sua imagem espelhada e "canhota" (ver a Figura 5.3, na qual a área pontuda e sombreada na base de cada parte representa a ligação carbono-carbono que aponta para baixo (a) ou para cima (b) da página). O dipenteno tem as mesmas ligações moleculares do limoneno e, portanto, um espectro Raman idêntico, mas seu odor é muito diferente: tem cheiro de terebintina. As moléculas que têm forma destra e canhota são descritas como *quirais** e costumam ter odores muito diferentes. Outro composto quiral é a carvona, substância química encontrada em sementes como endro e alcaravia e responsável por seu cheiro; sua molécula espelhada tem cheiro de hortelã-verde. Um espectroscopista Raman seria incapaz de distinguir esses compostos com o espectrômetro, mas uma simples cheiradinha resolve a questão. É claro que o cheiro não pode se basear, pelo menos não unicamente, na percepção de vibrações moleculares.

Durante quase toda a segunda metade do século XX, essas falhas aparentemente fatais da teoria olfativa das vibrações provocaram seu eclipse pela teoria chave-fechadura, apesar do esforço de alguns poucos entusiastas da vibração molecular, como o químico canadense Robert H. Wright, que ofereceu uma possível solução para o problema das moléculas destras e canhotas que têm as mesmas ligações, mas cheiros diferentes. Ele ressaltou que os receptores olfatórios provavelmente também são quirais (têm formas destras e canhotas), de modo que segurariam a molécula odorante de modo destro ou canhoto que, então, apresentaria diversamente as ligações ao detector vibracional. Numa analogia com a música, o canhoto Jimi Hendrix (que representa o receptor olfatório) costumava segurar a guitarra (a molécula odorante quiral) com o braço apontado para a direita, enquanto o destro Eric Clapton segurava a guitarra (que representa a molécula espelhada) com o braço apontado para a esquerda†. Ambos podiam tocar o mesmo trecho (gerar as mesmas vibrações) em guitarras espelhadas; mas o som captado por um microfone fixo (que representa o detector de vibrações do receptor olfatório) situado, digamos, logo à esquerda de cada músico teria uma diferença sutil, porque as cordas (as ligações moleculares)

---

* Moléculas quirais têm uma imagem espelhada não superponível.

† Na verdade, em geral Hendrix tocava uma guitarra para destros de cabeça para baixo, mas invertia as cordas, de modo que o mi agudo ficava na mesma posição que ficaria se ele tocasse uma guitarra para canhotos.

estariam em locais diferentes em relação ao microfone. Wright propôs que receptores olfatórios quirais percebem a frequência vibracional das ligações químicas, mas só quando as ligações estão na posição certa: ele afirmou que os receptores são destros e canhotos, assim como os guitarristas. Mas, ainda sem nenhuma ideia de como realmente funcionaria o detector vibracional, a teoria das vibrações continuou à margem da ciência olfativa.

No entanto, a teoria do formato também tinha seus problemas. Como já discutimos, era difícil explicar moléculas odorantes com formatos muito diferentes, mas o mesmo odor, e vice-versa. Para atacar esses problemas, em 1994 Gordon Shepherd e Kensaku Mori desenvolveram uma teoria às vezes chamada de "forma fraca" ou dos odótipos.[5] A principal diferença entre ela e a teoria clássica do formato está na proposta de Shepherd e Mori de que, em vez de reconhecer o formato da molécula inteira, os receptores olfatórios só precisariam identificar o formato dos grupos químicos componentes. Por exemplo, como já ressaltamos, todos os compostos almiscarados da Figura 5.2 têm um átomo de oxigênio unido a um átomo de carbono por uma ligação dupla. A teoria dos odótipos propõe que os receptores olfatórios reconhecem o formato dessas subestruturas, e não o da molécula inteira. Essa teoria dá uma ideia melhor da natureza analítica do aroma, mas sofre de vários problemas iguais aos da teoria das vibrações quanto se trata de moléculas que contenham os mesmos grupos químicos, só que arrumados de um jeito diferente. Portanto, nem a teoria dos odótipos nem a das vibrações conseguem explicar como pares de substâncias químicas podem ter odor diferente apesar de possuírem os mesmos grupos químicos arrumados de modo diferente no mesmo arcabouço molecular. Por exemplo, tanto a vanilina (principal componente da baunilha natural) quanto a isovanilina consistem em anéis de seis átomos de carbono com três grupos químicos idênticos presos em posições diferentes (Figura 5.4). A teoria dos odótipos diria que os grupos químicos idênticos deveriam ter o mesmo cheiro. Só que a baunilha tem cheiro de baunilha, e a isovanilina tem um cheiro fenólico desagradável (doce e medicinal).

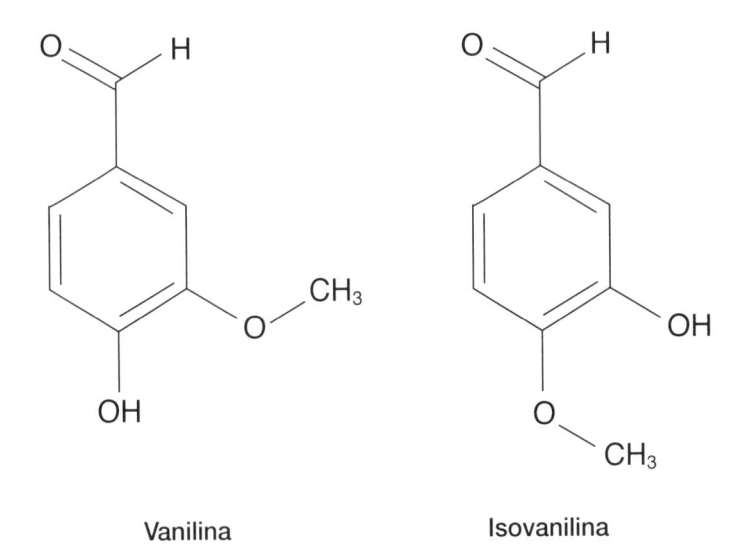

Vanilina   Isovanilina

Figura 5.4 *Moléculas com as mesmas partes químicas básicas, como a vanilina e a isovanilina aqui mostradas, podem, mesmo assim, ter cheiros bem diferentes.*

Para resolver esses problemas, os teóricos do formato costumam propor uma combinação da teoria dos odótipos com algum tipo de mecanismo geral de reconhecimento de formas quirais. Mesmo assim, não conseguem explicar a situação igualmente comum de moléculas espelhadas que realmente têm o mesmo cheiro[*]. Isso indica que são reconhecidas pelo mesmo receptor, que é o equivalente molecular de um tipo de mão que coubesse tanto na luva esquerda quanto na direita. Não parece fazer muito sentido.

---

[*] Por exemplo, (4S,4aS,8aR)-(K)-geosmina e sua imagem espelhada, a molécula (4R,4aR,8aS)-(C)-geosmina, ambas com cheiro "terroso, mofado".

Cheirar com nariz quântico

O reconhecimento de formatos é intuitivamente fácil de entender: lidamos rotineiramente com formas complementares toda vez que calçamos luvas, giramos a chave na fechadura ou usamos uma chave de boca para apertar uma porca. Também se sabe que as enzimas (que vimos em ação no Capítulo 3), os anticorpos, os receptores de hormônios e outras biomoléculas interagem primariamente por meio do arranjo geométrico de seus átomos e suas moléculas; portanto, não surpreende que a teoria do formato para explicar o olfato tenha recebido forte apoio de muitos biólogos, inclusive os ganhadores do Prêmio Nobel Richard Axel e Linda Buck.

A comunicação baseada em vibrações é muito menos familiar para nós, ainda que fundamental em pelo menos dois sentidos, a visão e a audição. Mas, embora a física da percepção da frequência de vibração da luz pelo olho e do registro da frequência de vibração do ar pelo ouvido fosse bem compreendida, ninguém fazia ideia, até recentemente, de como o nariz poderia perceber a frequência de uma vibração molecular.

Luca Turin nasceu no Líbano, em 1953, e estudou fisiologia no University College London. Depois de formado, mudou-se para a França para trabalhar no Centro Nacional de Pesquisa Científica, e foi em Nice que teve uma revelação olfatória numa visita à loja das Galeries Lafayette. No meio da sala dos perfumes, havia um expositor montado pela empresa japonesa Shiseido com seu novo perfume Nombre Noir, que Turin descreve: "Ficava a meio caminho entre uma rosa e uma violeta, mas sem nenhum vestígio da doçura das duas; em vez disso, ficava contra um pano de fundo austero, quase santo, de notas do cedro de uma caixa de charutos. Ao mesmo tempo, não era seco, e parecia cintilar com um frescor líquido que fazia suas cores profundas brilharem como um vitral".[6] O encontro de Turin com o aroma japonês inspiraria uma busca vitalícia para desvendar o segredo de como moléculas que entram flutuando no nariz conseguem criar experiências tão evocativas.

Como Dyson anteriormente, Turin estava convencido de que as correlações entre espectros vibracionais e aromas não podiam ser mera coincidência. Ele foi persuadido pelo argumento de Dyson de que os receptores olfatórios tinham de perceber de algum modo as vibrações moleculares. Mas, ao contrário de Dyson, Turin propôs um mecanismo molecular especulativo, mas plausível, pelo qual as biomoléculas conseguiriam perceber as vibrações das ligações químicas pelo tunelamento quântico de elétrons.[7]

O tunelamento, como você talvez se recorde pelo Capítulo 1, é a propriedade peculiar da mecânica quântica que vem da capacidade de partículas como elétrons ou prótons de se comportarem como ondas de probabilidade, capazes de se infiltrar através de barreiras que seriam impenetráveis por rotas clássicas. No Capítulo 3, descobrimos que ele tem papel fundamental nas reações de muitas enzimas. Enquanto refletia sobre o segredo dos aromas, Turin encontrou um artigo que descrevia uma nova técnica analítica química chamada *espectroscopia de tunelamento eletrônico inelástico* (IETS, na sigla em inglês). Na IETS, duas placas de metal são colocadas bem próximas, separadas por um espaço minúsculo. Quando se aplica uma voltagem entre as placas, os elétrons se reúnem numa delas, dando-lhe carga negativa (elemento doador) e fazendo-a sofrer a força atrativa da outra placa com carga positiva (elemento receptor). Considerados em termos clássicos, falta energia aos elétrons para pular sobre a lacuna isolante entre as placas; mas elétrons são objetos quânticos e, se a lacuna for suficientemente pequena, eles conseguem tunelar de doador a receptor. Esse processo se chama tunelamento elástico porque nele os elétrons não ganham nem perdem energia.

No entanto, há uma condição adicional e importantíssima: o elétron só pode tunelar de forma elástica do sítio doador ao sítio receptor se houver uma vaga disponível exatamente no mesmo nível de energia. Se a lacuna mais próxima disponível no receptor for de energia mais baixa, o elétron terá de perder parte de sua energia para dar o salto. Esse processo se chama tunelamento inelástico. Mas a energia descartada precisa ir para algum lugar, senão o elétron não tunela. Se houver uma substância química na lacuna entre as placas, o elétron pode tunelar desde que seja capaz de doar seu excesso de energia a essa substância, o que poderá fazer caso as ligações das moléculas da lacuna sejam capazes de vibrar exatamente na frequência correta, correspondente à da energia descartada. Depois de transmitir o excesso de energia dessa maneira, esses elétrons em tunelamento "inelástico" chegam à placa receptora com um pouquinho menos de energia; portanto, com a análise da diferença de energia entre elétrons que saem do sítio doador e chegam ao sítio receptor, a espectroscopia de tunelamento eletrônico inelástico sonda a natureza das ligações moleculares de uma substância química.

Retornemos à analogia musical: quem já tocou um instrumento de cordas sabe que é possível tirar notas da corda por ressonância, sem sequer tocá-la. Na verdade, pode-se usar esse truque para afinar o violão. Se você dobrar um pedacinho minúsculo de papel bem leve sobre uma das cordas e tocar a mesma nota na corda adjacente, é possível fazer o papel saltar sem encostar em sua corda. Isso acontece porque, quando a afinação está correta, a corda tangida faz o ar vibrar, e o ar que vibra transmite a vibração para a corda não tangida, provocando sua vibração em ressonância com a corda tangida. Na IETS, do mesmo modo, o elétron só salta do sítio doador se o produto químico entre as duas placas tiver uma ligação afinada exatamente na frequência correta para que ele dê o salto. De fato, o elétron que tunela perde energia *tangendo* uma ligação molecular em sua viagem quântica pelas placas.

Turin propôs que os receptores olfatórios funcionavam de maneira semelhante, mas com uma única molécula – o receptor olfatório – ocupando o lugar das placas e da lacuna do IETS. Ele imaginou um elétron localizado primeiro num *sítio doador* da molécula receptora. Como na IETS, o elétron poderia tunelar até um sítio receptor da mesma molécula; mas ele propôs que seria impedido pela discrepância energética entre os dois sítios. No entanto, se o receptor capturar uma molécula odorante que tenha uma ligação afinada exatamente na frequência vibracional correta, o elétron pode pular de doador a receptor por tunelamento e, ao mesmo tempo, transferir para o odorante exatamente a quantidade certa de energia, como se tangesse uma de suas ligações moleculares. Turin propôs que o elétron tunelado, agora instalado no sítio receptor, provocaria a liberação do torpedo molecular da proteína G, fazendo o neurônio olfatório disparar e, assim, enviar uma mensagem ao cérebro, permitindo que "sentíssemos" o aroma da laranja.

Turin conseguiu acumular muitos indícios circunstanciais de sua teoria vibracional quântica. Por exemplo, como já mencionado, compostos de enxofre-hidrogênio costumam ter um forte cheiro de ovo podre, e todos apresentam uma ligação molecular enxofre--hidrogênio que vibra por volta de 76 terahertz (76 trilhões de oscilações por segundo). Sua teoria faz uma forte previsão: qualquer outro composto associado a uma ligação com frequência vibracional de 76 terahertz também deveria ter cheiro de ovo podre, qualquer que fosse seu formato. Infelizmente, pouquíssimos outros compostos têm a mesma faixa de vibração em seus espectros. Turin vasculhou a literatura sobre espectroscopia atrás de uma molécula com a mesma vibração. Finalmente, descobriu que as ligações terminais boro-hidrogênio de substâncias chamadas boranos têm vibrações centradas em 78 terahertz, bem próximas da vibração de 76 terahertz da ligação S–H. Mas qual o cheiro dos boranos? Essa informação não estava disponível na literatura sobre espectroscopia, e as substâncias eram tão exóticas que ele não conseguiu arranjar nenhuma para dar uma cheiradinha. Mas ele encontrou um artigo antigo que descrevia seu cheiro como repulsivo, termo muito usado para descrever cheiros sulfurosos. Na verdade, acontece que os boranos são as únicas moléculas *não* sulfurosas conhecidas com o mesmo fedor de ovo podre do sulfeto de hidrogênio, como o decaborano, por exemplo, formado apenas de átomos de boro e hidrogênio (fórmula química B10H14).

Essa descoberta de que, entre literalmente milhares de substâncias químicas já cheiradas, a única a feder como o sulfeto de hidrogênio é uma molécula com a mesma frequência vibracional deu forte sustentação à teoria vibracional do olfato. Lembre-se de que os perfumistas vêm tentando há décadas encontrar a chave molecular do aroma. Turin conseguiu fazer o que nenhum de seus químicos conseguira: prever um aroma com base apenas na teoria. Era o equivalente químico de prever o aroma de um perfume pelo formato do frasco. A teoria de Turin também propunha um mecanismo quântico biologicamente plausível que permitiria a uma biomolécula perceber uma vibração molecular. Mas "mecanismo plausível" não basta. Seria correto?

A batalha dos narizes

A teoria das vibrações obteve alguns sucessos encorajadores, como o decaborano, mas ainda sofria de problemas semelhantes aos da teoria do formato, como as moléculas espelhadas (por exemplo, limoneno e dipenteno) com aromas muito diferentes, mas espectro vibracional idêntico. Turin decidiu testar outra previsão de sua teoria. Talvez você lembre que a teoria do tunelamento na ação enzimática (Capítulo 3) foi testada substituindo a forma mais comum de hidrogênio por um de seus isótopos mais pesados, como o deutério, para utilizar o efeito isotópico cinético. Turin tentou um truque seme-lhante com um odorante chamado *acetofenona*, cujo cheiro era descrito como "odor doce e pungente [...] que lembra o pilriteiro ou uma flor de laranjeira rascante". Ele comprou um lote caríssimo da substância em que cada um dos oito átomos de hidrogênio de suas ligações carbono-hidrogênio fora substituído por deutério. Os átomos mais pesados, como cordas de violão mais grossas, vibram em frequência mais baixa: uma ligação carbono-hidrogênio normal vibra numa frequência entre 85 e 93 terahertz, mas, quando o hi-drogênio é substituído por deutério, a frequência de vibração da ligação carbono-deutério cai para uns 66 terahertz. Portanto, a substância "deuterada" tem um espectro vibracional bem diferente da "hidrogenada". Mas o cheiro será diferente? Turin trancou a porta do laboratório antes de, cautelosamente, cheirar ambos os compos-tos. Ele se convenceu de que "tinham cheiro diferente, o deuterado menos doce, mais como um solvente".[8] Mesmo depois de purificar cuidadosamente cada composto, ele se convenceu de que as formas hidrogenada e deuterada tinham cheiros muito diferentes. Sua teoria, ele afirmou, estava comprovada.

A pesquisa de Turin atraiu a atenção de investidores que deram o apoio financeiro necessário para fundar uma nova empresa, a Flexitral, dedicada a explorar suas ideias de vibração quântica para fabricar novas fragrâncias. Chandler Burr chegou a escrever um livro descrevendo a busca de Turin pelo mecanismo molecular do olfato[9], e a BBC fez um documentário sobre seu trabalho.

Mas muitos ainda estavam longe de se convencer, principal-mente os entusiastas da teoria do formato. Leslie Vosshall e Andreas Keller, da Universidade Rockefeller, repetiram os testes olfativos de acetofenona normal e deuterada, mas, em vez de confiarem no nariz muito sensível de Turin, perguntaram a vinte e quatro participantes desinformados se conseguiam distinguir os compostos. O resultado foi inequívoco: nenhuma diferença no cheiro. Seu artigo, publicado na revista *Nature Neuroscience* em 2004[10], foi acompanhado por um editorial que afirmava que a teoria vibracional do cheiro "não tem credibilidade em círculos científicos".

Mas, como qualquer pesquisador de medicina lhe dirá, os estudos feitos em seres humanos podem ser atrapalhados por todo tipo de complicação, como as expectativas do participante e sua experiência antes da participação no estudo. Para evitar esses problemas, uma equipe encabeçada por Efthimios Skoulakis, do Instituto Alexander Fleming, na Grécia, que incluía pesquisadores do MIT, entre eles Luca Turin, decidiu recorrer a uma espécie muito mais bem-comportada: moscas-das-frutas criadas em laboratório. A equipe imaginou para as moscas uma experiência equivalente à escolha de calhas por peixes recifais de Gabriele Gerlach, descrita no começo deste capítulo. Chamaram-na de "mosca no labirinto em T". As moscas foram introduzidas na haste de um labirinto em forma de T e estimuladas a voar até a ramificação, onde teriam de escolher se iam para a esquerda ou para a direita. Ar aromatizado era bombeado em cada braço; e, com a contagem das moscas que fossem em cada direção, os pesquisadores descobririam se as moscas conseguiam distinguir os odorantes adicionados respectivamente ao fluxo de ar da esquerda e da direita.

Primeiro, o grupo investigou se as moscas sentiam o cheiro da acetofenona. Sentiam mesmo: uma gotinha da substância química na ponta do braço direito do labirinto bastava para convencer quase todas elas a voarem rumo a seu odor frutado. Então, o grupo trocou os átomos de hidrogênio da acetofenona por deutério; mas, numa nova variação, substituíram três, cinco ou todos os oito átomos de hidrogênio por deutério e testaram separadamente cada versão da substância, com o composto não deuterado sempre no outro braço do labirinto. O resultado foi extraordinário. Com apenas três átomos de deutério, as moscas perderam a preferência pela direita na ramificação e, aleatoriamente, foram para a esquerda ou para a direita.

Mas quando os pesquisadores puseram no braço direito a substância com cinco ou oito átomos substituídos, as moscas resolutamente viraram para a esquerda, para longe do odorante deuterado. Parecia que conseguiam farejar a diferença entre a forma normal e a muito deuterada da acetofenona, e agora não gostavam do que sentiam. A equipe testou mais dois odorantes e descobriu que as moscas conseguiam distinguir facilmente as formas com hidrogênio e deutério do octanol, mas não as formas correspondentes do benzaldeído. Para demonstrar que as moscas usavam o olfato para farejar as ligações com deutério, os pesquisadores também testaram uma cepa mutante da mosca que não tinha receptores olfatórios funcionais. Como esperado, esses mutantes *anósmicos** foram completamente incapazes de distinguir os odorantes com hidrogênio e deutério.

Com um esquema de condicionamento pavloviano, os pesquisadores conseguiram até treinar as moscas para associar certas formas das substâncias à punição: um leve choque elétrico nas patas. Então, a equipe conseguiu realizar um teste ainda mais extraordinário da teoria das vibrações. Primeiro, eles treinaram as moscas para evitar compostos com a ligação carbono-deutério, com sua vibração característica de 66 terahertz. Depois, quiseram descobrir se essa repulsão poderia ser generalizada para compostos muito diferentes que, por acaso, apresentassem ligações com vibração na mesma frequência. E pôde. A equipe descobriu que as moscas treinadas para evitar compostos com a ligação carbono-deutério também evitavam compostos chamados nitrolas, cuja ligação carbono-nitrogênio vibra na mesma frequência, apesar de serem quimicamente muito diferentes. O estudo deu forte sustentação ao componente vibracional do olfato, pelo menos em moscas, e, em 2011,

---

* De *anosmia*, incapacidade de perceber odores: condição que, em seres humanos, costuma estar associada a lesões do epitélio nasal, embora sejam conhecidas formas genéticas raras.

foi publicado na prestigiada revista científica *Proceedings of the National Academy of Science.*[11]

No ano seguinte, Skoulakis e Turin se juntaram aos pesquisadores do University College London para voltar à questão delicada: o olfato dos seres humanos também usaria vibrações? Em vez de recorrer apenas ao olfato extremamente sensível de Turin, a equipe recrutou onze participantes farejadores. Primeiro, confirmaram o resultado de Vosshall e Keller: os participantes não conseguiram perceber as ligações carbono-deutério da acetofenona. Mas a equipe admitiu que, com apenas oito ligações carbono-hidrogênio, o sinal da forma deuterada da substância talvez fosse muito fraco e, portanto, indistinguível para narizes comuns; assim, decidiram investigar moléculas mais complexas, de cheiro almiscarado (como as da Figura 5.2), com até vinte e oito átomos de hidrogênio, todos os quais poderiam ser substituídos por deutério. Dessa vez, em contraste com o estudo da acetofenona, todos os onze participantes conseguiram distinguir facilmente o almíscar normal do totalmente deuterado. Talvez os seres humanos realmente consigam farejar moléculas afinadas em frequências diferentes.

Os físicos dão uma cheiradinha

Uma das críticas feitas à teoria das vibrações quânticas era seu embasamento teórico bastante vago. Isso foi abordado por uma equipe de físicos do University College London que, em 2007, "de nariz empinado" (perdoem a brincadeira), executou os cálculos quânticos por trás da teoria do tunelamento e concluíram que ela era "coerente tanto com a física subjacente quanto com as características do olfato observadas, desde que o receptor tenha certas propriedades gerais".[12] Jenny Brookes, que fez parte da equipe, chegou a propor uma solução para o problema incômodo das moléculas espelhadas como o limoneno e o dipenteno (Figura 5.3), que têm a mesma vibração, mas odor muito diferente.

Na verdade, o falecido professor Marshall Stoneham, mentor e supervisor de Jenny, é que imaginou o modelo às vezes chamado de "cartão magnético". Stoneham foi um dos principais físicos de sua geração no Reino Unido, com interesses que iam da segurança nuclear à computação quântica, à biologia e, de modo bastante apropriado neste capítulo, à música: ele tocava trompa. Sua teoria é uma elaboração mecânica quântica da ideia de Robert H. Wright de que tanto o formato do receptor olfatório quanto as vibrações das ligações da molécula odorante têm seu papel no olfato. Eles propuseram que o bolso ligante do receptor olfatório funciona como uma leitora de cartões magnéticos. Esses cartões têm uma faixa magnética que, ao ser lida, gera uma corrente elétrica. Mas nem tudo cabe na leitora: o cartão precisa ter o tamanho e a espessura corretos, com a faixa magnética no lugar certo, antes mesmo de poder usá-lo e verificar se a leitora o reconhece. Brookes e seus colegas propuseram que os receptores olfatórios funcionam de modo semelhante. A equipe propôs que, primeiro, a molécula odorante tem de caber num bolso ligante quiral destro ou canhoto, como o cartão magnético na leitora. Assim, odorantes com as mesmas ligações, mas formatos diferentes, como as versões canhota e destra da mesma molécula, seriam captados por receptores diferentes. Só depois de ser encaixado em seu receptor complementar o odorante teria o potencial de estimular o tunelamento eletrônico induzido pela vibração para fazer o neurônio receptor disparar; mas, como a molécula canhota disparará um receptor canhoto, seu cheiro será diferente da molécula destra que dispara o receptor destro.

Se voltarmos uma última vez à analogia musical, com a guitarra servindo de molécula odorante e suas cordas de ligações moleculares que precisam ser tangidas, os receptores vêm nos formatos Eric Clapton e Jimi Hendrix. Ambos podem tocar as mesmas notas moleculares, mas as moléculas destras e canhotas têm de ser tocadas por receptores destros ou canhotos, assim como guitarras para destros têm de ser tocadas por guitarristas destros. Assim, embora tenham as mesmas vibrações, o limoneno e o dipenteno têm de ser segurados por receptores olfatórios canhotos ou destros. Os receptores diferentes estarão ligados a regiões diferentes do cérebro e, portanto, gerarão cheiros diferentes. Finalmente, a combinação de reconhecimento de formato e vibração quântica oferece um modelo que combina com quase todos os dados experimentais.

É claro que o fato de esse modelo combinar com os dados não prova, por si só, que haja base quântica no olfato. Os dados experimentais oferecem indícios convincentes a qualquer teoria do olfato que envolva formato e vibração. Até agora, nenhuma experiência comprovou diretamente se o tunelamento quântico está envolvido no olfato. No entanto, pelo menos até agora, o tunelamento quântico inelástico de elétrons é o único mecanismo conhecido que permite uma explicação plausível de como proteínas conseguiriam detectar vibrações em moléculas odorantes.

A peça fundamental que ainda falta no quebra-cabeça do olfato é a estrutura dos receptores olfatórios. Conhecê-la tornaria mais fácil responder a perguntas importantes: de que modo os bolsos ligantes se ajustam mais ou menos a cada molécula odorante, se as moléculas espelhadas se ligam aos mesmos receptores e se as moléculas receptoras possuem sítios doadores e receptores de elétrons adequadamente posicionados para promover o tunelamento eletrônico inelástico. Mas, apesar de muitos anos de esforço de alguns grupos importantes de biologia estrutural do mundo inteiro, até agora ninguém conseguiu isolar moléculas receptoras olfatórias suscetíveis a estudos que permitissem a elucidação de mecanismos mecânicos quânticos, como aconteceu com as enzimas (Capítulo 3) e as proteínas de pigmento fotossintético (Capítulo 4). O problema é que, em seu estado natural, o receptor olfatório está embutido na membrana celular, meio como uma água-viva que flutua na superfície do mar. Tirar a proteína receptora da membrana é como tirar a água-viva do oceano: ela não vai manter seu formato. E até agora ninguém deu um jeito de determinar a estrutura das proteínas enquanto estiverem embutidas nas membranas celulares.

Portanto, embora ainda haja considerável controvérsia, a única teoria que oferece uma explicação de como moscas e seres humanos conseguem distinguir o odor de compostos normais e deuterados se baseia no mecanismo mecânico quântico do tunelamento inelástico de elétrons. Recentemente, experiências mostraram que, assim como moscas e seres humanos, outros insetos e até peixes conseguem perceber a diferença entre ligações com hidrogênio e com deutério. Por ser encontrado em tamanha variedade de criaturas, é provável que o olfato quântico esteja bem generalizado. Provavelmente, seres humanos, moscas-das-frutas, peixes-palhaços e uma série de outros animais aproveitam a capacidade do elétron de sumir num ponto do espaço e se materializar instantaneamente em outro para capturar a "mensagem da realidade material" e encontrar comida, parceiro sexual ou o caminho de casa.

6. A borboleta, a mosca-das-frutas e o pisco quântico

Nascido em Toronto, no Canadá, em 1912, Fred Urquhart frequentou uma escola ao lado de um pântano cheio de taboas. Ali, ele passou horas sem fim observando os insetos, principalmente as borboletas que povoavam os tufos de caniços. Sua época do ano favorita era o começo do verão, quando o pântano vivia a chegada de milhares de monarcas, essas representativas borboletas norte-americanas com seu conhecido desenho preto e laranja nas asas. As monarcas passavam o verão inteiro ali, alimentando-se das asclépias nativas, antes de partir de novo no outono. E a pergunta que mais intrigava Fred era: para onde iam as borboletas?

Como São Paulo supostamente disse, em geral os adultos deixam de lado as coisas infantis. Não Fred, contudo, que, quando cresceu, continuou a se perguntar onde as borboletas-monarcas passavam o inverno. Depois de estudar zoologia na Universidade de Toronto e finalmente se tornar professor da matéria, ele voltou à dúvida da infância. Nessa época, ele já era casado com Norah Patterson, colega zoóloga e amante de borboletas.

Com técnicas clássicas de marcação de animais, Fred e Norah tentaram descobrir o segredo do sumiço das borboletas-monarcas. Não foi fácil. Embora etiquetas amarradas nas patas dos piscos ou presas a barbatanas de baleia funcionem bem, prender uma etiqueta nas delicadas asas membranosas de uma borboleta era um desafio muito diferente. A equipe de marido e mulher experimentou etiquetas adesivas coladas às asas dos insetos, mas elas caíam ou as borboletas tinham dificuldade de voar. Só em 1940 eles encontraram a solução: uma minúscula etiqueta adesiva parecida com aquelas dificílimas de arrancar de copos recém-comprados. Assim armados, eles começaram a etiquetar e liberar centenas de borboletas-monarcas, cada uma com um número de identificação e instruções, caso fossem encontradas, de "Enviar para Zoologia, Universidade de Toronto".

Mas havia milhões de borboletas-monarcas na América do Norte e apenas dois Urquhart amantes de borboletas. O casal passou a recrutar voluntários e, na década de 1950, tinha reunido uma rede de milhares de entusiastas que, por sua vez, marcou, libertou, capturou e registrou centenas de milhares de borboletas. Enquanto Fred e Norah atualizavam constantemente um mapa que monitorava esses locais de captura e liberação, aos poucos um padrão foi surgindo. As borboletas que partiam da área de Toronto tendiam a ser capturadas ao longo de uma trajetória diagonal de voo para o sul que atravessava os Estados Unidos de nordeste a sudoeste, passando pelo Texas. Mas, apesar de numerosas excursões, os Urquhart não conseguiram identificar o destino dessas borboletas que invernavam no sul dos Estados Unidos.

Finalmente, os Urquhart voltaram os olhos mais para o sul e, em 1972, Norah, frustrada, escreveu a jornais do México falando do projeto e pedindo voluntários que relatassem o que vissem e ajudassem na marcação. Em fevereiro de 1973, chegou uma carta de um tal Kenneth C. Brugger, da Cidade do México, oferecendo-se para ajudar. Com seu cão Kola, Ken assumiu a busca e, tarde da noite, ia em sua motocasa para o campo mexicano, em busca de borboletas. Mais de um ano depois, em abril de 1974, ele relatou ter visto um grande número de borboletas-monarcas nas montanhas da Sierra Madre, no centro do México. Mais tarde, no mesmo ano, Ken relatou ter avistado muitas borboletas mortas e dilaceradas ao longo de estradas na Sierra. Norah e Fred responderam que acreditavam que bandos de pássaros deviam ter se alimentado de grandes grupos de borboletas-monarcas de passagem.

Na noite de 9 de janeiro de 1975, com certa empolgação, Ken telefonou para os Urquhart para dar a notícia de que achara "a colônia! [...] milhões de monarcas – nas florestas perenes além de uma clareira na montanha". Ken lhes disse que recebera a dica de lenhadores mexicanos, que afirmavam ter visto bandos de borboletas vermelhas enquanto percorriam a montanha com seus burros carregados. Com o apoio da National Geographical Society, Norah e Fred montaram uma expedição para encontrar e registrar a esquiva invernada das borboletas-monarcas e chegaram ao México em janeiro de 1976. No dia seguinte, eles foram de carro até uma aldeia, da qual partiram a pé para a "Montanha das Borboletas", uma subida de três mil metros. Uma escalada tão árdua não era realização trivial para um casal agora idoso (Fred tinha 64 anos), e eles ficaram bastante preocupados, sem saber se chegariam ao cume. Ainda assim, com o coração batendo forte e lembranças de borboletas de cores vivas esvoaçando ao sol de Toronto, eles chegaram ao pico, um platô pouco arborizado com pés de zimbro e azevinho. Não havia borboletas. Desapontados e exaustos, eles desceram até uma clareira cheia de oiameles, um tipo de abeto nativo das montanhas do centro do México – e foi ali que Fred e Norah finalmente encontraram o que haviam passado metade da vida procurando. "Massas de borboletas, por toda parte. Na quietude da semidormência, elas engrinaldavam os galhos das árvores, os troncos dos oiameles, atapetavam o chão com suas legiões tremendas." Enquanto ficavam ali embasbacados com o incrível espetáculo, o galho de uma árvore se quebrou, e lá, entre os detritos de borboletas desalojadas, Fred avistou a conhecida etiqueta branca com sua instrução: "Enviar para Zoologia, Universidade de Toronto". Aquela borboleta específica fora marcada por um voluntário chamado Jim Gilbert em Chaska, no estado americano de Minnesota, a mais de três mil quilômetros![1]

Hoje, a viagem da borboleta-monarca é reconhecida como uma das grandes migrações animais do mundo. De setembro a novembro, todo ano, milhões de monarcas do sudeste do Canadá seguem para sudoeste, numa viagem de vários milhares de quilômetros que as leva por desertos, pradarias, campos e montanhas, passando no caminho pelo olho de agulha geográfico de uma lacuna de oitenta quilômetros de frescos vales de rios entre Eagle Pass e Del Rio, no Texas, para finalmente acasalar nos picos de apenas cerca de uma dúzia de montanhas elevadas no centro do México. Então, depois de passar a invernada no topo fresco das montanhas mexicanas, as borboletas realizam a viagem em sentido contrário na primavera para retornar aos campos alimentícios do verão. O mais notável é que nenhuma borboleta faz a viagem inteira. Elas se reproduzem pelo caminho, e as borboletas que voltam a Toronto são netas das monarcas que partiram do Canadá.

Como esses insetos se orientam com exatidão tão grande para chegar a um alvo minúsculo, a milhares de quilômetros da origem, que só seus ancestrais já visitaram? Esse é outro daqueles imensos mistérios da natureza que só agora começam a ser desvendados. Como todos os animais migratórios, a borboleta usa vários sentidos, como a visão e o olfato, incluindo uma bússola solar capaz de corrigir a posição móvel do sol durante o dia por meio de seu *relógio circadiano*, processo bioquímico de todos os animais e plantas que oscila num período de 24 horas, acompanhando o ciclo dia-noite.

Conhecemos os relógios circadianos como a fonte do cansaço que sentimos à noite, do despertar pela manhã e do sofrimento do *jet lag* quando seu ritmo se perturba com as viagens aéreas de longa distância. Nas últimas duas décadas, houve uma sucessão de descobertas fascinantes sobre como isso funciona. Uma das mais surpreendentes é o achado de que pessoas mantidas isoladas em condições luminosas constantes ainda conseguem manter um ciclo de atividade e repouso de cerca de 24 horas, apesar de não haver indicações externas. Parece que o relógio do corpo, nosso relógio circadiano, é embutido de fábrica. Esse relógio embutido, o "marca-passo" ou sentido circadiano do corpo, localiza-se no hipotálamo, glândula situada bem dentro do cérebro. Mas, embora essas pessoas em condições luminosas constantes ainda mantenham um ciclo de mais ou menos 24 horas, seu relógio circadiano se afasta aos poucos das horas reais do dia, e seus períodos de sono e vigília não estarão em sincronia com os das pessoas fora do estudo. Contudo, assim que exposto à luz natural, o relógio corporal dos participantes logo se recalibra de acordo com o ciclo real de luz e escuridão, num processo chamado de *arrastamento*.

A bússola solar da borboleta-monarca funciona comparando a altura do sol com a hora do dia – relação que varia com a latitude e a longitude. Também é preciso ter um relógio corporal que, como o nosso, seja automaticamente arrastado pela luz para compensar a mudança do horário do nascer e do pôr do sol durante a longa migração. Mas onde a borboleta-monarca abriga seu sentido circadiano?

Como os Urquhart descobriram, não é muito fácil trabalhar com borboletas; a drosófila, ou mosca-das-frutas, que encontramos no capítulo anterior farejando seu caminho num labirinto, é um inseto de laboratório muito mais conveniente, por se reproduzir muito depressa e sofrer muitas mutações. Como nós, as moscas-das-frutas ajustam seu ritmo circadiano aos ciclos de luz e escuridão. Em 1998, geneticistas encontraram uma mosca-das-frutas mutante cujo ritmo circadiano não era afetado pela exposição à luz.[2] Eles descobriram que a mutação ocorrera no gene que codificava uma proteína do olho chamada criptocromo. De modo similar aos andaimes de proteína dos complexos fotossintéticos que prendem moléculas de clorofila (como vimos no Capítulo 4), a proteína do criptocromo envolve uma molécula de pigmento chamada *dinucleotídeo de flavina e adenina* (FAD, na sigla em inglês), que absorve luz azul. Como na fotossíntese, a absorção de luz retira um elétron do pigmento, o que provoca a geração de um sinal que vai até o cérebro da mosca para manter seu relógio corporal sincronizado com o ciclo diário de luz e escuridão. As moscas mutantes descobertas em 1998 tinham perdido essa proteína, e seus relógios corporais não se ajustavam mais à mudança cíclica entre dia e noite: elas tinham perdido o sentido circadiano.

Mais tarde, descobriram-se pigmentos criptocrômicos semelhantes nos olhos de muitos outros animais, inclusive nos seres humanos, e até em plantas e micróbios fotossintéticos, nos quais ajudam a prever a melhor hora do dia para a fotossíntese. Eles talvez representem um sentido antiquíssimo de percepção de luz que evoluiu em micróbios há bilhões de anos para sincronizar as atividades da célula com o ritmo diurno.

O criptocromo também é encontrado nas antenas das borboletas-monarcas. A princípio, isso foi incompreensível: o que um pigmento do olho fazia em antenas? Mas as antenas dos insetos são órgãos verdadeiramente extraordinários que abrigam vários sentidos, incluindo olfato, audição e percepção da pressão do ar e até da gravidade. Será que também abrigariam o sentido circadiano dos insetos? Para verificar essa hipótese, cientistas pintaram de preto as antenas de algumas borboletas, impedindo que recebessem sinais luminosos. Eles descobriram que as borboletas com antenas enegrecidas não conseguiam mais ajustar sua bússola solar com o ciclo de dia e noite: tinham perdido o sentido circadiano. Portanto, parecia que as antenas abrigavam o relógio biológico das borboletas. O extraordinário é que o relógio das antenas da borboleta pode se ajustar à luz mesmo quando elas são removidas do resto do corpo do inseto.

O criptocromo seria responsável pelo ajuste da borboleta-monarca à luz? Infelizmente, obter mutações de genes de borboleta não é tão fácil quanto de genes da mosca-das-frutas, e em 2008 Steven Reppert e colegas da Universidade de Massachusetts fizeram o possível. A equipe substituiu o gene defeituoso do criptocromo de moscas-das-frutas mutantes pelo gene saudável da borboleta-monarca e demonstrou que, assim, se restaurava a capacidade da mosca de arrastar seu ritmo circadiano de acordo com a luz.[3] Se o criptocromo da borboleta conseguia manter reguladas as moscas-das-frutas, era bem provável que cumprisse o serviço de ajustar o importantíssimo relógio corporal das monarcas para que elas conseguissem percorrer todo o percurso de Toronto ao México sem se perder.

Mas o que isso tem a ver com a mecânica quântica? A resposta tem a ver com outro aspecto da migração animal, ou seja, o sentido que chamamos de "magnetorrecepção" – a capacidade de perceber o campo magnético da Terra. Como vimos no Capítulo 1, sabe-se há algum tempo que muitas criaturas, como as moscas-das-frutas e as borboletas, têm essa capacidade, e a magnetorrecepção, principalmente em piscos, tornou-se o símbolo da biologia quântica. Em 2008, ficou claro que o sentido magnético do pisco-de-peito-ruivo envolvia a luz (leia mais sobre isso adiante), mas a natureza do receptor de luz era difícil de precisar. Steven Reppert se perguntou se o criptocromo, que dava às moscas a sensibilidade à luz que ajudava a arrastar seu ritmo circadiano, poderia estar envolvido também na magnetorrecepção. Para verificar a teoria, ele realizou o tipo de experiência de escolha de calhas que Gabriele Gerlach usara para demonstrar a navegação olfatória dos peixes-palhaços (Capítulo 5), no qual o animal testado é forçado a usar pistas sensoriais para escolher o caminho até a comida.

Os pesquisadores constataram que as moscas podiam ser treinadas para associar uma recompensa de açúcar à presença de um campo magnético. Quando lhes deram a opção de voar por um braço magnetizado de um labirinto e outro não magnetizado (sem comida, portanto sem pistas olfatórias), elas escolheram o primeiro. As moscas deviam sentir o campo magnético. Então o criptocromo estaria envolvido? Os pesquisadores verificaram que, com moscas-das-frutas modificadas por engenharia genética para não possuírem criptocromos, a probabilidade de voarem pelos dois braços do labirinto era a mesma, demonstrando que o criptocromo era essencial para o sentido magnético.

No artigo de 2010, o grupo de Reppert também demonstrou que as moscas mantinham o sentido magnético quando seu gene do criptocromo era substituído pelo gene codificador de criptocromo das borboletas-monarcas[4], mostrando que estas também podem usar o criptocromo para perceber o campo magnético da Terra. Na verdade, um artigo do mesmo grupo demonstrou, em 2014, que, assim como o pisco-de-peito-ruivo que encontramos no Capítulo 1, a borboleta-monarca possui uma bússola de inclinação dependente da luz, usada para encontrar o caminho dos Grandes Lagos até o alto de uma montanha mexicana; como esperado, parece que essa bússola fica nas antenas[5].

Mas como um pigmento captador de luz também percebe um campo magnético invisível? Para responder a essa pergunta, temos de retornar à nossa amiga, a fêmea de pisco-de-peito-ruivo.

A bússola das aves

Como ressaltamos no Capítulo 1, nosso planeta é um ímã gigantesco, com um campo de influência magnética que se estende do núcleo até milhares de quilômetros no espaço. Essa bolha imantada, a "magnetosfera", protege toda a vida da Terra, porque, sem ela, o vento solar – a torrente de partículas energéticas emitida pelo Sol – teria erodido nossa atmosfera há muito tempo. E, ao contrário do magnetismo de um ímã retangular comum, o campo da Terra muda com o tempo, porque tem sua origem dentro do núcleo de ferro derretido do planeta. A origem exata desse magnetismo é complicada, mas acredita-se que seja devida ao chamado efeito de geodínamo, no qual correntes elétricas são geradas pela circulação de metais líquidos no núcleo da Terra; elas, por sua vez, geram o campo magnético.

Portanto, a vida na Terra deve sua existência a esse escudo magnético protetor. Mas sua utilidade para as criaturas vivas não termina aqui; há mais de um século, os cientistas sabem que muitas espécies desenvolveram modos engenhosos de aproveitá-lo. Assim como, durante milhares de anos, marinheiros humanos usaram o campo magnético da Terra para se orientar no oceano, muitas outras criaturas do planeta, incluindo mamíferos marinhos e terrestres, aves (como nosso pisco) e insetos, desenvolveram, durante milhões de anos de evolução, um sentido que capta o campo magnético e usam-no para se orientar.

Os indícios mais antigos dessa capacidade foram encontrados por Aleksandr Middendorf (1815-94), zoólogo russo que registrou lugares e datas da chegada de várias espécies de aves migratórias. Com base nesses dados, ele desenhou num mapa algumas curvas que chamou de *isepiptesiais* (linhas de chegada simultânea). A partir delas, que refletiam a direção da chegada das aves, ele deduziu que havia "uma convergência geral para o norte" na direção do polo magnético. Quando publicou seus achados na década de 1850, ele propôs que as aves migratórias se orientavam pelo campo magnético da Terra, referindo-se a elas como "marinheiras do ar" que conseguiam se orientar "apesar do vento, do clima, da noite ou das nuvens".[6]

A maioria dos zoólogos do século XIX permaneceu cética. Paradoxalmente, até os cientistas dispostos a aceitar as noções pseudocientíficas mais estranhas, como a atividade paranormal – e houve muitos cientistas de destaque no final do século XIX que o fizeram –, não conseguiram acreditar que campos magnéticos pudessem influenciar a vida. Joseph Jastrow, por exemplo, psicólogo e pesquisador psíquico americano, publicou, em julho de 1886, uma carta na revista *Science* intitulada "A existência do sentido magnético". Ele descreveu experiências que realizara para verificar se os seres humanos poderiam ser afetados de algum modo por um campo magnético e teve de relatar que não encontrara nenhuma sensibilidade.

Mas, quando avançamos rapidamente de Jastrow para o século XX, encontramos o trabalho de Henry Yeagley, físico americano que realizou pesquisas para o Corpo de Sinaleiros do exército americano na Segunda Guerra Mundial. A navegação das aves era do interesse das forças armadas porque ainda se usavam pombos-correios para transmitir mensagens, e engenheiros de aviação tinham esperança de aprender com sua capacidade de orientação. Mas o modo como os pássaros conseguiam encontrar o caminho de volta com tanta precisão continuava um mistério. Yeagley desenvolveu a teoria de que os pombos-correios conseguiam perceber tanto a rotação da Terra quanto seu campo magnético e afirmou que isso criaria um "sistema de coordenadas" no cérebro da ave, dando-lhe tanto a longitude quanto a latitude. Ele chegou a testar sua teoria prendendo pequenos ímãs às asas de dez pombos e tiras de cobre não imantadas, com o mesmo peso, a dez outros. Oito dos dez pássaros com tiras de cobre nas asas encontraram o caminho de casa, mas apenas um dos dez pombos com ímãs presos às asas conseguiu chegar ao ninho. Yeagley concluiu que os pássaros usam um sentido de orientação magnética que poderia ser atrapalhado por tiras imantadas.[7]

Embora a princípio o resultado experimental de Yeagley tenha sido desdenhado como improvável, desde então vários pesquisadores verificaram, sem possibilidade sensata de dúvida, que grande variedade de animais apresenta sensibilidade inata ao campo magnético da Terra, o que lhes dá um senso agudo de direção. As tartarugas marinhas, por exemplo, conseguem retornar à mesma praia de acasalamento, a milhares de quilômetros do local onde se alimentam no oceano, sem nenhum marco visual; e pesquisadores demonstraram que seu senso de orientação é prejudicado caso se prendam ímãs fortes à cabeça. Em 1997, uma equipe da Universidade de Auckland, na Nova Zelândia, publicou na revista *Nature* uma pesquisa indicando que a truta-arco-íris usa células magnetorreceptoras localizadas nas narinas.[8] Caso essa teoria esteja correta, seria o primeiro exemplo de espécie capaz de farejar a direção do campo magnético da Terra! Os micróbios usam o campo magnético do planeta para se orientar na água lamacenta; e até organismos que não migram, como as plantas, parecem manter um sentido de magnetorrecepção.

Ninguém duvida mais da capacidade dos animais de perceber o campo magnético da Terra. Agora, o mistério é como fazem isso, principalmente porque o campo magnético do planeta é fraquíssimo e, normalmente, não seria esperado que influenciasse alguma reação química do corpo. Há duas teorias principais, e ambas têm probabilidade de estarem envolvidas em diversas espécies de animais. A primeira é que o sentido funciona como uma bússola magnética convencional; a segunda, que a magnetorrecepção é conferida por uma bússola química.

Essa primeira ideia de que alguma forma de mecanismo de bússola convencional reside em algum ponto do corpo do animal foi reforçada pela descoberta de minúsculos cristais de magnetita, óxido de ferro magnético que ocorre naturalmente, em muitos animais e micróbios que parecem dispor de um sentido magnético. Por exemplo, as bactérias que usam o sentido magnético para se orientar na lama dos sedimentos marinhos costumam estar cheias de cristais de magnetita com formato de balas de revólver.

No final da década de 1970, a magnetita tinha sido encontrada no corpo de várias espécies animais que se orientam com a ajuda do campo magnético da Terra. Notadamente, ela foi encontrada em neurônios no bico superior das aves navegadoras mais famosas, os pombos-correios[9], o que sugeria que esses neurônios reagiam a sinais magnéticos captados pelos cristais imantados e, depois, enviavam sinais ao cérebro do animal. Pesquisas mais recentes mostraram que os pombos se desorientavam e perdiam a capacidade de acompanhar o campo geomagnético quando se prendiam pequenos ímãs no bico superior, onde, aparentemente, se localizavam aqueles neurônios cheios de magnetita.[10] Parecia que a origem do sentido magnetorreceptivo fora finalmente localizada.

No entanto, tudo voltou à estaca zero em 2012, quando a revista *Nature* publicou outro artigo que descrevia um detalhado estudo tridimensional do bico do pombo usando ressonância magnética, que concluiu ser quase certo que aquelas células que continham magnetita no bico do pombo nada tinham a ver com magnetorrecepção, sendo, na verdade, células ricas em ferro chamadas macrófagos, envolvidas na imunidade a patógenos, e não, até onde se sabe, na percepção sensorial.[11]

É nesse momento que vamos voltar o relógio e retornar a Wolfgang Wiltschko, aquele extraordinário ornitólogo alemão que conhecemos no Capítulo 1. O interesse de Wiltschko pela orientação dos pássaros surgiu em 1958, quando ele entrou num grupo de pesquisa de Frankfurt orientado pelo ornitólogo Fritz Merkel, um dos poucos cientistas da época que estudavam o sentido magnético dos animais. Hans Fromme, um de seus alunos, já demonstrara que alguns pássaros conseguiam se orientar dentro de salas fechadas sem nenhuma marca, o que demonstrava que sua capacidade de orientação não se baseava em pistas visuais. Fromme propusera dois mecanismos possíveis: as aves recebiam algum tipo de sinal de rádio das estrelas ou sentiam o campo magnético da Terra. Wolfgang Wiltschko desconfiava deste último.

No outono de 1963, Wiltschko começou a realizar experiências com piscos-de-peito-ruivo, que, como você deve se lembrar, migram normalmente entre o norte da Europa e o norte da África. Ele pôs piscos capturados no meio da migração dentro de câmaras magneticamente protegidas e expôs os pássaros a um campo magnético artificial, fraco e estático gerado por um aparelho capaz de simular o campo geomagnético, chamado bobina de Helmholtz, cuja potência e cuja orientação podem ser alteradas. Ele verificou que os pássaros capturados durante a migração no outono ou na primavera ficavam inquietos e se aglomeravam no lado da câmara que coincidia com sua direção migratória em relação ao campo artificial. Em 1965, depois de dois anos de esforço meticuloso, ele publicou seus achados, que demonstravam que os pássaros eram sensíveis à direção do campo aplicado e, portanto, como ele supunha, poderiam do mesmo modo perceber o campo magnético da Terra.

Essas experiências deram certo grau de respeitabilidade à ideia da magnetorrecepção das aves e provocaram novas pesquisas. Mas, na época, ninguém fazia a mínima ideia de como esse sentido funcionaria, de como o fraquíssimo campo magnético da Terra poderia realmente influenciar o corpo dos animais. Os cientistas não conseguiam sequer concordar com o lugar do corpo onde ficaria o órgão sensorial da magnetorrecepção. Mesmo depois de encontrados cristais de magnetita em várias espécies, indicando um mecanismo de bússola magnética convencional, a capacidade de orientação do pisco continuava um mistério, porque não se encontrou nenhuma magnetita em seu corpo. O sentido do pisco também apresentava várias características desconcertantes que não se encaixavam numa bússola magnética, principalmente porque as aves perdiam a capacidade de se orientar quando vendadas, indicando que precisavam "ver" o campo magnético do planeta. Mas como um animal consegue ver um campo magnético?

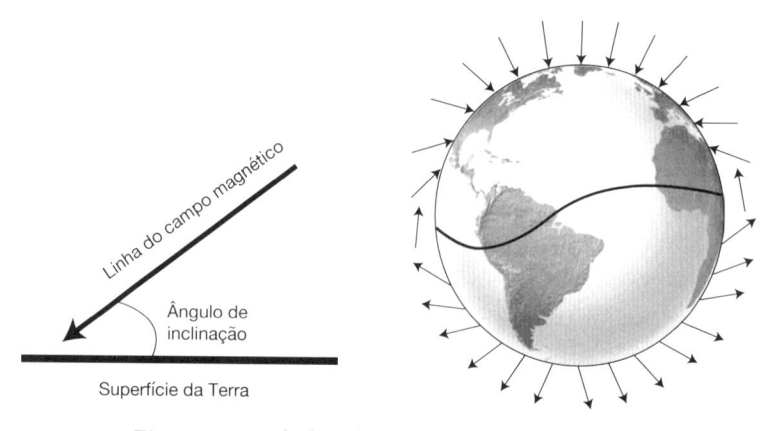

Figura 6.1 *As linhas do campo magnético da Terra e o ângulo de inclinação.*

Foi em 1972 que os Wiltschko (nessa época, Wolfgang se unira à esposa Roswitha) descobriram que a bússola dos piscos era diferente de todas que já tinham sido estudadas. Uma bússola normal tem uma agulha imantada da qual uma das pontas (seu polo sul) é atraída para o polo norte magnético da Terra, enquanto a outra ponta indica o polo sul. Mas há um tipo de bússola diferente que não discrimina os polos magnéticos. É a chamada *bússola de inclinação*, como você deve se lembrar do Capítulo 1; e, como aponta para o polo mais próximo, só pode lhe dizer se você está se afastando ou se aproximando daquele polo, seja ele qual for. Um modo de obter esse tipo de informação é medir o ângulo que as linhas do campo magnético da Terra fazem com a superfície do planeta (Figura 6.1). Esse ângulo de inclinação (daí o nome desse tipo de bússola) é quase vertical (aponta para o chão) perto dos polos, mas paralelo ao chão no Equador. Entre o Equador e os polos, as linhas do campo magnético entram na Terra num ângulo menor que 90°, e esse ângulo aponta para o polo mais próximo. Portanto, qualquer dispositivo que meça esse ângulo pode servir de bússola de inclinação e oferecer informações direcionais.

Nas experiências de 1972, os Wiltschko prenderam os pássaros testados numa câmara isolada e os submeteram a um campo magnético artificial. O fundamental foi que girar o ímã 180° para inverter a polaridade do campo não causava efeito nenhum sobre o comportamento das aves: elas se orientavam em relação ao polo magnético mais próximo, fosse ele qual fosse; portanto, não tinham uma bússola magnética convencional. Aquele artigo de 1972 determinou que o magnetorreceptor dos piscos era mesmo uma bússola de inclinação. Mas seu funcionamento continuava um mistério.

Então, em 1974, Wolfgang e Roswitha foram convidados para a Cornell University, nos Estados Unidos, por Steve Emlen, especialista americano em migração de aves. Na década de 1960, ele desenvolvera com o pai, John, também ornitólogo muito respeitado, uma câmara especial para aves que passou a se chamar funil de Emlen[*]. Com o formato de um cone invertido, esse funil tem uma almofada entintada embaixo e papel mata-borrão no interior dos lados inclinados. Quando saltita ou esvoaça subindo as paredes, o pássaro deixa marcas reveladoras que dão informações sobre a direção preferida em que voaria se pudesse escapar. A espécie de ave que os Wiltschko estudaram na Cornell University foi o cardeal-azul, pássaro canoro norte-americano que, como o pisco-de-peito-ruivo, migra usando algum tipo de bússola interna. O estudo de um ano do comportamento desse pássaro no funil de Emlen (*Emlen funnel*) foi publicado em 1976[12] e determinou, sem dúvida alguma, que o cardeal-azul, assim como o pisco, era capaz de perceber o campo geomagnético. Wolfgang Wiltschko considera a publicação desse primeiro artigo escrito em Cornell o momento decisivo da equipe, pois determinou sem sombra de dúvida que as aves migratórias têm uma bússola magnética embutida e chamou a atenção de muitos ornitólogos importantes do mundo.

---

[*] Não confundir com Emlen Tunnell, grande jogador de futebol americano da década de 1950.

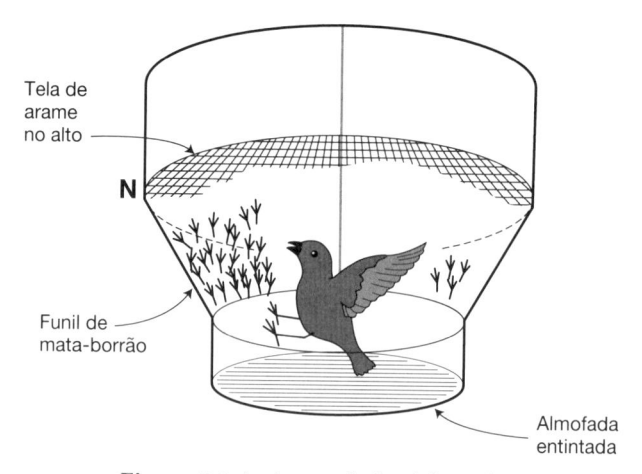

Figura 6.2 *A câmara do funil de Emlen.*

É claro que, em meados da década de 1970, ninguém tinha pistas de como funcionaria uma bússola magnética biológica. No entanto, como vimos no Capítulo 1, no mesmo ano em que os Wiltschko e Stephen Emlen publicaram seu trabalho, o químico alemão Klaus Schulten propunha um mecanismo químico que ligava a luz à magnetorrecepção. Schulten terminara o doutorado em físico-química em Harvard e voltara à Europa, onde obteve um cargo no Instituto Max Planck de Química Biofísica, em Göttingen, na Alemanha. Lá, interessou-se pela possibilidade de que os elétrons gerados com a exposição à luz na reação rápida de tripletos pudessem estar quanticamente emaranhados. Seus cálculos indicaram que, se o emaranhamento estivesse mesmo envolvido em reações químicas, a velocidade destas reações seria afetada por um campo magnético externo, e ele propôs um modo de provar sua teoria.

Como falava livremente sobre sua ideia, Schulten ficou com fama de meio maluco no Instituto Max Planck. Seu problema era ser um físico teórico que trabalhava com papel, caneta e computador, não um químico e, com certeza, não um químico experimental capaz de vestir um jaleco e realizar o tipo de experiência que comprovaria suas ideias. Portanto, ele estava na posição de muitos teóricos que têm ideias boas, mas precisam encontrar um experimentalista amistoso disposto a ceder algum tempo de sua agenda cheia no laboratório para testar uma teoria que, com frequência, se mostra errada. Schulten não conseguiu convencer nenhum de seus colegas químicos a pôr sua ideia à prova, porque nenhum deles acreditava que a experiência proposta teria alguma probabilidade de sucesso.

Schulten descobriu que a fonte de todo esse ceticismo era Hubert Staerk, diretor dos laboratórios do instituto. Finalmente, Schulten juntou coragem para confrontar Staerk em sua sala, onde acabou descobrindo a razão desse ceticismo entranhado: Staerk já fizera a experiência e não encontrara nenhum efeito dos campos magnéticos. Schulten ficou aturdido. Parecia que sua hipótese sofreria o destino descrito pelo biólogo evolucionário Thomas Huxley: apenas outra "linda teoria [...] morta por um feio fato".

Depois de agradecer a Staerk pela realização da experiência, Schulten estava prestes a sair desalentado da sala quando deu meia-volta e pediu para ver os dados desapontadores. Quando Staerk lhe mostrou a pasta, de repente o humor de Staerk melhorou. Ele notou algo que Staerk deixara passar: uma irregularidade pequena, mas significativa nos dados, que ele previra com perfeição. Ele recorda que era "exatamente o que eu esperava, e assim fiquei felicíssimo quando vi. Um desastre se transformou num momento de alegria, porque eu sabia o que procurar. Ele, não".[13]

Imediatamente, Schulten se pôs a escrever o artigo científico que, tinha certeza, seria revolucionário; mas ele logo sofreria outro choque. Quando tomavam uma bebida numa conferência, ele descobriu que a colega Maria-Elisabeth Michel-Beyerle, da Universidade Técnica de Munique, fizera exatamente a mesma experiência. Isso deixou Schulten num dilema ético. Ele poderia revelar sua descoberta e, possivelmente, fazer com que Michel-Beyerle corresse de volta a Munique para escrever um artigo que frustraria sua publi-cação ou poderia pedir licença e voltar correndo a Göttingen para escrever o seu. Mas, se fugisse sem nada dizer e publicasse primeiro, Michel-Beyerle poderia acusá-lo de roubar sua ideia. Ele recorda seus pensamentos: "Se eu não lhe contar agora o que sei, ela vai dizer que voltei para fazer a experiência".[14] No final, Schulten foi franco e admi-tiu para Michel-Beyerle que fizera um trabalho semelhante. Ambos os cientistas ficaram até o fim da conferência e depois voltaram para suas respectivas casas para escrever cada um o seu artigo (Schulten foi publicado um pouquinho antes de Michel-Beyerle) para descre-ver a descoberta de que a estranha propriedade do emaranhamento quântico realmente poderia influenciar reações químicas.

O artigo de 1976 de Schulten[15] propunha que o emaranhamento quântico era responsável pela velocidade das exóticas reações rápidas de tripletos estudadas no laboratório Max Planck; mas seu artigo revolucionário também apresentava os dados experimentais de Staerk, que mostravam claramente que a reação química era sensível aos campos magnéticos. Com dois grandes resultados "na bolsa", muitos cientistas se contentariam; mas Schulten, que nem chegara aos trinta anos, ainda tinha a impulsividade da juventude e estava disposto a espichar o pescoço mais um pouquinho. Sabendo do trabalho dos Wiltschko sobre a migração dos piscos e do problema de encontrar um mecanismo químico plausível para uma bússola biológica, ele percebeu que seus elétrons giratórios permitiriam um mecanismo desses; num artigo de 1978, ele propôs que a bússola das aves dependia do mecanismo de um par de radicais em emara-nhamento quântico.

Na época, quase ninguém levou sua ideia a sério. Os colegas de Schulten no Instituto Max Planck acharam que era apenas mais uma de suas ideias malucas, e os editores da revista *Science*, impor-tante periódico científico ao qual ele mandou o artigo primeiro, também não se impressionaram e escreveram: "Um cientista menos audacioso teria destinado essa ideia ao cesto de lixo".[16] Schulten descreve sua reação: "Cocei a cabeça e pensei: 'Essa é uma grande ideia ou uma ideia totalmente estúpida'. Decidi que era uma grande ideia e a publiquei logo numa revista alemã!".[17] Mas, naquela conjuntura, a maioria dos cientistas, caso a conhecesse, arquivaria a teoria especulativa de Schulten ao lado das explicações pseudocientíficas e paranormais da magnetorrecepção.

Antes de vermos como o trabalho de Schulten e dos Wiltschko ajuda a explicar como as aves acham o caminho pelo globo afora, precisamos voltar ao misterioso mundo quântico e dar uma olhada atenta no fenômeno do emaranhamento, que descrevemos brevemente no primeiro capítulo deste livro. Talvez você se lembre de que o emaranhamento é tão estranho que até Einstein insistiu que não podia ser correto. Entretanto, antes precisamos lhe apresentar outra propriedade peculiar do mundo quântico: o *spin*.

Spin *quântico e ação fantasmagórica*

Muitos livros de divulgação científica sobre mecânica quântica usam o conceito de "*spin* quântico" para dar destaque à estranheza do mundo subatômico. Preferimos não fazer o mesmo aqui simplesmente porque talvez essa seja a noção mais distante de tudo o que conseguimos conceituar usando a linguagem cotidiana. Mas não podemos mais adiar a tarefa, portanto lá vai.

Assim como a Terra rodopia em torno de seu eixo enquanto orbita o Sol, os elétrons e outras partículas subatômicas têm uma propriedade chamada *spin* (giro ou rodopio, em inglês) que é distinta de seu movimento normal. Mas, como insinuamos no Capítulo 1, esse "rodopio quântico" é diferente de tudo o que conseguimos visualizar com base em nossa experiência cotidiana de objetos que rodopiam, como bolas ou planetas. Para começar, na verdade não faz sentido falar na velocidade do rodopio do elétron, já que esse rodopio só pode ter dois valores possíveis: ele é quantizado, assim como a energia é quantizada no nível quântico. Os elétrons, num sentido amplo, só podem girar nos sentidos horário ou anti-horário, correspondentes aos chamados estados de *spin up* (rotação para cima) ou *spin down* (rotação para baixo). E, como esse é o mundo quântico, quando não observado, o elétron pode *rodopiar em ambos os sentidos ao mesmo tempo*. Dizemos que seu estado de *spin* é uma superposição (isto é, combinação ou mistura) de *spin up* e *spin down*. Em certo sentido, talvez isso soe ainda mais esquisito que dizer que um elétron pode estar em dois locais ao mesmo tempo: como é que um único elétron pode girar nos sentidos horário e anti-horário ao mesmo tempo?

Só para reforçar como essa noção do *spin* quântico é contraintuitiva, uma rotação que consideramos de 360° não levará o elétron de volta ao estado original; para isso, ele precisa fazer duas rotações completas. Soa estranho porque ainda tendemos a pensar no elétron como uma esfera minúscula, talvez parecido com uma bolinha de tênis bem pequena. Mas as bolas de tênis são habitantes do mundo macroscópico, e os elétrons moram no mundo quântico subatômico, onde as regras são diferentes. Na verdade, além de *não* serem esferas minúsculas, não podemos dizer sequer que os elétrons tenham tamanho. Assim, embora seja tão "real" quanto a rotação de uma bola de tênis, o *spin* quântico não tem contrapartida no mundo cotidiano conhecido e não pode ser imaginado.

No entanto, isso não deve levar ninguém a pensar que seja apenas um conceito matemático abstrato que só existe em livros didáticos e aulas de física incompreensíveis. Todo elétron de seu corpo e de qualquer lugar do universo gira desse modo peculiar. Na verdade, se não fosse assim, o mundo que conhecemos, inclusive nós, simplesmente não poderia existir, porque o *spin* quântico tem papel fundamental em uma das ideias mais importantes da ciência:

o Princípio de Exclusão de Pauli, que está por trás da química como um todo.

Uma das consequências do Princípio de Exclusão de Pauli é que, se dois elétrons estiverem emparelhados num átomo ou molécula e tiverem a mesma energia (lembre-se do Capítulo 3: ligações químicas que unem moléculas são formadas por elétrons compartilhados por átomos), terão obrigatoriamente *spin* oposto. Podemos então pensar que seus *spins* se cancelam, e nos referir a eles como *estado de* spin *singleto*, já que só podem habitar um estado único (*single*). Esse é o estado normal dos pares de elétrons nos átomos e na maioria das moléculas. No entanto, quando não emparelhados no mesmo nível de energia, dois elétrons podem rodopiar na mesma direção, no chamado *estado de* spin *tripleto*[*], como na reação estudada por Schulten[†].

Talvez você conheça afirmativas duvidosíssimas de que gêmeos idênticos conseguem sentir os estados emocionais um do outro mesmo quando separados por enormes distâncias. De algum modo, diz a ideia, os gêmeos estão unidos num nível psíquico que a ciência ainda não compreende. Já se fizeram afirmações semelhantes para explicar como o cão parece sentir quando o dono está voltando para casa. Devemos esclarecer que nenhum desses exemplos tem mérito científico, embora alguns tenham, erroneamente, tentado lhes atribuir uma base na mecânica quântica. No entanto, apesar de não

---

[*] A palavra "tripleto" aqui pode ser confusa para o não especialista em mecânica quântica, principalmente por se referir a um par de elétrons apenas, e eis uma breve explicação. Dizemos que o elétron tem um *spin* de ½. Assim, quando um par de elétrons tem *spin* oposto, o valor se anula: ½ - ½ = 0. Esse é o chamado estado de *spin* singleto. Mas quando os *spins* são no mesmo sentido, os valores se somam: ½ + ½ = 1. A palavra "tripleto" refere-se ao fato de que um *spin* combinado de 1 pode apontar três direções possíveis (para o alto, para baixo e para o lado).

[†] Normalmente, os dois elétrons desemparelhados que mantêm juntos os dois átomos da molécula de oxigênio estão num estado de *spin* tripleto.

ser encontrada em nosso mundo clássico cotidiano, essa "ação instantânea a distância" (como costuma ser descrita) é uma característica fundamental do domínio quântico. Seu nome técnico é *não localidade* ou *emaranhamento* e se refere à ideia de que algo que acontece "aqui" tem efeito *instantâneo* "lá", não importa a que distância esteja esse "lá".

Pensemos num par de dados. É fácil calcular a probabilidade matemática de conseguir dois números iguais. Para qualquer número que saia num dos dados, há a probabilidade de um em seis de que saia o mesmo número no outro dado. Por exemplo, a probabilidade de sair 4 no primeiro dado é 1/6, e a probabilidade de sair outro 4 é de um em trinta e seis (pois $1/6 \times 1/6 = 1/36$). Portanto, é claro que a probabilidade de obter um par de números qualquer, um duque, é de um em seis. Se multiplicarmos 1/6 por 1/6 dez vezes, fica bem fácil calcular que a probabilidade de obter um duque dez vezes seguidas (seja ele qual for; por exemplo, dois quatros, depois dois uns e assim por diante) é mais ou menos uma em sessenta milhões! Isso significa que, se cada pessoa na Grã-Bretanha experimentasse jogar um par de dados dez vezes em sequência, estatisticamente apenas uma pessoa obteria duques todas as vezes.

Mas imagine que lhe apresentassem um par de dados que sempre forma um duque quando se lançam os dois dados ao mesmo tempo. O número real que sai parece ser aleatório e, em geral, muda a cada lançamento, mas ambos sempre acabam dando o mesmo número. É claro que você pensaria num truque. Será que esses dados têm algum sofisticado mecanismo interno que controla seu movimento, de modo que os números saiam numa sequência idêntica pré-programada? Para verificar essa teoria, você começa segurando um dos dados enquanto lança o outro, mas a partir daí lança os dois. Agora, qualquer série pré-programada sairia de sincronia e o truque não daria certo. Mas, apesar do estratagema, os dados insistem em mostrar o mesmo número.

Outra explicação possível é que os dados devem ser capazes de se sincronizar de algum modo antes de cada lançamento, com a troca de um sinal remoto. Embora um mecanismo desses pareça bastante sofisticado, pelo menos em princípio é possível imaginá-lo. No entanto, um mecanismo desses estaria sujeito à limitação imposta pela teoria da relatividade de Einstein, segundo a qual nenhum sinal pode viajar mais depressa que a luz. Isso nos dá um modo de testar se algum sinal passa entre os dados: só é preciso se assegurar de distanciar bastante os dados, para que não haja tempo suficiente de trocar um sinal sincronizador entre um lançamento e outro. Assim, imaginemos que você tente o mesmo truque anterior, mas dê um jeito de um dado ser lançado na Terra e o outro, ao mesmo tempo, em Marte. Mesmo sendo o planeta mais próximo da Terra, a luz leva quatro minutos para viajar entre os dois, portanto você sabe que qualquer sinal de sincronização sofrerá um retardo semelhante. Para vencê-lo, basta fazer com que os dois dados sejam lançados a intervalos menores que isso. Assim se impediria qualquer sinal de sincronizar os dados entre os lançamentos. Se continuarem a mostrar o mesmo número, parece que tem de haver uma ligação íntima entre eles que ignore a famosa limitação de Einstein.

Embora a experiência acima não tenha sido realizada com dados interplanetários, experimentos análogos foram feitos na Terra com partículas emaranhadas, e o resultado mostra que partículas separadas conseguem realizar o mesmo tipo de truque que imaginamos para nossos dados: seu estado se mantém relacionado seja qual for a distância entre elas. Parece que essa característica esquisita do mundo quântico não respeita o limite de velocidade cósmica de Einstein, pois uma partícula num lugar consegue influenciar outra *instantaneamente*, por mais distanciadas que estejam as duas. A palavra "*entanglement*" (entrelaçamento ou emaranhamento, em português) usada para descrever esse fenômeno foi cunhada por

Schrödinger, que, junto com Einstein, não era fã do que este chamava de "ação fantasmagórica a distância". Mas, apesar de seu ceticismo, o emaranhamento quântico foi comprovado em muitas experiências e é uma das ideias mais fundamentais da mecânica quântica, com muitos exemplos e aplicações na física e na química – e, como veremos, talvez na biologia também.

Para entender como o emaranhamento quântico se emaranha com a biologia, temos de combinar duas ideias. A primeira é essa ligação instantânea entre duas partículas através do espaço: o emaranhamento. A segunda é a capacidade de uma única partícula quântica estar em superposição de dois ou mais estados diferentes ao mesmo tempo: por exemplo, um elétron pode estar rodopiando nos dois sentidos ao mesmo tempo, e diríamos que ele está numa superposição de estados de "*spin up*" e "*spin down*". Combinamos essas duas ideias tendo dois elétrons emaranhados num átomo, cada um deles em superposição de seus dois estados de *spin*. Embora nenhum deles tenha um sentido de *spin* definido, o *spin* de um deles influencia e é influenciado pelo *spin* do parceiro. Mas lembre-se de que pares de elétrons no mesmo átomo estão sempre em estado singleto, o que significa que precisam ter *spin* oposto o tempo todo: um tem de ser *spin up* e o outro, *spin down*. Assim, embora ambos os elétrons estejam em superposição e, ao mesmo tempo, sejam *up* e *down*, de um modo quântico peculiar os dois precisam ter, o tempo todo, *spins* opostos.

Agora, vamos separar os dois elétrons emaranhados para que não estejam mais no mesmo átomo. Se decidirmos então medir seu estado de *spin*, forçaremos o elétron a *escolher* em que sentido está girando. Digamos que, depois de medir, constatemos que seja *spin up*. Como os elétrons estavam num estado emaranhado de *spin* singleto, isso significa que agora o outro elétron tem de estar em *spin down*. Mas recordemos que, antes de medir, ambos estavam numa superposição de *spin up* e *down*. Depois de medir, ambos têm estados distintos:

um é *up*, o outro é *down*. Portanto, o segundo elétron mudou, instantânea e remotamente, seu estado físico: em vez de estar numa superposição de *spin* nos dois sentidos ao mesmo tempo, está *spin down* – sem ter sido tocado. Só o que fizemos foi medir o estado do parceiro. E, em princípio, não importa a que distância esteja o segundo elétron; ele poderia estar no outro lado do universo e o efeito seria o mesmo: medir um dos elétrons do par emaranhado destrói *imediatamente* a superposição do outro, seja qual for a distância entre os dois.

Eis uma analogia útil que pode ajudar (só um pouquinho!). Imagine um par de luvas, cada uma numa caixa selada, separadas por muitos quilômetros. Você está com uma das caixas e, antes de abrir, não sabe se a sua luva é a esquerda ou a direita. Assim que abrir a caixa e encontrar a luva direita, você sabe, instantaneamente, que a outra luva na caixa fechada é a esquerda, por mais longe que ela esteja. No entanto, aqui o fundamental é que a única coisa que mudou foi seu conhecimento. A caixa distante sempre conteve a luva esquerda, quer você escolhesse abrir sua caixa, quer não.

O emaranhamento quântico é diferente. Antes da medição, nenhum dos elétrons tem um sentido de *spin* definido. É apenas o ato de medir (qualquer uma das partículas emaranhadas) que força ambos os elétrons a mudarem do estado de superposição de *up* e *down* para um estado definido de *up* ou *down*; já com as luvas, apenas a ignorância do estado definido e preexistente das luvas é que foi banida. Além de a medição quântica de um elétron o forçar a "escolher" o *spin up* ou *down*, essa "escolha" força seu gêmeo a adotar instantaneamente o estado complementar, por mais longe que ele esteja.

Há mais uma sutileza que é preciso acrescentar. Como já discutimos, dois elétrons estão em estado singleto combinado quando emparelhados, com *spin* em sentidos opostos, e em estado tripleto quando o *spin* dos dois é no mesmo sentido. Se um elétron do par singleto de um átomo pular para o átomo vizinho, seu *spin* pode se inverter, de modo que agora ele estará girando no mesmo sentido do gêmeo que deixou para trás, criando um estado de *spin* tripleto. No entanto, apesar de agora estarem em átomos diferentes, o par ainda pode manter o delicado estado emaranhado, no qual permanecem acoplados mecânica e quanticamente.

Mas esse é o mundo quântico, e só porque *pode* não significa que o elétron que pulou do átomo definitivamente *vá* inverter seu *spin*. Os dois elétrons ainda estarão em superposição, com *spin* nos dois sentidos ao mesmo tempo, e, como tal, o par existirá em superposição de estar em estado singleto *e* tripleto simultaneamente: girando no mesmo sentido e em sentidos contrários ao mesmo tempo!

E agora que você foi bem preparado e, provavelmente, está confuso, chegou a hora de lhe apresentar a ideia mais estranha e comemorada do campo da biologia quântica.

Um senso de direção radical

No começo deste capítulo, discutimos o problema de como algo tão fraco quanto o campo magnético da Terra consegue fornecer energia suficiente para alterar o resultado de uma reação química e, com isso, gerar um sinal biológico que, por exemplo, dirá a um pisco-de-peito-ruivo em que direção precisa voar. O químico de Oxford Peter Hore tem uma ótima analogia de como seria possível uma sensibilidade tão extremada:

> *Imagine que tenhamos um bloco de um quilo de granito e perguntemos se uma mosca conseguiria virá-lo. O senso comum diz que a resposta é não, sem dúvida alguma. Mas suponha que eu equilibrasse a pedra numa de suas arestas.*

É claro que ela não ficaria estável nessa posição e tenderia a cair para a esquerda ou para a direita se deixada por conta própria. Agora, suponha que, enquanto o bloco estivesse cambaleando dessa maneira, uma mosca pousasse no lado direito. Embora seja minúscula, a energia conferida pela mosca poderia ser suficiente para fazer o bloco cair para a direita e não para a esquerda.[18]

A moral é que energias minúsculas podem ter efeito significativo caso o sistema em que operam seja muito bem equilibrado entre dois resultados diferentes. Portanto, para perceber o impacto do campo magnético fraquíssimo da Terra, precisamos do equivalente químico de um bloco de granito num estado de equilíbrio delicado, de modo a ser drasticamente afetado pela mínima influência externa, como um campo magnético fraco.

E agora voltamos à reação rápida de tripletos de Klaus Schulten. Você deve se lembrar de que as ligações eletrônicas entre átomos costumam se formar com o compartilhamento de um par de elétrons. Esse par de elétrons está sempre emaranhado e quase sempre em estado de *spin* singleto: isto é, os elétrons têm *spins* opostos. No entanto, o extraordinário é que os dois elétrons podem permanecer emaranhados mesmo depois que a ligação entre os átomos se romper. Os átomos separados, agora chamados *radicais livres*, podem se afastar, e torna-se possível que o *spin* de um dos elétrons se inverta, de modo que os elétrons emaranhados, agora em átomos diferentes, se encontrem numa superposição de estados singleto e tripleto, como na reação rápida de tripletos de Schulten.

Uma característica importante dessa superposição quântica é não ser necessariamente equilibrada: a probabilidade de pegarmos o par emaranhado de elétrons no estado singleto ou tripleto não é igual. E o mais importante é que o equilíbrio entre essas duas probabilidades é sensível a qualquer campo magnético externo. De fato, o ângulo do campo magnético em relação à orientação do par separado tem forte influência sobre a probabilidade de pegá-lo no estado singleto ou tripleto.

Os pares de radicais tendem a ser muito instáveis, e seus elétrons se recombinam com frequência para formar os produtos da reação química. Mas aí a natureza química exata dos produtos dependerá desse equilíbrio singleto-tripleto, com toda a sua sensibilidade a campos magnéticos. Para entender como isso funciona, podemos pensar no estado do radical livre no estágio intermediário da reação como se fosse parecido com aquele metafórico bloco de granito equilibrado. Nesse estado, a reação tem equilíbrio tão delicado que, no lugar da mosca, até um campo magnético fraco de menos de 100 microteslas, como o da Terra, é suficiente para influenciar o modo como a moeda singleto/tripleto lançada para o alto *cai* para gerar os produtos da reação química.[19] Eis aí, finalmente, um mecanismo pelo qual os campos magnéticos poderiam influenciar reações químicas e, portanto, afirmou Schulten, dar às aves uma bússola magnética.

Mas Schulten não tinha ideia do lugar no corpo do pássaro onde ocorreria essa reação proposta de pares de radicais; presumivelmente, faria mais sentido localizar-se no cérebro. Mas, para funcionar, em primeiro lugar o par de radicais teria de ser criado (assim como o bloco de granito teria de ser equilibrado numa aresta). Em 1978, ele apresentou seu trabalho em Harvard e descreveu as experiências realizadas por seu grupo em Göttingen, nas quais um pulso *laser* foi usado para criar um par de elétrons radicais emaranhados. Na plateia estava Dudley Herschbach, cientista eminente que, mais tarde, ganharia um Prêmio Nobel de química. No fim da palestra, Herschbach perguntou, como brincadeira bem-humorada: "Mas, Klaus, onde fica o *laser* na ave?". Sob pressão de dar uma resposta sensata a um professor tão importante, Schulten sugeriu que, se a luz fosse mesmo necessária para ativar o par de radicais, talvez o processo ocorresse no olho.

Em 1977, um ano antes do artigo de Schulten sobre pares de radicais, um físico de Oxford chamado Mike Leask especulara, em outro artigo da *Nature*, que a origem do sentido magnético poderia mesmo estar em fotorreceptores no olho.[20] Ele chegou a sugerir que a rodopsina, molécula de pigmento do olho, seria a responsável. Quando leu o artigo de Leask, Wolfgang Wiltschko ficou curioso, embora não tivesse indícios experimentais que mostrassem que a luz tinha algum papel na magnetorrecepção das aves. E se dispôs a testar a ideia de Leask.

Na época, Wiltschko vinha realizando experiências com pombos-correios para ver se eles coletavam informações de orientação magnética na viagem de ida para usar depois na hora de achar o caminho de volta. Ele verificou que submeter os pombos a um campo magnético perturbador durante o transporte para longe de casa confundia sua capacidade de encontrar o caminho de volta quando libertados. Inspirado pela teoria de Leask, ele decidiu repetir a experiência, dessa vez sem a perturbação do campo magnético. Em vez disso, ele transportou os pombos em total escuridão, numa caixa no teto de sua Kombi. Os pássaros tiveram dificuldade de encontrar o caminho de volta, demonstrando que precisavam da luz para ajudá-los a traçar na viagem de ida o mapa magnético que usariam na volta.

Finalmente, em 1986 os Wiltschko conheceram Klaus Schulten numa conferência nos Alpes franceses. Na época, estavam convencidos de que a magnetorrecepção do pisco se baseava na luz que entrava no olho, mas, como quase todos os interessados nos efeitos bioquímicos de campos magnéticos, ainda não estavam convencidos de que a hipótese do par de radicais estivesse correta. Na verdade, ninguém sabia onde um par de radicais poderia se formar no olho. Então, em 1998, a proteína do pigmento criptocromo foi descoberta no olho das moscas-das-frutas e, como já descrevemos neste capítulo, verificou-se que era responsável pelo arrastamento de seu ritmo circadiano pela luz. Decisivamente, sabia-se que o criptocromo era um tipo de proteína capaz de formar radicais livres em sua interação com a luz. Isso foi aproveitado por Schulten e seus colegas para propor que o criptocromo fosse o misterioso receptor da bússola química das aves. Esse trabalho foi publicado em 2000 e se tornaria um dos artigos clássicos da biologia quântica.[21] É claro que o principal autor do artigo foi Thorsten Ritz, que também conhecemos no Capítulo 1 e, na época, fazia o doutorado com Klaus Schulten. Hoje no Departamento de Física do *campus* de Irvine da Universidade da Califórnia, Thorsten é considerado um dos principais especialistas do mundo em magnetorrecepção.

O artigo de 2000 é importante por duas razões. Em primeiro lugar, propôs a molécula de criptocromo como candidata a bússola química; em segundo lugar, descreveu com detalhes belos, embora especulativos, exatamente de que modo a orientação do pássaro no campo magnético da Terra pode afetar o que ele vê.

O primeiro passo do esquema é a absorção de um fóton de luz azul pelo FAD, a molécula de pigmento sensível à luz que fica dentro da proteína do criptocromo e que já encontramos neste capítulo. Como descrevemos, a energia desse fóton é usada para ejetar um elétron de um dos átomos da molécula do FAD, criando uma vaga que pode ser preenchida por outro elétron, doado por um par de elétrons emaranhados do aminoácido triptófano, dentro da proteína do criptocromo. No entanto, o mais importante é que o elétron doado pode permanecer emaranhado com seu parceiro. O par de elétrons emaranhados pode, então, formar uma superposição de estados singleto/tripleto, o sistema químico que Klaus Schulten descobriu ser tão sutilmente sensível a campos magnéticos. Mais uma vez, o equilíbrio delicado entre os estados singleto/tripleto é extremamente sensível à potência e ao ângulo do campo magnético da Terra, de modo que a direção em que o pássaro voa faz diferença para a composição dos produtos finais gerados pela reação química. De algum modo, num mecanismo que ainda não está bem claro, essa diferença – para que lado cai o bloco de granito – gera um sinal enviado ao cérebro do pássaro que lhe diz onde fica o polo magnético mais próximo.

Esse mecanismo de pares de radicais proposto por Ritz e Schulten era, sem dúvida, muito elegante, mas seria real? Na época, não havia sequer indícios de que o criptocromo pudesse gerar radicais livres quando exposto à luz. No entanto, em 2007, outro grupo alemão, dessa vez na Universidade de Oldenburg e encabeçado por Henrik Mouritsen, conseguiu isolar moléculas de criptocromo da retina da felosa-das-figueiras e mostrar que realmente produzem pares de radicais de vida longa quando expostas à luz azul.[22]

Não temos ideia de como os pássaros sentem essa "visão" magnética, mas o criptocromo é um pigmento dos olhos que, potencialmente, faz um serviço semelhante ao dos pigmentos opsina e rodopsina, que permitem a visão colorida, e talvez a visão que o pássaro tem do céu esteja imbuída de uma cor a mais, invisível para nós (assim como alguns insetos conseguem ver a luz ultravioleta), que mapeia o campo magnético da Terra.

Quando Thorsten Ritz propôs sua teoria, em 2000, não havia indícios de que o criptocromo estivesse envolvido na magnetorrecepção; mas agora, graças ao trabalho de Steve Reppert e seus colegas, sabe-se que o mesmo pigmento está envolvido no modo como moscas-das-frutas e borboletas-monarcas percebem campos magnéticos externos. Em 2004, pesquisadores encontraram três tipos de moléculas de criptocromo nos olhos dos piscos-de-peito-ruivo; depois, em 2013, um artigo dos Wiltschko (ainda ativos como sempre, embora Wolfgang já tenha se aposentado) demonstrou que o criptocromo extraído de olhos de galinha[*] absorvia luz nas mesmas frequências que, como descobriram, são importantes para a magnetorrecepção.[23]

Mas é definitivo que o processo se baseia na mecânica quântica para funcionar? Em 2004, Thorsten Ritz foi trabalhar com os Wiltschko para tentar diferenciar uma bússola convencional de magnetita de uma bússola química baseada em seu mecanismo de radicais livres. É claro que as bússolas podem ser atrapalhadas por qualquer coisa imantada; segure uma delas perto de um ímã e a agulha apontará para o polo norte do ímã e não da Terra. Um ímã retangular padrão produz o chamado campo magnético estático, ou seja, que não muda com o tempo. No entanto, também é possível gerar um campo magnético oscilante – por exemplo, girando um ímã retangular –, e é aí que a coisa fica interessante. Uma bússola convencional pode ser atrapalhada por um campo magnético oscilante, mas só se as oscilações forem lentas a ponto de permitir que a agulha da bússola as acompanhe. Se as oscilações forem muito rápidas, digamos, centenas de vezes por segundo, a agulha da bússola não consegue mais acompanhá-las e sua influência, em média, é zero. Assim, uma bússola convencional pode ser atrapalhada por campos magnéticos que oscilem com baixa frequência, mas não com alta frequência.

Mas a bússola química terá uma reação muito diferente. Lembre-se de que a bússola química proposta dependia de pares de radicais numa superposição de estados singleto e tripleto. Como os dois estados diferem em energia e a energia se relaciona com a frequência, o sistema estará associado a uma frequência que, considerando as energias envolvidas, deve ficar na faixa dos milhões de oscilações por segundo. Um modo clássico de pensar no que acontece e

---

[*] É claro que galinhas não migram, nem em ambiente selvagem. Mas, mesmo assim, parece que mantêm a magnetorrecepção.

que pode ser mais fácil de imaginar (embora não seja estritamente correto) é que o par de elétrons emaranhados troca do estado singleto para o tripleto muitos milhões de vezes por segundo. Nesse estado, o sistema pode interagir com um campo magnético oscilante pelo processo da ressonância, mas só se o campo oscilar na mesma frequência do par de radicais: só se, para usar nossa analogia musical anterior, estiverem *afinados*. A ressonância, então, bombeará energia no sistema, o que mudará aquele delicado equilíbrio entre os estados singleto e tripleto do qual depende a bússola química – em essência, derrubando o metafórico bloco de granito antes que ele tenha tempo de perceber o campo magnético da Terra. Assim, em contraste com a bússola magnética convencional, uma bússola de par de radicais será atrapalhada por campos magnéticos que oscilem em frequência altíssima.

A equipe de Ritz e Wiltschko montou uma experiência para verificar essa previsão claríssima da teoria dos pares de radicais usando o pisco-de-peito-ruivo: sua bússola seria sensível a campos magnéticos oscilantes de baixa ou de alta frequência? Eles esperaram o outono, quando os pássaros ficariam impacientes para migrar para o Sul, e os puseram dentro de funis de Emlen. Aplicaram campos oscilantes em várias direções e frequências e aguardaram para ver se os campos perturbariam a capacidade natural de orientação dos pássaros.

O resultado foi espantoso: um campo magnético afinado a 1,3 MHz (isto é, oscilando a 1,3 milhão de ciclos por segundo), milhares de vezes mais fraco até que o campo da Terra, conseguiu, mesmo assim, atrapalhar a capacidade dos pássaros de se orientar. Mas aumentar ou reduzir a frequência do campo o tornava menos eficaz. Portanto, o campo parecia ressoar com algo que vibrava em frequência altíssima na bússola das aves: claramente não era uma bússola convencional baseada em magnetita, mas algo coerente com um par de radicais emaranhados numa superposição de estado singleto e tripleto. Esse resultado curioso[24] também mostra que, se existir, o par emaranhado tem de ser capaz de sobreviver à decoerência durante pelo menos um microssegundo (um milionésimo de segundo), porque senão sua vida seria curta demais para sofrer os altos e baixos do campo magnético oscilante aplicado.

No entanto, recentemente a importância desse resultado foi questionada. O grupo de Henrik Mouritsen, da Universidade de Oldenburg, mostrou que o ruído eletromagnético artificial de uma grande variedade de aparelhos eletrônicos, que se infiltra pelas paredes das cabanas de madeira sem filtros que abrigam as aves no *campus* da universidade, atrapalhou a orientação de sua bússola magnética. Mas a capacidade retornou assim que foram colocados em cabanas forradas de alumínio, que reduz cerca de 99% do ruído eletromagnético urbano. O fundamental foi o resultado indicar que, afinal de contas, o efeito perturbador dos campos eletromagnéticos de radiofrequência pode não estar confinado a uma faixa estreita de frequências.[25]

Portanto, ainda há aspectos do sistema que continuam misteriosos; por exemplo, por que a bússola do pisco seria tão hipersensível a campos magnéticos oscilantes? E como radicais livres conseguem permanecer emaranhados tempo suficiente para fazer diferença biológica? Mas, em 2011, um artigo do laboratório de Vlatko Vedral, em Oxford, apresentou cálculos quânticos teóricos da bússola de par de radicais proposta e demonstrou que a superposição e o emaranhamento deveriam se sustentar durante pelo menos dezenas de microssegundos, excedendo muito a duração conseguida em sistemas moleculares comparáveis feitos pelo homem, e, potencialmente, tempo suficiente para dizer ao pisco em que direção é preciso voar.[26]

Esses estudos extraordinários provocaram uma explosão de interesse na magnetorrecepção, que agora já foi comprovada em grande variedade de espécies, como uma série de aves, lagostas, arraias, tubarões, baleias, golfinhos, abelhas e até micróbios. Na maioria dos casos, os mecanismos envolvidos ainda não foram investigados, mas agora a magnetorrecepção associada ao cripto-cromo foi descoberta em muitas criaturas, de nosso valente pisco às galinhas e às moscas-das-frutas que já mencionamos, além de vários outros organismos, inclusive plantas.[27] Um estudo publicado por um grupo tcheco em 2009 demonstrou a magnetorrecepção na barata-americana e mostrou que, como no pisco-de-peito-ruivo, ela se perturbava por campos magnéticos oscilantes de alta fre-quência.[28] Um estudo de acompanhamento apresentado em uma conferência em 2011 mostrou que a bússola das baratas precisava de um criptocromo funcional.

A descoberta de uma capacidade e um mecanismo em comum e distribuído de forma tão ampla na natureza indica que foram her-dados de um ancestral comum. Mas o ancestral comum de galinhas, piscos, moscas-das-frutas, plantas e baratas viveu há muito, muito tempo: mais de quinhentos milhões de anos atrás. Portanto, pro-vavelmente as bússolas quânticas são muito antigas e ofereceram orientação aos répteis e dinossauros que percorreram os pântanos cretáceos ao lado do tiranossauro que encontramos no Capítulo 3 (lembre-se de que os pássaros modernos, como os piscos, descen-dem dos dinossauros), aos peixes que nadavam nos mares permia-nos, aos antigos artrópodes que se arrastavam ou se escondiam sob os oceanos cambrianos e talvez até aos micróbios pré-cambrianos que foram os ancestrais de toda a vida celular. Parece que a fantas-magórica ação a distância de Einstein andou ajudando as criaturas a encontrarem o caminho pelo globo afora durante a maior parte da história de nosso planeta.

7. Genes quânticos

O lugar mais frio da Terra não fica no polo sul, como muitos imaginam, mas em algum ponto no meio do manto de gelo oriental antártico, a uns 1.300 quilômetros do polo. Lá, a temperatura costuma despencar no inverno até muitas dezenas de graus abaixo de zero. A temperatura mais baixa já medida na Terra, -82,9 °C, foi registrada ali em 21 de julho de 1983 e deu à região o título de "Polo Sul do Frio". Em temperatura assim tão baixa, o aço se estilhaça e o óleo diesel tem de ser cortado com uma serra de fita.

O frio extremo congela toda a umidade do ar, o que, somado ao vento forte que sopra sem cessar nas planícies congeladas, provavelmente torna a Antártica oriental o lugar mais inóspito do planeta.

Mas nem sempre o lugar foi tão hostil assim. A massa de terra que forma a Antártica já fez parte do supercontinente chamado Gonduana e, na verdade, localizava-se perto do Equador. Era coberto por densa vegetação de samambaias com sementes, pés de ginkgo e cicadófitas, consumidas por dinossauros e répteis herbívoros como o listrossauro, parecido com um rinoceronte. Mas, uns oitenta milhões de anos atrás, a massa terrestre começou a se romper; um fragmento derivou para o sul e acabou se instalando sobre o polo sul e se tornando a Antártica. Então, uns 65 milhões de anos atrás, um imenso asteroide atingiu a Terra, acabou com os dinossauros e os répteis gigantes e deixou espaço ecológico para que os mamíferos de sangue quente se tornassem dominantes. Apesar de muito distante do local do impacto, a fauna e a flora da Antártica se alteraram radicalmente, e samambaias e cicadófitas foram substituídas por florestas decíduas, habitadas por marsupiais, répteis e aves hoje extintos, incluindo pinguins gigantes. Rios rápidos e lagos profundos, fervilhantes de peixes ósseos e artrópodes, enchiam os vales.

Mas, quando caiu o nível de gases do efeito estufa, caiu também a temperatura da Antártica. A circulação das correntes oceânicas estimulou o resfriamento e, há uns 34 milhões de anos, a água superficial dos rios e dos lagos interiores começou a congelar no inverno. Então, cerca de quinze milhões de anos atrás, o gelo do inverno finalmente deixou de derreter no verão, trancando lagos e rios debaixo de um telhado maciço e congelado. Enquanto nosso planeta continuava a esfriar, geleiras imensas marcharam sobre a Antártica, extinguindo todos os seus mamíferos, répteis e anfíbios terrestres e sepultando terra, lagos e rios debaixo de gigantescos lençóis de gelo com vários quilômetros de espessura. Desde então, a Antártica permaneceu fechada em congelamento profundo.

Só no século XIX o capitão John Davis, caçador de focas americano, tornou-se o primeiro ser humano conhecido a pôr os pés no continente; e só no século XX começou a povoação permanente, quando vários países correram para fazer valer suas pretensões territoriais com a construção de estações de pesquisa no continente. Mirny, a primeira estação antártica soviética, foi fundada perto do litoral em 13 de fevereiro de 1956, e foi de lá que, dois anos depois, partiu uma expedição ao interior do continente com a meta de estabelecer uma base no polo geomagnético. A expedição foi molestada por tempestades de neve, neve solta, frio extremo (-55 °C) e falta de oxigênio, mas finalmente, em 16 de dezembro, no verão do hemisfério sul, chegou ao polo sul geomagnético e estabeleceu a estação Vostok.

Desde então, essa base de pesquisa foi habitada quase continuamente por uma equipe de doze a vinte e cinco cientistas e engenheiros que fazem medições atmosféricas e geomagnéticas. Um dos principais propósitos da estação é furar a geleira subjacente para obter um registro congelado de climas passados. Na década de 1970, os engenheiros retiraram um conjunto de testemunhos de até 952 metros de profundidade, atingindo gelo da época da última glaciação, dezenas de milhares de anos atrás. Novas plataformas de perfuração chegaram na década de 1980 e permitiram aos pesquisadores atingir a profundidade de 2.202 metros. Em 1996, eles tinham conseguido perfurar até 3.623 metros: um furo no gelo com mais de três quilômetros de profundidade, até um nível que foi gelo de superfície 420.000 anos atrás.

Mas aí a perfuração parou, porque algo estranho foi percebido não muito abaixo do fundo do furo. Na verdade, a descoberta de que havia algo incomum debaixo da estação Vostok aconteceu algumas décadas antes, em 1974, quando um estudo sísmico britânico da região revelou leituras anômalas numa grande área de dez mil quilômetros quadrados que ficava uns quatro quilômetros sob o gelo. O geógrafo russo Andrei Petrovitch Kapitsa sugeriu que a anomalia do radar seria causada por um imenso lago preso debaixo do gelo e mantido aquecido para permanecer líquido pela pressão extrema e pela energia geotérmica subjacente. A proposta de Kapitsa acabou confirmada por medições da área feitas por satélite em 1996, que revelaram um lago subglacial com até quinhentos metros de profundidade (do topo da superfície líquida até o fundo) e do tamanho do lago Ontario. A equipe o batizou de lago Vostok.

Com um lago antiquíssimo enterrado debaixo do gelo, as operações de perfuração da estação Vostok assumiram uma importância totalmente diferente conforme o furo se aproximava de um ambiente único. O lago Vostok estava isolado da superfície da Terra havia centenas de milhares, talvez milhões, de anos* – um mundo perdido. O que aconteceu a todos aqueles animais, plantas, algas e micróbios que viviam no lago antes que fosse isolado, prendendo quaisquer organismos sobreviventes no frio e no escuro absolutos? Será que toda a vida se extinguira ou algumas criaturas haviam sobrevivido e até se adaptado à vida vários quilômetros debaixo da superfície da geleira? Esses organismos resistentes teriam de lidar com um ambiente extremo: frigidíssimo e totalmente escuro, em água comprimida pelo peso do espesso lençol de gelo, com pressão mais de trezentas vezes maior que qualquer lago da superfície. No entanto, formas de vida surpreendentemente diversificadas conseguem vicejar em outros lugares improváveis, como orlas sulfurosas e escaldantes de vulcões, lagos ácidos e até fossas submarinas escuras e profundas, milhares de metros abaixo da superfície do oceano. Talvez Vostok também conseguisse sustentar seu próprio ecossistema de *extremófilos*†.

A descoberta de um lago sob o gelo profundo ficou ainda mais importante graças a outra descoberta a quase meio bilhão de quilômetros de distância, quando a espaçonave Voyager 2 fotografou, em 1980, a superfície de Europa, lua de Júpiter, e revelou uma superfície gelada com sinais reveladores de um oceano líquido embaixo. Se formas de vida conseguissem sobreviver centenas de milhares de anos em água enterrada quilômetros debaixo de uma geleira antártica, talvez os oceanos submersos de Europa sustentassem

---

* A parte inferior da geleira que hoje está sobre o lago se instalou há mais de quatrocentos mil anos, mas o lago pode ter congelado há muito mais tempo. Não se sabe se a geleira atual substituiu geleiras anteriores ou se o lago teve períodos sem gelo entre as glaciações.

† Organismos que vivem em ambientes extremos (do nosso ponto de vista).

vida alienígena. A busca de vida dentro do lago Vostok se tornou um ensaio da caçada ainda mais emocionante de formas de vida fora de nosso planeta.

A perfuração foi interrompida em 1996, apenas cem metros acima da superfície do lago, para impedir que suas águas imaculadas entrassem em contato com a ponta da broca saturada de querosene, potencialmente contaminada com plantas, animais, micróbios e substâncias químicas da superfície. No entanto, a água do lago Vostok já fora estudada com testemunhos de gelo extraídos anteriormente. As correntes térmicas movem a água do lago, de modo que, logo abaixo de seu teto gelado, ela passa por um ciclo constante de congelamento e descongelamento. Esse processo continua desde que o lago foi isolado, então seu teto não é feito de gelo da geleira, mas de água do lago congelada – o chamado *gelo de acreção* –, que se estende até dezenas de metros acima da superfície líquida do lago. Os núcleos extraídos pelas operações de perfuração anteriores chegaram a esse nível de gelo e, em 2013, foi publicado o primeiro estudo detalhado dos testemunhos de gelo de acreção de Vostok.[1] A conclusão foi que o lago isolado pelo gelo contém uma rede complexa de organismos, incluindo bactérias unicelulares, fungos e protozoários, além de animais mais complexos como moluscos, vermes, anêmonas e até artrópodes. Os cientistas conseguiram identificar até os tipos de metabolismo usados por essas criaturas, além de seus prováveis *habitats* e ecologia.

Neste capítulo, não queremos nos concentrar na biologia inegavelmente fascinante de Vostok, mas nos meios pelos quais qualquer ecossistema conseguiria sobreviver isolado durante milhares e até milhões de anos. Na verdade, Vostok pode ser considerado um tipo de microcosmo da própria Terra, que, fora os fótons solares, está há quatro bilhões de anos praticamente isolada de entradas e, mesmo assim, manteve um ecossistema rico e diversificado diante de dificuldades como imensas erupções vulcânicas, impacto de asteroides e mudanças climáticas. Como a vasta complexidade da vida consegue prosperar e suportar mudanças extremas do ambiente durante milhares e até milhões de anos?

Uma pista pode ser encontrada em parte do material estudado pela equipe de biologia de Vostok: alguns microgramas de uma substância química extraída da água congelada do lago. Essa substância é fundamental para a continuidade e a diversidade de toda a vida do planeta e tem a molécula mais extraordinária do universo conhecido. Seu nome é DNA.

O grupo que realizou o estudo do DNA de Vostok está sediado na Universidade Estadual de Bowling Green, nos Estados Unidos. Para ler a sequência de milhões de fragmentos de moléculas de DNA recuperadas da água do lago Vostok, eles usaram o tipo de tecnologia de sequenciamento usado anteriormente para decifrar o genoma humano. Depois, compararam o DNA de Vostok a bancos de dados cheios de sequências genéticas do genoma de milhares de organismos coletados pelo globo. Eles descobriram que muitas sequências de Vostok eram idênticas ou parecidíssimas com genes de bactérias, fungos, artrópodes e outras criaturas que vivem acima do gelo, principalmente as que habitam lagos frios e valas marinhas escuras e profundas – ambientes provavelmente um pouco parecidos com o lago Vostok. Essas semelhanças genéticas permitiram-lhes fazer suposições embasadas a respeito da natureza e dos prováveis hábitos dos tipos de organismos que deixaram a assinatura de seu DNA sob o gelo.

Mas lembre-se de que os organismos de Vostok passaram muitas centenas de milhares de anos trancados debaixo do gelo. Portanto, a semelhança entre as sequências de seu DNA e as de organismos que vivem acima do gelo é consequência dos mesmos ancestrais, organismos que devem ter vivido na flora e na fauna na Antártica antes que o lago e seus habitantes ficassem isolados sob o gelo. Então, as sequências genéticas desses organismos ancestrais foram copiadas de forma independente por milhares de gerações, acima e abaixo do gelo. Mas, apesar dessa longa cadeia de cópias, as versões gêmeas dos mesmos genes permaneceram quase idênticas. De algum modo, a complexa informação genética que determina formato, características e funções dos organismos que vivem acima e abaixo do gelo foi fielmente transmitida, com praticamente nenhum erro, durante centenas de milhares de anos.

Essa capacidade das informações genéticas de se duplicarem fielmente de uma geração a outra – que chamamos de hereditariedade – é, naturalmente, central na vida. Os genes escritos no DNA codificam as proteínas e as enzimas que, por meio do metabolismo, formam todas as biomoléculas de todas as células vivas, dos pigmentos fotossintéticos das plantas e dos micróbios aos receptores olfatórios dos animais ou à misteriosa bússola magnética das aves – e, na verdade, todas as características de todos os organismos. Muitos biólogos chegariam mesmo a defender que a autoduplicação é a característica que define a vida. Mas os organismos vivos não conseguiriam se duplicar se não fossem capazes, em primeiro lugar, de duplicar as instruções para se formarem. Portanto, o processo da hereditariedade – a cópia de informações genéticas com alta fidelidade – torna a vida possível. Você deve se lembrar do Capítulo 2: o mistério da hereditariedade – como as informações genéticas são transmitidas tão fielmente de uma geração a outra – foi o enigma que convenceu Erwin Schrödinger de que os genes eram entidades mecânicas quânticas. Mas será que ele tinha razão? Precisamos da mecânica quântica para explicar a hereditariedade? Essa é a pergunta à qual voltaremos agora.

Fidelidade

Tendemos a achar normal a capacidade dos organismos vivos de duplicar seu genoma com exatidão, mas na verdade esse é um dos aspectos mais essenciais e extraordinários da vida. Na duplicação do DNA, a taxa de erros de cópia, que chamamos de mutações, costuma ser de menos de um em um bilhão. Para ter uma ideia desse nível extraordinário de exatidão, pense no milhão, mais ou menos, de letras, sinais de pontuação e espaços deste livro. Agora, pense em mil livros mais ou menos do mesmo tamanho numa biblioteca e imagine que você tivesse de copiar fielmente cada caractere e cada espaço. Quantos erros acha que cometeria? Essa era exatamente a tarefa cumprida pelos escribas medievais, que davam tudo de si para copiar os textos à mão antes da invenção da imprensa. Não surpreende que seu esforço fosse cheio de erros, como demonstra a variedade de cópias divergentes de textos medievais. É claro que os computadores conseguem copiar informações com um grau altíssimo de fidelidade, mas eles o fazem com a grande vantagem da tecnologia eletrônica digital moderna. Imagine construir uma máquina de copiar com material mole e molhado. Quantos erros acha que faria ao ler e escrever as informações copiadas? Mas, quando esse material mole e molhado está nas células de seu corpo e a informação é codificada no DNA, o número de erros é menos de um em um bilhão.

A cópia em alta fidelidade é fundamental para a vida porque a complexidade extraordinária do tecido vivo exige um conjunto igualmente complexo de instruções no qual um único erro pode ser fatal. O genoma de nossas células consiste em cerca de três bilhões de letras genéticas que codificam uns quinze mil genes, mas até o genoma dos micróbios autorreprodutores mais simples, como os que vivem sob o gelo de Vostok, consiste em vários milhares de genes escritos em vários milhões de letras genéticas. Embora a maioria dos organismos tolere algumas mutações a cada geração, permitir mais que algumas poucas na geração seguinte pode provocar problemas graves que nós, seres humanos, vivenciamos como doenças genéticas ou até descendentes inviáveis. Além disso, sempre que se dividem, as células de nosso corpo – do sangue, da pele etc. – também têm de duplicar o DNA para inseri-lo nas células-filhas. Erros nesse processo provocam câncer*.

Mas para entender como a mecânica quântica é importante para a hereditariedade, temos primeiro de visitar Cambridge em 1953, onde, em 28 de fevereiro, Francis Crick entrou correndo no *pub* Eagle e declarou que ele e James Watson tinham descoberto "o segredo da vida". Naquele mesmo ano, eles publicaram um artigo importantíssimo[2] que revelava uma estrutura e descrevia um conjunto de regras simples para explicar dois dos mistérios mais fundamentais da vida: como a informação biológica é codificada e como é herdada.

O que tende a ser enfatizado em muitos relatos da descoberta do código genético é uma característica de importância comprovadamente secundária: o fato de o DNA adotar uma estrutura em dupla-hélice. Isso é mesmo notável, e a estrutura elegante do DNA se tornou, com todo o direito, uma das imagens mais simbólicas da ciência, reproduzida em camisetas, sites da internet e até na arquitetura. Mas, em essência, a dupla-hélice é apenas um andaime. O verdadeiro segredo do DNA está no que essa espiral sustenta.

Como delineamos rapidamente no Capítulo 2, a estrutura helicoidal do DNA (Figura 7.1) é formada por uma coluna de glicídios (açúcares) e fosfatos que transporta a verdadeira mensagem: as cadeias de bases de ácido nucleico guanina (G), citosina (C), timina (T) e adenina (A). Watson e Crick reconheceram que essa sequência linear formava um código – e propuseram que era o código genético.

---

* Os cânceres são causados por mutações em genes que controlam o crescimento celular e levam ao crescimento descontrolado e, assim, aos tumores.

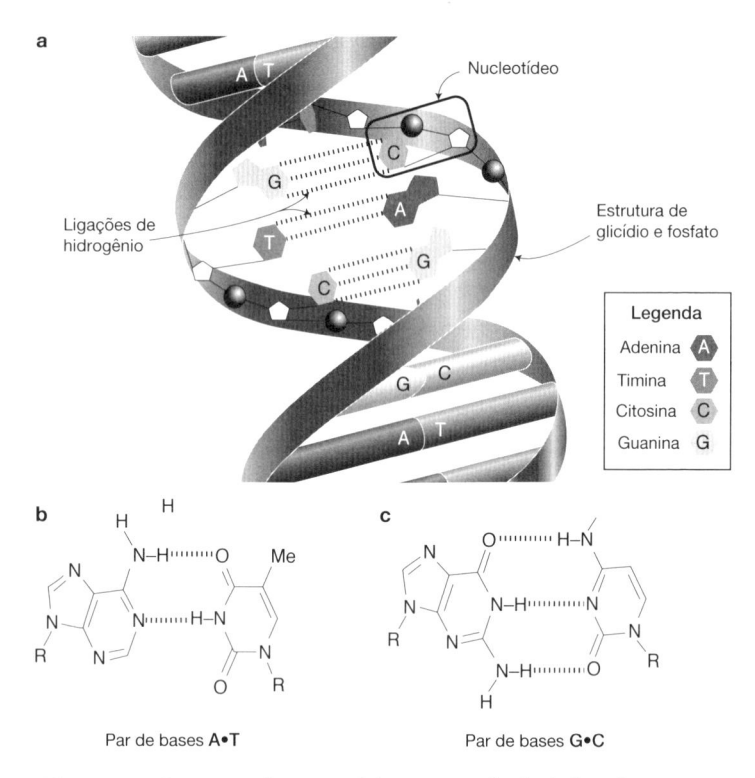

Par de bases A•T   Par de bases G•C

Figura 7.1 *Estrutura do DNA: (a) mostra a dupla-hélice de Watson e Crick; (b) mostra um detalhe do par de letras genéticas A e T; (c) mostra um detalhe do par de letras genéticas G e C. Em ambos os casos, as ligações de hidrogênio – prótons compartilhados – que ligam as duas bases estão indicadas por linhas pontilhadas. Nesse pareamento-padrão (canônico) de bases de Watson e Crick, as bases estão em sua forma não tautomérica normal.*

Na última linha desse artigo histórico, Watson e Crick sugeriram que a estrutura do DNA também dava uma solução ao segundo dos grandes mistérios da vida: "Não deixamos de notar que os pareamentos específicos que postulamos sugerem imediatamente um possível mecanismo de cópia do material genético". O que eles não deixaram de notar foi uma característica fundamental da dupla hélice, ou seja, que as informações numa de suas fitas – a sequência de bases – também está presente como cópia invertida na outra: o A de uma fita está sempre pareado com o T da outra, e o G está sempre pareado com o C. Na verdade, o pareamento específico das bases em fitas opostas (um par A:T ou um par G:C) é feito por ligações químicas fracas chamadas ligações de hidrogênio. Em essência, essa "cola" que une duas moléculas é um próton compartilhado; ela é fundamental em nossa história, e em breve examinaremos sua natureza com mais detalhes. Mas a fraqueza da ligação entre as fitas pareadas do DNA sugeriu imediatamente um mecanismo de cópia: as fitas poderiam ser separadas e cada uma delas serviria de modelo para construir a parte complementar e formar duas cópias da hélice dupla original. É exatamente o que acontece quando os genes são copiados durante a divisão celular. As duas fitas da dupla-hélice, com suas informações complementares, são separadas para permitir que uma enzima chamada *DNA-polimerase* tenha acesso a cada uma delas. Então, a enzima se prende a uma única fita e desliza ao longo da cadeia de nucleotídeos para ler cada letra genética e, com exatidão quase perfeita, inserir uma base complementar na fita que cresce: onde vê um A, ela insere um T; onde vê um G, ela insere um C, e assim por diante, até formar uma cópia complementar perfeita. O mesmo processo se repete na outra fita, dando origem a duas cópias da dupla-hélice original: uma para cada célula-filha.

Esse processo enganosamente simples embasa a propagação de toda a vida em nosso planeta. Mas, em 1944, ao insistir que o grau de fidelidade altíssimo da hereditariedade não poderia ser explicado por leis clássicas – os genes, insistia, eram simplesmente pequenos demais para que sua regularidade se baseasse nas regras de "ordem a partir da desordem" –, Schrödinger propôs que os genes deveriam ser algum tipo de *cristal aperiódico*. Os genes são cristais aperiódicos?

Os cristais, como os grãos de sal, tendem a ter formas características. Os cristais de cloreto de sódio (sal de mesa) são cubos, enquanto as moléculas de água no gelo formam prismas hexagonais que crescem nas formas maravilhosamente diversificadas dos flocos de neve. Essas formas são consequência do modo como as moléculas se juntam dentro do cristal e, em última análise, determinadas pelas leis quânticas que regem o formato das moléculas. Mas os cristais-padrão, embora ordenadíssimos, não codificam muita informação, porque cada unidade repetida é igual a todas as outras, um pouco como o padrão em mosaico de um papel de parede, de modo que uma regra simples pode descrever o cristal inteiro. Schrödinger propôs que os genes seriam "cristais aperiódicos": isto é, cristais com uma estrutura molecular repetida e semelhante à dos cristais comuns, mas modulados de algum modo, por exemplo, com intervalos ou períodos diferentes (daí "aperiódicos") entre as repetições, ou com estruturas diferentes nas repetições – mais como uma tapeçaria complexa que como um papel de parede. Ele propôs que essas estruturas repetidas moduladas codificariam informações genéticas e que, como os cristais, sua ordem seria codificada em nível quântico. Lembre-se de que isso foi uma década antes de Watson e Crick: anos antes que se conhecesse a estrutura do gene e até do que os genes eram feitos.

Schrödinger estava certo? O primeiro ponto óbvio é que o código do DNA realmente é formado por uma estrutura repetida – as bases do DNA – que é aperiódica no sentido de que cada unidade que se repete pode ser ocupada por uma das quatro bases diferentes. Os genes são mesmo cristais aperiódicos, exatamente como Schrödinger previu. Mas cristais aperiódicos não codificam informações necessariamente no nível quântico: os grãos irregulares de uma chapa fotográfica são feitos de cristais de sais de prata, e não são quânticos. Para ver se Schrödinger também estava certo ao dizer que os genes eram entidades quânticas, precisamos de um exame mais profundo da estrutura das bases do DNA e, especificamente, da natureza da ligação do par de bases complementares, T com A, D com G.

O pareamento que guarda o código genético do DNA se enraíza nas ligações químicas que mantêm unidas as bases complementares. Como já mencionamos, essas ligações ditas de hidrogênio são formadas por prótons isolados, em essência núcleos de átomos de hidrogênio, compartilhados entre dois átomos, um em cada base complementar das fitas opostas: são eles que mantêm juntas as bases pareadas (Figura 7.1). A base A tem de se unir à base T porque cada A tem prótons exatamente na posição certa para formar ligações de hidrogênio com T. A base A não consegue se unir a uma base C porque os prótons não estão no lugar certo para formar ligações.

Esse pareamento mediado por prótons das bases de nucleotídeo é o código genético duplicado e passado adiante a cada geração. E não é apenas uma transferência única de informações, como uma mensagem cifrada escrita num papel de uso único que será destruído depois do uso. O código genético precisa ser continuamente lido durante a vida inteira da célula para dirigir a maquinaria formadora de proteínas a fazer os motores da vida, as enzimas, e assim orquestrar todas as outras atividades da célula. Esse processo é realizado pela enzima chamada *RNA-polimerase*, que, como a DNA-polimerase, lê as posições dos prótons codificadores da cadeia do DNA. Assim como o significado de uma mensagem ou a trama de um livro estão escritos na posição das letras na página, a posição dos prótons na dupla-hélice determina a história da vida.

O físico sueco Per-Olov Löwdin foi o primeiro a ressaltar o que hoje parece óbvio: que a posição dos prótons é determinada por leis quânticas e não clássicas. Portanto, o código genético que torna a vida possível é, inevitavelmente, um código quântico. Schrödinger estava certo: os genes são escritos com letras quânticas, e a fidelidade da hereditariedade se deve a leis quânticas e não clássicas. Assim como o formato de um cristal é determinado, em última análise, por leis quânticas, o formato de seu nariz, a cor de seus olhos e aspectos de seu caráter são determinados por leis quânticas que operam dentro da estrutura de uma única molécula de DNA que você herdou de seu pai ou sua mãe. Como Schrödinger previu, a vida funciona por meio de ordem que vai descendo da estrutura e do comportamento de organismos inteiros até a posição dos prótons em suas fitas de DNA – ordem a partir da ordem –, e é esta ordem a responsável pela fidelidade da hereditariedade.

Mas até duplicadores quânticos cometem erros de vez em quando.

Infidelidade

A vida não poderia evoluir em nosso planeta e se adaptar às muitas dificuldades se o processo de cópia do código genético fosse sempre perfeito. Por exemplo, os micróbios que nadavam naqueles lagos antárticos temperados muitos milhares de anos atrás estariam bem adaptados à vida num ambiente relativamente quente e claro. Quando o teto de gelo isolou seu mundo, os micróbios que copiaram seu genoma com 100% de fidelidade quase certamente pereceram. Mas muitos micróbios cometeram alguns erros no processo de cópia e geraram filhos mutantes um pouquinho diferentes. Os filhos cujas diferenças lhes permitiram uma adaptação melhor à sobrevivência num ambiente mais frio e escuro prosperaram, e, aos poucos, no decorrer de milhares de cópias não tão perfeitas assim, os descendentes desses micróbios aprisionados se adaptaram à vida no lago submerso.

Mais uma vez, esse processo de adaptação por mutações (erros na duplicação do DNA) dentro do lago Vostok é um microcosmo do processo que vem ocorrendo em todo o planeta há bilhões de anos. A Terra sofreu muitas catástrofes importantes em sua longa história, de imensas erupções vulcânicas a glaciações e impactos de meteoros. A vida teria perecido se não se adaptasse às mudanças por meio de erros de cópia. De modo igualmente importante, as mutações também foram o propulsor de mudanças genéticas que transformaram os micróbios simples que evoluíram primeiro em nosso planeta na biosfera imensamente diversificada de hoje. Um pouco de infidelidade gera muito sucesso, se houver tempo suficiente.

Além de propor que a mecânica quântica fosse a fonte da fidelidade da hereditariedade, Erwin Schrödinger fez outra sugestão ousada em seu livro *O que é vida?*, de 1944. Ele especulou que as mutações podem ser algum tipo de salto quântico dentro do gene. Será plausível? Para responder a essa pergunta, precisamos antes examinar uma controvérsia que chega ao âmago da teoria evolucionária.

A girafa, o feijão e a mosca-das-frutas

É comum afirmar que a evolução foi "descoberta" por Charles Darwin, mas, pelo estudo dos fósseis, o fato de que os organismos mudaram no tempo geológico era conhecido dos naturalistas pelo menos um século antes de Darwin. Na verdade, Erasmus Darwin, o avô de Charles, foi um evolucionista perspicaz. Mas, provavelmente, a teoria evolucionária pré-darwiniana mais famosa foi apresentada por um aristocrata francês com o título impressionante de Jean-Baptiste Pierre Antoine de Monet, Chevalier de Lamarck.

Nascido em 1744, Lamarck estudou para ser padre jesuíta, mas, com a morte do pai, só herdou o suficiente para comprar um cavalo, tornar-se soldado e lutar na Guerra da Pomerânia contra a Prússia. A carreira militar se interrompeu quando foi ferido, e ele voltou a Paris para trabalhar como escriturário num banco enquanto estudava botânica e medicina nas horas vagas. Acabou arranjando emprego como assistente de botânico no Jardin du Roi até que a Revolução Francesa removeu a cabeça de seu patrão. Mas Lamarck prosperou na França pós-revolucionária e conquistou uma cátedra na Universidade de Paris, onde o foco de seus estudos passou das plantas para os invertebrados.

Lamarck é um dos grandes cientistas mais injustiçados, pelo menos no mundo anglo-saxão. Além de cunhar o nome "biologia" (do grego *bios*, vida), ele criou, meio século antes de Darwin, uma teoria da evolução que, pelo menos, oferecia um mecanismo plausível para explicar a mudança evolutiva. Lamarck ressaltou que, como reação ao meio ambiente, os organismos são capazes de modificar seu corpo durante a vida. Por exemplo, agricultores acostumados ao duro trabalho braçal costumam desenvolver um corpo mais musculoso que o de escreventes bancários. Lamarck então afirmou que essas mudanças adquiridas poderiam ser herdadas por filhotes e descendentes e, assim, promover a mudança evolutiva. Seu exemplo mais famoso e mais ridicularizado é o antílope imaginário que espichava o pescoço para se alimentar das folhas mais altas da árvore. Lamarck propôs que os descendentes do antílope herdaram a característica adquirida de um pescoço alongado e que sua progênie passou pelo mesmo processo, até que se transformaram nas girafas.

Em geral, a teoria lamarckiana da herança de mudanças adaptativas foi ridicularizada no mundo anglo-saxão por haver indícios abundantes de que as características adquiridas durante a vida de um animal não costumam ser herdadas. Por exemplo, os europeus do norte de pele clara que migraram para a Austrália vários séculos atrás se bronzeiam quando passam muito tempo ao ar livre, mas, longe do sol, seus filhos serão tão brancos quanto seus ancestrais. O bronzeamento, mudança adaptativa em resposta ao sol forte, claramente não é herdado. Assim, depois da publicação de *A origem das espécies*, em 1859, a teoria evolucionária lamarckiana foi superada pela teoria de Darwin da seleção natural[*].

---

[*] É claro que também poderia ser chamada de teoria da seleção natural de Wallace, em homenagem ao grande naturalista e geógrafo britânico Alfred Russel

Hoje, enfatiza-se a versão darwiniana de evolução: a noção da sobrevivência do mais apto, com uma natureza implacável que separa os bem-adaptados de sua prole menos perfeita. Mas a seleção natural é apenas metade da história da evolução. Afinal, para a evolução ser bem-sucedida, a seleção natural precisa de uma fonte de variações para trabalhar. Para Darwin, esse era um grande enigma, porque, como já descobrimos, a hereditariedade se caracteriza por um grau altíssimo de fidelidade. Isso talvez não seja fácil de ver em organismos sexuados que parecem diferentes dos pais, mas a reprodução sexual apenas rearruma características parentais existentes para gerar a prole. Na verdade, no início do século XIX, acreditava-se que a mistura de características da reprodução sexuada funcionava como uma mistura de tintas. Se pegarmos várias centenas de latas de tinta de cores variadas e misturarmos meia lata de uma com meia lata de outra e repetirmos esse processo milhares de vezes, acabaremos com várias centenas de latas de tinta cinza: as variações individuais se misturarão rumo a uma média populacional. Mas Darwin precisava que a variação se mantivesse continuamente e, na verdade, se somasse para ser a fonte da mudança evolutiva.

Darwin acreditava que a evolução avançava muito aos poucos pela ação da seleção natural sobre variações herdáveis minúsculas:

> *A seleção natural só pode atuar pela preservação e pelo acúmulo de modificações infinitesimais herdadas, cada uma delas vantajosa para o ser preservado; e, como a geologia moderna quase eliminou opiniões como a escavação de um grande vale por uma única onda diluviana, a seleção natural, se for um princípio verdadeiro, eliminará a crença da criação contínua de novos seres orgânicos ou de alguma modificação grande e súbita em sua estrutura.*[3]

Wallace, que, numa crise de malária quando viajava pelos trópicos, teve praticamente a mesma ideia de Darwin.

Mas a fonte dessa matéria-prima da evolução – as "modificações infinitesimais herdadas" – era um grande mistério. Esquisitices ou "desvios" de características herdáveis eram bem conhecidos dos biólogos do século XIX; por exemplo, no final do século XVIII nasceu numa fazenda da Nova Inglaterra uma ovelha de patas curtíssimas, que foi reproduzida até formar a variedade de patas curtas, as chamadas ovelhas Ancon, de manejo mais fácil porque não conseguem pular cercas. No entanto, Darwin acreditava que esses desvios não poderiam ser os propulsores da evolução, porque as mudanças envolvidas eram grandes demais e costumavam gerar criaturas bizarras cuja sobrevivência em ambiente selvagem seria muito improvável. Darwin teria de achar uma fonte de mudanças herdáveis menores, menos drásticas, que constituiriam as variações infinitesimais necessárias para sua teoria dar certo. Ele nunca resolveu realmente esse problema. Na verdade, nas últimas edições de *A origem das espécies* ele chegou a recorrer a uma forma de teoria evolucionária lamarckiana para gerar pequenas variações herdáveis.

Parte da solução já fora descoberta durante a vida de Darwin pelo monge tcheco e reprodutor de plantas Gregor Mendel, que conhecemos no Capítulo 2. As experiências de Mendel com ervilhas demonstraram que pequenas variações no formato e na cor da ervilha eram mesmo herdadas *de forma estável*; isto é, essas características, de modo importantíssimo, não se misturavam e se reproduziam fielmente de geração em geração, embora fosse comum que pulassem gerações quando recessivas em vez de dominantes. Mendel propôs que "fatores" herdáveis discretos, que hoje chamamos de genes, codificavam as características e eram a fonte da variação biológica. Assim, em vez de considerar a reprodução sexuada em termos de latas de tinta misturada, pense em vasilhas com bolinhas de gude de cores e padrões variadíssimos. Cada geração misturada troca metade das bolinhas de uma vasilha por metade da outra. O fundamental é que, mesmo depois de milhares de gerações, cada bolinha de gude preserva suas cores, exatamente como as características podem ser transmitidas sem alteração por centenas ou milhares de gerações. Portanto, os genes oferecem uma fonte estável de variação sobre a qual a seleção natural pode atuar.

O trabalho de Mendel foi praticamente ignorado durante sua vida e esquecido depois dela; assim, até onde sabemos, Darwin não conhecia a teoria dos "fatores herdáveis" de Mendel nem a possível solução do enigma da mistura. Portanto, o problema de encontrar a fonte das mudanças herdáveis que conduzem a evolução levou ao declínio do apoio à teoria evolucionária darwiniana no final do século XIX. Mas, na virada do século, as ideias de Mendel foram revividas por vários botânicos que estudavam a hibridação de plantas e descobriram as leis que governam a herança de variações. Como todos os bons cientistas que pensam ter descoberto algo novo, eles vasculharam a literatura existente antes de publicar seus resultados e se espantaram ao descobrir que suas leis da herança tinham sido descritas várias décadas antes por Mendel.

A redescoberta dos fatores mendelianos, então rebatizados de "genes"*, ofereceu uma solução para o enigma da mistura de Darwin, mas não resolveu de imediato o problema da fonte das novas variações genéticas necessárias para provocar mudanças evolutivas de longo prazo, já que os genes pareciam ser herdados sem alterações. A seleção natural pode agir para mudar a mistura de genes-bolinhas-de-gude em cada geração, mas, sozinha, ela não cria bolinhas novas. Esse impasse foi rompido por Hugo de Vries, um dos botânicos que redescobriram a genética mendeliana. Ele caminhava por uma plantação de batatas e avistou uma variedade completamente nova

---

* A palavra "genética" foi cunhada em 1905 por William Bateson, geneticista inglês e promotor das ideias de Mendel; a palavra "gene" foi sugerida quatro anos depois pelo botânico dinamarquês Wilhelm Johannsen para distinguir a aparência externa do indivíduo (seu fenótipo) dos genes (o genótipo).

de estrela-da-tarde, a *Oenothera lamarckiana*, mais alta que a planta comum e com pétalas ovaladas em vez das conhecidas pétalas em formato de coração. Ele reconheceu essa flor como "mutante"; e, mais importante, demonstrou que as características mutantes eram transmitidas para as gerações seguintes, ou seja, eram herdadas.

No início dos anos 1900, o geneticista Thomas Hunt Morgan levou o estudo das mutações de De Vries para o laboratório da Universidade de Colúmbia e trabalhou com a sempre amistosa mosca-das-frutas. Ele e sua equipe expuseram as moscas a ácidos fortes, raios X e toxinas, na tentativa de criar mutantes. Finalmente, em 1909, uma mosca saiu da pupa com olhos brancos, e a equipe demonstrou que, como no caso do formato esquisito das estrelas-da-tarde de De Vries, a característica mutante se transmitia como um gene mendeliano.

O casamento da seleção natural darwiniana com a genética mendeliana e a teoria das mutações acabou levando à chamada síntese neodarwiniana. A mutação foi considerada a suprema fonte de variações genéticas herdáveis, em geral de pouco efeito e talvez até nociva, mas que às vezes tornava os mutantes mais aptos que seus pais. Então, entra em cena o processo de seleção natural para eliminar da população os mutantes menos aptos e permitir que as variantes de maior sucesso sobrevivam e proliferem. Finalmente, os mutantes mais aptos se tornam a norma e a evolução prossegue "pela preservação e pelo acúmulo de modificações infinitesimais herdadas".

Um componente fundamental da síntese neodarwiniana é o princípio de que as mutações ocorrem aleatoriamente; a variação não é gerada como reação a uma mudança evolutiva. Assim, quando o ambiente muda, a espécie tem de esperar que a mutação certa aconteça, por meio de processos aleatórios, e correr atrás da mudança ambiental. Isso contrasta com a ideia lamarckiana de evolução, que, em vez disso, propunha que a adaptação herdável – o pescoço comprido da girafa – surgiria como reação a uma dificuldade ambiental e, a partir daí, seria herdada.

No início do século XX, ainda não era claro se as mutações herdáveis aconteciam aleatoriamente, como acreditavam os neodarwinianos, ou eram geradas em reação a dificuldades ambientais, como acreditavam os lamarckianos. Lembre-se de que Morgan tratou suas moscas com radiação ou produtos químicos nocivos para gerar mutações. Talvez, em resposta a essas dificuldades ambientais, as moscas gerassem novas variações que as ajudassem a sobreviver. Como a girafa de Lamarck, elas talvez *espichassem metaforicamente o pescoço* e depois passassem essa característica adaptativa aos descendentes como mutação herdável.

Em 1943, experiências clássicas foram realizadas na Universidade de Indiana por Max Delbrück e Salvador Luria, orientador de doutorado de James Watson, para testar as teorias rivais. Dessa vez, bactérias substituíram as moscas-das-frutas como objetos preferidos dos estudos evolucionários em virtude da facilidade de cultura em laboratório e da vida curta das gerações. Sabia-se que as bactérias podiam ser infectadas por vírus, mas que, se expostas repetidamente, logo adquiriam mutações e desenvolviam resistência. Essa era a situação ideal para testar as teorias mutacionais rivais, a neodarwiniana e a lamarckiana. Luria e Delbrück queriam descobrir se já existiam na população bactérias mutantes capazes de resistir a infecções virais, como previsto pelo neodarwinismo, ou se elas só surgiam como reação à dificuldade ambiental do vírus, como previsto pelo lamarckismo. Os dois cientistas descobriram que as mutantes ocorriam praticamente na mesma razão, com o vírus presente ou ausente. Em outras palavras, a taxa de mutação não era afetada pela pressão seletiva do ambiente. Suas experiências lhes valeram o Prêmio Nobel em 1969 e estabeleceram o princípio da aleatoriedade da mutação como pedra angular da moderna biologia evolutiva.

Mas, quando Luria e Delbrück realizaram suas experiências em 1943, ninguém sabia ainda de que eram feitos esses genes-bolinhas-de-gude, muito menos quais eram os mecanismos físicos responsáveis por gerar mutações (transformar uma bolinha de gude em outra). Tudo isso mudou em 1953, quando Watson e Crick revelaram a dupla-hélice. Demonstrou-se que os genes-bolinhas-de-gude eram feitos de DNA. Então, o princípio de que as mutações eram aleatórias passou a fazer muito sentido, pois causas bem estabelecidas de mutações, como radiação ou produtos químicos mutagênicos, tenderiam a danificar aleatoriamente a molécula de DNA em todo o seu comprimento, provocando mutações nos genes afetados, quer a mudança fosse vantajosa, quer não.

No segundo artigo sobre a estrutura do DNA[4], Watson e Crick sugeriram que um processo chamado tautomerização, que envolve o movimento de prótons dentro de uma molécula, também poderia ser causa de mutações. Como tenho certeza de que agora você já sabe, qualquer processo que envolva o movimento de partículas fundamentais, como os prótons, pode ser quântico. Então Schrödinger estaria certo? As mutações seriam um tipo de salto quântico?

Codificação com prótons

Vamos dar outra olhada na metade inferior da Figura 7.1. Você verá que desenhamos a ligação de hidrogênio – que, não se esqueça, é um próton compartilhado – como uma linha pontilhada entre dois átomos (oxigênio, O, ou nitrogênio, N) das bases pareadas. Mas o próton não é uma partícula? Então por que está desenhado como linha pontilhada e não como um ponto único? É claro que a razão é que os prótons são entidades quânticas que têm caráter de partícula e onda; assim, o próton é deslocalizado e se comporta como uma entidade espalhada ou uma onda que vai e vem entre as duas bases.

A posição do H na Figura 7.1, que denota a posição mais provável do próton, não fica a meio caminho entre as duas bases, mas deslocada para um dos lados: mais próxima de uma fita que da outra. Essa assimetria é responsável por uma característica importantíssima do DNA.

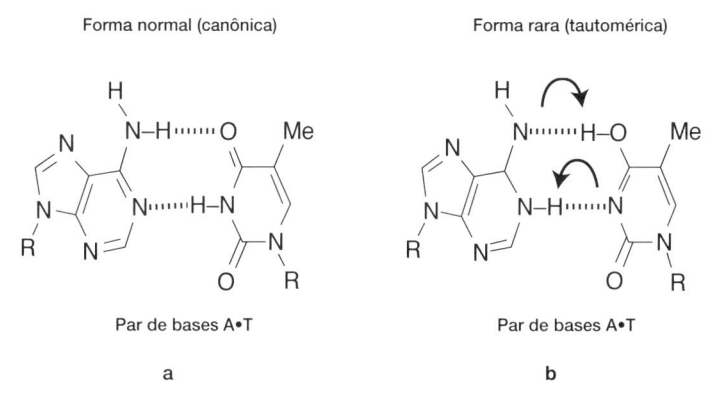

Figura 7.2 *(a) Um par-padrão de bases A–T, com os prótons em posição normal; (b) aqui os prótons pareados pularam para o outro lado da dupla-hélice para criar a forma tautomérica tanto de A quanto de T.*

Consideremos um par possível de bases, como A–T, com A numa fita e T na outra, unidas por duas ligações de hidrogênio (prótons) nas quais um próton está mais próximo de um átomo de nitrogênio em A e o outro está mais próximo de um átomo de oxigênio em T (Figura 7.2a), permitindo a formação da ligação de hidrogênio A:T. Mas lembre-se de que "mais próximo de" é um conceito escorregadio no mundo quântico, no qual partículas não têm posições fixas e habitam uma faixa de probabilidades de estarem em muitos lugares diferentes ao mesmo tempo, inclusive os que só podem ser atingidos por tunelamento. Se os dois prótons que mantêm as letras genéticas unidas pulassem para o outro lado de suas respectivas ligações de hidrogênio, poderiam ambos acabar mais próximos da base oposta. Isso resulta na formação de variedades alternativas de cada base, os chamados *tautômeros* (Figura 7.2b). Portanto, cada base do DNA pode existir tanto na forma canônica comum, como na estrutura em dupla-hélice de Watson e Crick, quanto no mais raro tautômero, com os prótons codificadores em nova posição.

Mas lembre-se de que os prótons que formam as ligações de hidrogênio do DNA são responsáveis pela especificidade do pareamento de bases usado para duplicar o código genético. Portanto, quando se desloca (em direções opostas), o par de prótons codificadores reescreve efetivamente o código genético. Por exemplo, numa fita de DNA, a letra genética T (timina) em sua forma normal se pareia corretamente com A. No entanto, caso ocorra uma troca dupla de prótons, tanto T quanto A adotarão a forma tautomérica. É claro que os prótons podem pular de volta, mas se por acaso estiverem em sua rara forma tautomérica[*] na hora em que a fita de DNA for copiada, as bases erradas podem ser incorporadas às novas fitas de DNA. O T tautomérico pode parear com G em vez de A, e G será incorporada à nova fita onde havia A na fita antiga. Do mesmo modo, se estiver na forma tautomérica quando o DNA estiver sendo duplicado, A vai parear com C em vez de T, e a nova fita terá C onde a antiga tinha T (Figura 7.3). Em ambos os casos, as fitas de DNA recém-formadas terão mutações – mudanças na sequência de DNA que será herdada pela prole.

Embora essa hipótese seja totalmente plausível, tem sido difícil obter indícios diretos sobre ela; mas, em 2011, quase sessenta anos depois de Watson e Crick publicarem seu artigo, um grupo baseado no Centro Médico da Universidade Duke, nos Estados Unidos, conseguiu demonstrar que bases de DNA pareadas incorretamente com prótons na posição tautomérica realmente podem se encaixar

---

[*] As formas tautoméricas alternativas da guanina e da timina são chamadas de enólica ou cetônica, dependendo da posição dos prótons codificadores; já os tautômeros da citosina e da adenina são chamados de formas cetônica ou amina.

no sítio ativo da DNA-polimerase (a enzima que faz DNA novo), e, portanto, provavelmente seriam incorporadas no DNA recém--duplicado para provocar mutações.[5]

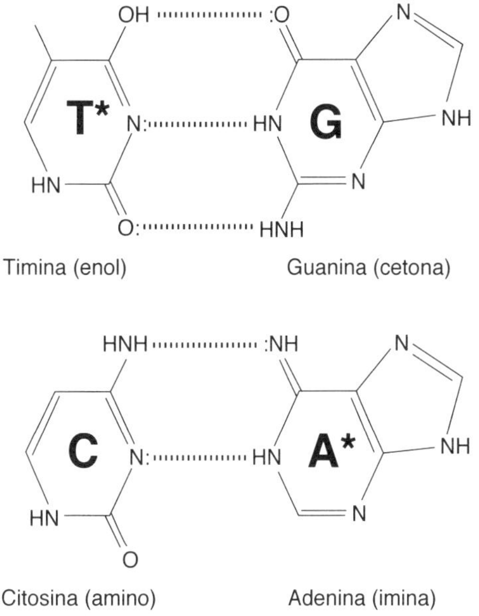

Timina (enol)   Guanina (cetona)

Citosina (amino)   Adenina (imina)

Figura 7.3 *Na forma tautomérica (enólica), indicada por T* na figura, T pode parear incorretamente com G em vez de A, sua parceira de sempre. Do mesmo modo, a forma tautomérica de A (A*) pode parear incorretamente com T. Se esses erros forem incorporados durante a duplicação do DNA, teremos uma mutação.*

Assim, parece que os tautômeros, com prótons em posições alternativas, promovem mutações e, portanto, evolução; mas o que faz os prótons se deslocarem para a posição errada? A possibilidade "clássica" e óbvia seria que às vezes eles são "sacudidos" para o outro lado pelas vibrações moleculares constantes que acontecem em volta. No entanto, isso exige a disponibilidade de energia térmica suficiente para fornecer o ímpeto, o "sacolejo". Como nas reações catalisadas por enzimas discutidas no Capítulo 3, o próton precisa superar uma barreira energética bastante íngreme para fazer o deslocamento. Por outro lado, os prótons podem ser jogados para o outro lado por uma colisão com moléculas de água próximas; mas não há muitas moléculas de água próximas aos prótons codificadores do DNA para lhes dar um esbarrão desses.

Mas há outra rota que, como se descobriu, tem papel importante no modo como as enzimas transferem prótons e elétrons. Uma das consequências da natureza ondulatória de partículas subatômicas como prótons e elétrons é a possibilidade de tunelamento quântico. A imprecisão da posição de qualquer partícula permite que ela *escoe* por uma barreira energética. Vimos no Capítulo 3 que as enzimas utilizam o tunelamento quântico de elétrons e prótons ao aproximarem as moléculas até que o tunelamento ocorra. Uma década depois de Watson e Crick publicarem seu artigo inspirador, o físico sueco Per-Olov Löwdin, que já encontramos neste capítulo, propôs que o tunelamento quântico poderia ser um modo de deslocamento alternativo dos prótons nas ligações de hidrogênio para gerar as formas tautoméricas e mutagênicas dos nucleotídeos.

É importante enfatizar que as mutações do DNA são causadas por vários mecanismos diferentes, como os danos causados por produtos químicos, luz ultravioleta, partículas do decaimento radioativo e até raios cósmicos. Todas essas mudanças ocorrem em nível molecular e, portanto, tendem a envolver processos mecânicos quânticos. No entanto, até agora não há indicação de que os aspectos mais estranhos da mecânica quântica tenham algum papel nessas fontes de mutação. Mas, caso se comprove que o tunelamento quântico está envolvido na formação dos tautômeros das bases do DNA, a esquisitice quântica poderia ter seu papel nas mutações que impulsionam a evolução.

No entanto, os tautômeros das bases do DNA são cerca de 0,01% de todas as bases naturais do DNA e, potencialmente, provocariam erros na mesma escala. Essa taxa de mutação é muito mais alta que a encontrada na natureza, de uma em um bilhão, e, se houver mesmo bases tautoméricas na dupla-hélice, a maioria dos erros resultantes devem ser removidos pelos vários processos de correção ("revisão") que ajudam a assegurar a elevada fidelidade da duplicação do DNA. Mesmo assim, os erros promovidos pelo tunelamento quântico que escaparem da maquinaria corretiva podem ser fonte das mutações que ocorrem naturalmente e impulsionam a evolução de toda a vida na Terra.

A descoberta dos mecanismos subjacentes da mutação, além de importante para o entendimento da evolução, também pode dar uma ideia de como surgem as doenças genéticas ou de como as células se tornam cancerosas, pois ambos os processos são causados por mutações. No entanto, o problema de testar se o tunelamento quântico está envolvido é que, ao contrário de outras causas conhecidas de mutação, como a radiação ou os agentes químicos mutagênicos, ele não pode ser simplesmente ligado ou desligado. Portanto, não é fácil medir as taxas de mutação com ou sem tunelamento para ver se são diferentes.

Mas pode haver um modo alternativo de perceber a origem quântica da mutação, baseado na diferença entre as informações clássicas e quânticas. As informações clássicas podem ser lidas e relidas muitas vezes sem mudar a mensagem, enquanto os sistemas quânticos são sempre perturbados pela medição. Portanto, quando examina uma base do DNA para determinar a posição dos prótons codificadores, a enzima DNA-polimerase realiza uma medição quântica que, em princípio, não é diferente do físico que mede a posição de um próton no laboratório. Em ambos os processos, a medição nunca é inócua: de acordo com a mecânica quântica, qualquer medição, seja realizada pela enzima DNA-polimerase dentro da célula ou pelo contador Geiger do laboratório, muda, inevitavelmente, o estado da partícula medida. Se o estado daquela partícula correspondesse a uma letra do código genético, seria de esperar que a medição, ainda mais se fosse frequente, mudasse o código e, potencialmente, causasse uma mutação. Há algum indício disso?

Embora nosso genoma inteiro seja copiado na duplicação do DNA, a maioria das *leituras* de genes não ocorre nessa duplicação, mas no processo pelo qual as informações genéticas são usadas para conduzir a síntese de proteínas. O primeiro desses dois processos, a chamada *transcrição*, envolve a cópia das informações codificadas no DNA para o RNA, primo químico do DNA. Então, o RNA viaja até a maquinaria de síntese de proteínas para montá-las: esse é o segundo processo, chamado *tradução*. Para distinguir esses processos da cópia de informações genéticas durante a duplicação do DNA, vamos chamá-los de *leitura* do DNA.

Uma característica fundamental desse processo é que alguns genes são lidos com muito mais frequência que os outros. Se a leitura do código do DNA durante a transcrição for uma medição quântica, é de se esperar que os genes mais lidos estejam sujeitos a mais perturbações induzidas pela medição, o que levaria a uma taxa de mutações mais alta. Realmente, é isso que alguns estudos afirmam ter encontrado. Por exemplo, Abhijit Datta e Sue Jinks-Robertson, da Universidade Emory, em Atlanta, nos Estados Unidos, manipularam um único gene de células de levedura para que fosse lido ou poucas vezes para fazer pequenas quantidades de proteína dentro da célula ou muitas vezes para fazer montes de proteínas. Eles descobriram que a taxa de mutações era trinta vezes maior quando o gene era lido mais vezes.[6] Um estudo semelhante com células de camundongo encontrou o mesmo efeito[7], e um estudo recente com genes humanos concluiu que, de nossos genes, os que mais sofrem mutações tendem a ser os mais lidos.[8] Pelo menos, isso é coerente com o efeito da medição na mecânica quântica, mas é claro que não prova que ela esteja envolvida. A leitura do DNA envolve reações bioquímicas que podem perturbar ou danificar de várias maneiras a estrutura molecular dos genes, provocando mutações sem recorrer à mecânica quântica.

Para verificar se a mecânica quântica está envolvida num processo biológico, precisamos de indícios que sejam difíceis ou impossíveis de entender sem ela. Na verdade, foi um enigma desse tipo que provocou em nós dois o interesse pelo papel que a mecânica quântica poderia ter na biologia.

Genes saltadores quânticos?

Em setembro de 1988, um artigo sobre genética bacteriana escrito por John Cairns, geneticista de grande destaque que trabalha na Escola de Saúde Pública de Harvard, em Boston, foi publicado na revista *Nature*[9]. O artigo parecia contradizer aquele princípio fundamental da teoria evolucionária neodarwiniana: o princípio de que as mutações, a fonte da variação genética, ocorrem aleatoriamente e que a direção da evolução é dada pela seleção natural – a "sobrevivência do mais apto".

Cairns, físico e cientista britânico formado em Oxford, trabalhou na Austrália e em Uganda antes de tirar um ano sabático em 1961 no famosíssimo Laboratório de Cold Spring Harbor, no estado americano de Nova York. De 1963 a 1968, trabalhou como diretor do laboratório, que foi uma incubadora da ciência emergente da biologia molecular, principalmente nas décadas de 1960 e 1970, quando entre os que lá trabalhavam havia cientistas como Salvador Luria, Max Delbrück e James Watson. Cairns chegara a conhecer Watson muitos anos antes, quando, bastante desgrenhado, o futuro ganhador do Nobel fez uma apresentação divagante num encontro em Oxford, e não havia ficado com uma impressão muito boa; na verdade, a ideia geral de Cairns sobre um dos imortais da ciência foi: "Achei que ele era totalmente maluco".[10]

Em Cold Spring Harbor, Cairns realizou vários estudos memoráveis. Por exemplo, ele demonstrou que a duplicação do DNA começa num único ponto e depois se desloca ao longo do cromossomo, como um trem percorrendo os trilhos. Ele também deve ter aprendido a gostar de James Watson, porque em 1966 os dois organizaram conjuntamente um livro sobre o papel dos vírus bacterianos no desenvolvimento da biologia molecular. Então, na década de 1990, ele se interessou por aquele estudo anterior de Luria e Delbrück que lhes deu o Prêmio Nobel e que parecia provar que as mutações acontecem aleatoriamente, antes que o organismo seja exposto a alguma dificuldade ambiental. Cairns considerou que havia um ponto fraco no projeto da experiência de Luria e Delbrück, com a qual eles pretendiam provar que as bactérias mutantes resistentes a um vírus já existiam na população em vez de surgir em resposta à exposição ao vírus.

Cairns ressaltou que qualquer bactéria que já não fosse resistente ao vírus não teria tempo de desenvolver novas mutações adaptativas em resposta à dificuldade, porque seria morta bem depressa pelo vírus. Ele imaginou um projeto alternativo para a experiência que dava às bactérias uma oportunidade melhor de desenvolver mutações em resposta a uma dificuldade. Em vez de buscar mutações que dessem resistência a um vírus fatal, ele fez as células passarem fome e buscou mutações que permitissem às bactérias sobreviver e crescer. Como Luria e Delbrück, ele viu que alguns mutantes conseguiram crescer na mesma hora, mostrando que eram preexistentes na população; mas, ao contrário do estudo anterior, ele observou muito mais mutações que apareceram bem depois, aparentemente *como reação* à fome.

O resultado de Cairns contradizia o princípio bem estabelecido de que as mutações ocorrem aleatoriamente; suas experiências pareciam demonstrar que as mutações tendiam a ocorrer quando fossem vantajosas. Os achados pareciam sustentar a desacreditada teoria lamarckiana da evolução; as bactérias famintas não estavam criando um pescoço comprido, mas, como no antílope imaginário de Lamarck, pareciam reagir à dificuldade ambiental com a geração de modificações herdáveis: mutações.

Os achados experimentais de Cairns logo foram confirmados por vários cientistas. Mas o fenômeno não tinha explicação dentro da genética e da biologia molecular contemporâneas. Simplesmente não se conhecia nenhum mecanismo que permitisse a uma bactéria, ou a qualquer criatura, *escolher* quando e em que genes criar mutações. O achado também parecia contradizer aquilo que às vezes é chamado de dogma central da biologia molecular: o princípio de que a informação flui num único sentido durante a transcrição, do DNA para as proteínas e delas para o ambiente da célula ou do organismo. Se o resultado de Cairns estivesse correto, as células também seriam capazes de inverter o fluxo das informações genéticas, permitindo que o ambiente influenciasse o que está escrito no DNA.

A publicação do artigo de Cairns provocou uma saraivada de controvérsias e uma avalanche de cartas à *Nature* tentando entender o achado. Como geneticista bacteriano, Johnjoe ficou curiosíssimo com o fenômeno das "mutações adaptativas", como passaram a ser conhecidas. Na época, ele estava lendo uma descrição leiga da mecânica quântica, o popular livro *À procura do gato de Schrödinger*, de John Gribbin[11], e não pôde deixar de imaginar que a mecânica quântica, principalmente aquele processo enigmático da medição quântica, talvez oferecesse uma explicação do resultado de Cairns. Johnjoe também conhecia a afirmação de Löwdin de que o código genético está escrito com letras quânticas; portanto, se Löwdin estivesse certo, o genoma da bactéria de Cairns teria de ser considerado um sistema quântico. E se isso fosse verdade, indagar se havia uma mutação constituiria uma medição quântica. A influência perturbadora da medição quântica poderia explicar o estranho resultado de Cairns? Para examinar essa possibilidade, precisamos dar uma olhada mais atenta na montagem da experiência de Cairns.

Ele pôs milhões de células da bactéria intestinal *E. coli** na superfície de um gel em discos que continham como alimento apenas o açúcar lactose. A cepa específica de *E. coli* que Cairns usou tinha um erro num dos genes que a tornava incapaz de comer lactose, e assim as bactérias passaram fome. Mas não morreram; só ficaram ali, na superfície do gel. O que surpreendeu Cairns e provocou toda a controvérsia foi que elas não ficaram assim muito tempo. Depois de vários dias, ele observou que apareciam colônias na superfície do gel. Cada colônia se compunha de mutantes descendentes de uma única célula na qual uma mutação corrigira o erro do código do DNA do gene defeituoso da digestão de lactose. As colônias mutantes continuaram a aparecer durante vários dias até que os discos finalmente se esgotaram.

De acordo com a teoria evolucionária mais comum, exemplificada pela experiência de Luria e Delbrück, a evolução da célula de *E. coli* exigiria a presença de mutantes preexistentes na população. Alguns deles realmente apareceram no início da experiência, mas não eram numerosos o suficiente para explicar as abundantes colônias comedoras de lactose que surgiram rapidamente dali a vários dias, *depois* que as bactérias foram colocadas no ambiente de lactose (no qual as mutações poderiam dar às células uma vantagem adaptativa – daí o nome "mutações adaptativas").

Cairns eliminou as explicações triviais do fenômeno, como um aumento geral das mutações. Ele também demonstrou que as mutações adaptativas só ocorreriam em ambientes onde a mutação fosse vantajosa. Mas seu resultado não podia ser explicado pela biologia molecular clássica: as mutações deveriam ocorrer na mesma taxa, com lactose presente ou não. No entanto, como argumentou Löwdin, se, em essência, os genes forem sistemas quânticos de informação, a presença de lactose constituiria, potencialmente, uma

---

* *Escherichia coli.*

medição quântica, pois revelaria se o DNA da célula sofreu mutação ou não: um evento de nível quântico dependente da posição de prótons individuais. A medição quântica explicaria a diferença da taxa de mutação observada por Cairns?

Johnjoe decidiu apresentar suas ideias para exame no Departamento de Física da Universidade de Surrey. Jim estava na plateia e, embora cético, mesmo assim ficou curioso. Decidimos trabalhar juntos e investigar se a ideia tinha algum pezinho quântico; finalmente, imaginamos um modelo "mais ou menos"* que, segundo nossa proposta, poderia explicar as mutações adaptativas; ele foi publicado na revista *Biosystems* em 1999.[12]

O modelo parte da premissa de que os prótons podem se comportar segundo a mecânica quântica; portanto, os prótons do DNA das células famintas de *E. coli* tunelarão de vez em quando para a posição tautomérica (mutagênica) e, com a mesma facilidade, podem tunelar de novo para a posição original. Quanticamente, o sistema tem de ser considerado em superposição de dois estados, tunelado e não tunelado, com o próton descrito por uma função de onda que se espalha pelos dois locais, mas é assimétrica – com uma probabilidade muito maior de encontrar o próton na posição não mutada. Aqui, não há nenhum aparelho ou dispositivo experimental de medição para registrar onde está o próton; mas o processo de medição que discutimos no Capítulo 4 é realizado pelo ambiente circundante. Ele ocorre o tempo todo: por exemplo, a leitura do DNA pela maquinaria de síntese proteica força o próton a "decidir" de que lado da ligação está, se no normal (sem crescimento) ou no tautomérico (crescimento); na maioria dos casos, ele se encontrará na posição normal.

Imaginemos os discos de *E. coli* de Cairns como uma caixa de moedas em que cada moeda representa o próton da principal base

---

* Com isso queremos dizer que não há um arcabouço matemático rigoroso.

nucleotídica do gene de utilização da lactose*. Esse próton pode existir em dois estados: "cara", que corresponde à posição normal não tautomérica, ou "coroa", que corresponde à posição tautomérica rara. Comecemos com todas as moedas de cara para cima, correspondendo ao começo da experiência com o próton na posição não tautomérica. Mas, segundo a mecânica quântica, o próton está sempre em superposição das posições normal e tautomérica, de modo que nossas moedas quânticas imaginárias estarão, do mesmo modo, em superposição de cara e coroa, com a maior parte da onda de probabilidade favorecendo o estado normal de cara para cima. Mas a posição do próton acabará medida pelo ambiente circundante dentro da célula, que o forçará a escolher onde está, o que podemos imaginar como um tipo de lançamento molecular da moeda, com probabilidade avassaladora de dar cara. De vez em quando, o DNA pode ser copiado†, mas toda fita nova codificará apenas as informações genéticas que lá estiverem, que, quase sempre, codificam apenas a enzima defeituosa, de modo que a célula continuará a passar fome.

Mas lembre-se de que a moeda representa uma partícula quântica, um próton da fita de DNA; portanto, mesmo depois da medição, ela está livre para voltar ao mundo quântico e restabelecer a superposição quântica original. Assim, depois de ser lançada e cair mostrando cara, a moeda será lançada outra vez, e outra, e mais outra. Finalmente, mostrará coroa. Nesse estado, o DNA pode ser copiado outra vez, mas agora fará a enzima ativa. Na ausência de lactose, isso não fará nenhuma diferença, porque, sem lactose, o gene é inútil. A célula continuará a passar fome.

---

* Na realidade, haverá mais de uma ligação de hidrogênio unindo o par de bases, mas o argumento é igualmente válido se simplificarmos o quadro supondo apenas uma.

† Células famintas e estressadas podem continuar tentando copiar seu DNA, mas a duplicação provavelmente será abortada por causa da limitação de recursos disponíveis, e só se fazem trechos curtos, correspondentes a poucos genes.

No entanto, se houver lactose presente, a situação será muito diferente, porque o gene corrigido criado pela célula lhe permitirá consumir lactose, crescer e multiplicar-se. O retorno ao estado de superposição quântica não será mais possível. O sistema será irreversivelmente capturado pelo mundo clássico como célula mutante. Podemos conceber isso como se – apenas em presença de lactose – tirássemos da caixa aquelas moedas raras que caem mostrando coroa e as puséssemos em outra marcada "mutantes". Na caixa original, as moedas restantes (as células de *E. coli*) continuarão a ser lançadas e, sempre que der coroa, a moeda será transferida para a caixa de mutantes. Aos poucos, a caixa de mutantes acumulará cada vez mais moedas. Se traduzirmos isso de volta para a experiência, os mutantes capazes de crescer com a lactose aparecerão continuamente, como Cairns descobriu.

Publicamos nosso modelo em 1999, mas ele não atraiu muitos convertidos. Sem esmorecer, Johnjoe escreveu o livro *Quantum Evolution*[13], que atribuía à mecânica quântica um papel mais amplo na biologia e na evolução. Mas lembre-se: isso foi antes que o papel do tunelamento de prótons nas enzimas fosse amplamente aceito, e a coerência quântica ainda não fora descoberta na fotossíntese, de modo que os cientistas viam com ceticismo justificado a ideia do envolvimento de fenômenos quânticos esquisitos nas mutações; na verdade, pulamos por cima de vários problemas.[14] Além disso, o fenômeno das mutações adaptativas virou uma *bagunça*. Descobriu-se que as células famintas de *E. coli* da experiência de Cairns conseguiam sobreviver com os traços de nutrientes das células mortas e moribundas e às vezes duplicavam e até trocavam DNA. Começaram a surgir explicações convencionais para as mutações adaptativas, que afirmavam justificar o aumento da taxa de mutação com uma combinação de vários processos: o aumento geral da taxa de mutação de todos os genes; a morte celular e a liberação do DNA mutante das células mortas; finalmente, a absorção seletiva e a amplificação do gene mutante da lactose pelas células sobreviventes que conseguissem incorporá-lo a seu genoma[15].

Ainda não está claro se essas explicações "convencionais" conseguem elucidar completamente as mutações adaptativas. Vinte e cinco anos depois da publicação do primeiro artigo de Cairns, o fenômeno continua desconcertante, como evidenciado pela publicação constante de artigos que examinam seu mecanismo[16], não só na *E. coli* como em vários outros micróbios. Na situação atual, não excluímos a possibilidade de que o tunelamento quântico esteja envolvido nas mutações adaptativas; mas, neste momento, não podemos afirmar que seja a única explicação.

Na ausência de uma forte necessidade de envolver a mecânica quântica nas mutações adaptativas, decidimos recentemente dar um passo atrás e investigar a questão mais fundamental da existência de um papel do tunelamento quântico nas mutações. Como você deve se lembrar, a defesa de que o tunelamento quântico estava envolvido nas mutações foi feita pela primeira vez, com base teórica, por Löwdin, e, desde então, foi sustentada por vários estudos teóricos[17] e também estudos experimentais dos chamados "modelos de pares de bases", que são substâncias químicas projetadas para terem as mesmas propriedades de pareamento de bases do DNA, mas que sejam mais receptivas à experimentação. No entanto, até agora ninguém provou que o tunelamento de prótons provoque mutações. O problema é que ele tem de competir com várias outras causas e mecanismos de reparos de mutações, o que torna muito mais difícil a revelação de seu papel, caso ele exista.

Para investigar essa questão, Johnjoe pegou emprestadas ideias das experiências com enzimas descritas no Capítulo 3; você deve recordar que o envolvimento do tunelamento de prótons foi deduzido depois da descoberta do "efeito isotópico cinético". Se o tunelamento quântico estiver envolvido na aceleração de uma reação enzimática, a substituição do núcleo de hidrogênio (um único próton) pelo de deutério (um próton e um nêutron) deverá retardar a reação, já que o tunelamento quântico será extremamente sensível à duplicação da massa da partícula que tenta tunelar. Atualmente, Johnjoe tenta uma abordagem semelhante da mutação e investiga se as taxas de mutação são diferentes na água deuterada: D_2O em vez de H_2O. Enquanto escrevemos, parece que a taxa realmente se altera com a substituição; mas é preciso muito mais trabalho para ter certeza de que o efeito realmente se deve ao tunelamento quântico, já que substituir hidrogênio por deutério afetaria muitos outros processos biomoleculares sem recorrer a nenhuma explicação da mecânica quântica.

Jim se concentra em investigar se o tunelamento quântico de prótons na dupla-hélice do DNA é factível em termos teóricos. Quando ataca um problema complexo como esse, o físico teórico tenta criar um modelo simplificado que seja matematicamente manipulável, mas mantenha as características do sistema ou do processo consideradas mais importantes. Depois, a sofisticação e a complexidade desses modelos podem ser aumentadas com o acréscimo de mais detalhes para chegar ainda mais perto da situação real.

Nesse caso, o modelo escolhido como ponto de partida da análise matemática pode ser imaginado como uma bola (que representa o próton) mantida em seu lugar por duas molas presas às paredes (Figura 7.4), uma de cada lado, que puxam a bola em sentidos opostos. A bola tende a descansar na posição em que a tração de ambas as molas for igual; portanto, se uma das molas for um pouquinho mais rígida (menos elástica) que a outra, a bola ficará mais perto da parede onde esta mola mais rígida está presa. No entanto, ainda haveria uma certa "folga" nessa mola, e também seria possível que a bola ficasse numa posição menos estável e mais próxima da outra parede. Isso corresponde ao que, na física quântica, se chama *poço duplo de potencial energético* e descreve a situação de um próton codificador da fita de DNA, na qual o poço à esquerda no diagrama corresponde à posição normal do próton e o poço à direita corresponde à posição tautomérica mais rara. Considerado classicamente, se receber um pontapé com energia suficiente de uma fonte externa, o próton, embora encontrado com mais frequência no poço da esquerda, pode ser jogado para o outro lado (tautomérico). Mas sempre será encontrado num poço ou no outro. No entanto, a mecânica quântica permite que o próton tunele espontaneamente pela barreira, mesmo que tenha energia insuficiente para passar por cima: ele não precisa necessariamente do pontapé. Além disso, o próton pode, portanto, estar em superposição de dois estados (poço direito e esquerdo) ao mesmo tempo.

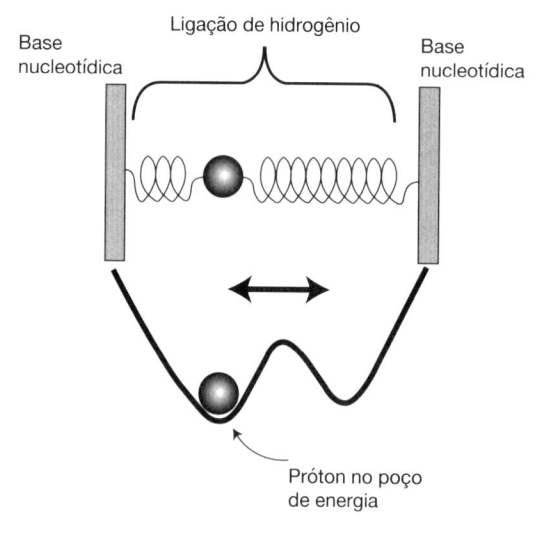

Figura 7.4 *O próton de uma ligação de hidrogênio entre dois sítios de bases do DNA pode ser considerado preso a duas molas, de modo a oscilar de um lado para o outro. Há duas posições estáveis possíveis, modeladas aqui como um poço duplo de energia. O poço da esquerda (que corresponde à posição não mutada) é um pouquinho mais profundo que o da direita (a posição tautomérica), e assim o próton prefere ficar no da esquerda.*

É claro que fazer um desenho é muito mais fácil que escrever um modelo matemático que descreva corretamente a situação. Para entender o comportamento do próton, precisamos mapear com muita exatidão o formato desse poço de potencial, ou superfície de energia. Isso não é nada trivial, pois seu formato exato depende de muitas variáveis. Além de tipicamente fazer parte de uma estrutura grande e complexa do DNA, com centenas e até milhares de átomos, dentro da célula a ligação de hidrogênio também está imersa num banho morno de moléculas de água e outras substâncias químicas. Além disso, vibrações moleculares, flutuações térmicas, reações químicas iniciadas por enzimas e até radiação ultravioleta ou ionizante podem afetar, direta e indiretamente, o comportamento da ligação do DNA.

Um caminho para atacar esse nível de complexidade adotado por Adam Godbeer, aluno de Jim no doutorado, envolve o uso de uma abordagem matemática potente e atualmente popular entre os físicos e os químicos para modelar estruturas complexas, a chamada *teoria do funcional da densidade* (TFD ou, como alguns preferem, DFT na sigla em inglês). Ela permite que o formato da energia da ligação de hidrogênio seja calculado com muita precisão levando em conta o máximo de informações estruturais do par de bases do DNA que for computacionalmente possível. O trabalho da TFD pode ser pensado como a criação de um mapa de todas as forças que atuam sobre a ligação de hidrogênio em virtude de atração, rejeição e oscilação dos átomos circundantes do DNA. Essa informação é então usada para calcular o modo como o próton que tunela se comporta no decorrer do tempo. Uma complicação a mais é que a presença dos átomos circundantes do DNA e das moléculas de água afeta continuamente o comportamento do próton e sua capacidade de tunelar quanticamente de uma fita do DNA à outra. Mas essa influência constante do ambiente externo também pode ser incluída nas equações da mecânica quântica. No momento da escrita, em meados de

2014, os resultados preliminares de Adam indicam que, embora seja possível que os dois prótons tunelem para a posição tautomérica na ligação A–T, a probabilidade de isso acontecer é bem pequena. Entretanto, o que os modelos teóricos mostram é que a ação do ambiente circundante dentro da célula auxilia ativamente, em vez de atrapalhar, o processo de tunelamento.

Então, no presente momento, o que podemos conjeturar sobre a ligação entre a mecânica quântica e a genética? Vimos que ela é fundamental para a hereditariedade, já que nosso código genético é escrito com partículas quânticas. Como Erwin Schrödinger previu, os genes quânticos codificam a estrutura clássica e o funcionamento de todos os micróbios, as plantas e os animais que já viveram. Isso não é acidente nem é irrelevante, porque a cópia dos genes com alta fidelidade simplesmente não daria certo se as estruturas fossem clássicas: eles são pequenos demais para não serem influenciados pelas regras quânticas. A natureza quântica dos genes permitiu que aqueles micróbios de Vostok duplicassem fielmente seu genoma durante milhares de anos, assim como permitiu que nossos ancestrais copiassem seus genes durante os muitos milhões, na verdade bilhões de anos que vêm desde o surgimento da vida em nosso planeta. A vida não sobreviveria nem evoluiria na Terra se, bilhões de anos atrás, não tivesse "descoberto" o truque de codificar informações no terreno quântico*. Por outro lado, ainda não se sabe se a mecânica quântica tem papel importante e direto nas mutações genéticas, aquela *infidelidade* da cópia de informações genéticas que é tão fundamental para a evolução.

---

* Atualmente, essa é uma questão controversa da biologia quântica: a vida descobriu essas vantagens quânticas ou a mecânica quântica simplesmente foi no bolo?

8. Mente

Jean-Marie Chauvet nasceu na antiga província francesa de Auvergne, mas quando tinha 5 anos seus pais se mudaram para Ardèche, a sudeste, uma região espetacular, com rios, gargantas e desfiladeiros cortados na pedra calcária que a formava. Aos doze anos, Jean-Marie descobriu a paixão de sua vida quando ele e os amigos puseram capacetes da Segunda Guerra Mundial e foram explorar as muitas grutas e cavernas abertas nas paredes do vale de Ardèche, ao longo de seu grande rio. Ele largou a escola aos catorze anos, primeiro para trabalhar como pedreiro, depois como balconista de loja de ferragens e, finalmente, como zelador. Mas, inspirado no livro *Ma vie souterraine* (Minha vida subterrânea, em tradução livre), de Norbert Casteret, Jean-Marie dedicava todos os fins de semana possíveis à paixão da infância: escalava encostas rochosas íngremes ou cavava até cavernas escuras, sonhando em ser um dia o primeiro a pôr os olhos no tesouro oculto de uma caverna inexplorada. "É sempre o desconhecido que nos guia. Quem anda por uma caverna não sabe o que vai encontrar. Ela acabará na próxima curva ou descobriremos algo fantástico?"[1]

O dia 18 de dezembro de 1994, um sábado, foi um começo de fim de semana como outro qualquer para Jean-Marie, aos 42 anos, e seus dois amigos exploradores, Eliette Brunel-Deschamps e Christian Hillaire, que percorriam as gargantas atrás de algo novo. Quando a tarde caiu e o ar esfriou, eles decidiram explorar uma área chamada Cirque d'Estre, que recebe o resto de sol do fim de tarde e que, em dias frios de inverno, costuma ser um pouco mais quente que as partes sombreadas do vale. Os amigos seguiram uma antiga trilha de mulas que serpenteava pelo penhasco entre terraços de azinheiras, buxos e urzes, com uma vista extraordinária da Pont d'Arc na entrada da garganta. Enquanto avançavam com dificuldade pelo mato, notaram uma pequena cavidade na pedra, com cerca de 25 centímetros de largura e 75 de altura.

Era, literalmente, um convite aberto aos amantes de cavernas, que logo se espremeram pela abertura e entraram numa pequena câmara, com poucos metros de comprimento e altura quase insuficiente para que ficassem em pé. Quase no mesmo instante, eles notaram uma leve corrente de ar que vinha do fundo da câmara. Quem já explorou cavernas conhece a sensação do ventinho quente que vem de um túnel invisível. A maioria das passagens ocultas é bem conhecida dos espeleólogos experientes; elas só ficam além do facho estreito de luz da lanterna. Mas a corrente de ar daquela câmara minúscula não vinha de nenhuma caverna conhecida. A equipe se revezou removendo pedras no final da câmara até localizarem a fonte de ar: um duto que descia verticalmente. Eliette, a menor da equipe, foi a primeira a ser baixada por uma corda até a escuridão de um duto estreito onde ela podia rastejar. Primeiro descia, depois voltava a subir até se abrir, e nesse momento Eliette viu que estava pendurada dez metros acima de um chão de argila. A lanterna era fraca demais para iluminar a parede do outro lado, mas o eco que respondeu a seu grito na escuridão lhe revelou que estava numa caverna grande.

A equipe ficou muito empolgada, mas teve de voltar à camionete estacionada no sopé do penhasco para buscar uma escada. Depois de refazerem seus passos até a cavidade, eles desenrolaram a escada e Jean-Marie foi o primeiro a chegar ao piso da caverna. Era mesmo grande, com pelo menos 50 metros de altura e outros tantos de largura, com colunas estonteantes de calcita branca. Com cuidado, os três avançaram pela escuridão, pisando nas pegadas uns dos outros para não perturbar o ambiente intocado e passando por grandes derramamentos e cortinas de madrepérola, entre ossos e dentes de ursos mortos há muito tempo, espalhados em antigos ninhos de hibernação cavados no piso de argila.

Quando a lanterna de Eliette atingiu a parede, ela deu um grito. Avistara uma linha de ocre vermelho formando o contorno de um pequeno mamute. Sem fala, os amigos foram até a parede e iluminaram, uma de cada vez, as formas de um urso, um leão, aves de rapina, outro mamute e até um rinoceronte e mãos humanas silhuetadas. "Eu não parava de pensar: 'Estamos sonhando. Estamos sonhando'", recordou Chauvet.[2]

As lanternas da equipe estavam perdendo força, e eles refizeram seus passos, rastejaram para fora da caverna e voltaram à casa de Eliette para jantar com sua filha Carole. Mas os relatos emocionados, desconjuntados e quase incoerentes do que tinham visto deixaram Carole tão curiosa que ela insistiu que a levassem até a caverna para que ela pudesse ver as maravilhas com os próprios olhos.

Já escurecera quando entraram na caverna outra vez, agora com lanternas mais potentes que revelaram todo o esplendor da descoberta: várias cavernas decoradas com um jardim zoológico maravilhoso, com cavalos, patos, uma coruja, leões, hienas, panteras, veados, mamutes, íbex e bisões. A maioria era desenhada com um estilo realista impressionante, com sombreado de carvão e cabeças sobrepostas para sugerir perspectiva, e em posturas com verdadeiro apelo emocional. Havia uma fila de cavalos calmos e pensativos, um bebê mamute fofinho com grandes pés redondos e um par de rinocerontes no ataque. Havia até um rinoceronte cujas sete patas indicavam um movimento de corrida.

A caverna de Chauvet, como ficou conhecida, é reconhecida hoje como um dos sítios mais importantes da arte pré-histórica. Por ser tão intocada – há até pegadas intactas dos antigos habitantes –, permanece selada e guardada para preservar o ambiente delicado. O acesso é estritamente controlado, e apenas alguns sortudos tiveram permissão de entrar; um deles foi o cineasta alemão Werner Herzog, cujo filme *A caverna dos sonhos esquecidos*, de 2011, é o mais perto que a maioria chegará de apreciar a notável arte rupestre dos caçadores da Idade do Gelo que se abrigaram naquelas grutas trinta mil anos atrás.

O que desejamos explorar neste capítulo não são as imagens rupestres propriamente ditas, mas o enigma que o título do filme de Herzog provavelmente evoca melhor. Para qualquer um que veja as pinturas, fica claro que não são simples representações planas do que era visto pelo olho. Muitas vezes elas são abstraídas para provocar a impressão de movimento, e utilizam dobras e curvas da pedra para dotar os animais representados de uma presença quase tridimensional*. Esses artistas não pintaram objetos, simplesmente; eles pintaram ideias. Os seres humanos que esfregaram pigmentos nas paredes da caverna de Chauvet eram, como nós, gente que pensava sobre o mundo e seu lugar nele; eram conscientes.

Mas o que é consciência? É claro que essa questão atormenta filósofos, artistas, neurobiólogos e, na verdade, todos nós, provavelmente desde que somos conscientes. Neste capítulo, seguiremos o caminho do covarde e não tentaremos dar nenhuma definição

---

* De modo chocante para muitos cinemaníacos, o filme de Herzog é em 3D.

rígida. Na verdade, nossa opinião é que a busca pela compreensão do mais estranho dos fenômenos biológicos costuma ser atrapalhada pela insistência meticulosa em defini-lo. Os biólogos não conseguem sequer concordar com uma definição única de vida; mas isso não os impediu de desvelar aspectos da célula, da dupla-hélice, da fotossíntese, das enzimas e de uma série de outros fenômenos da vida, incluindo muitos movidos a mecânica quântica, que até agora revelaram bastante sobre o que significa estar vivo.

Exploramos várias dessas revelações em capítulos anteriores, mas tudo o que discutimos até aqui, das bússolas magnéticas à ação das enzimas, da fotossíntese à hereditariedade e ao olfato, pode ser discutido em termos de química e física convencionais. Embora seja pouco familiar, principalmente do ponto de vista de muitos biólogos, ainda assim a mecânica quântica se encaixa perfeitamente no arcabouço da ciência moderna. E, embora talvez pela intuição ou pelo senso comum, não compreendamos bem o que acontece na experiência da dupla fenda ou no emaranhamento quântico, a matemática que sustenta a mecânica quântica é precisa, lógica e incrivelmente poderosa.

Mas a consciência é diferente. Ninguém sabe onde ou como se encaixa no tipo de ciência que discutimos até aqui. Não há equações matemáticas (de boa reputação) que incluam a palavra "consciência"; e, ao contrário da catálise ou do transporte de energia, digamos, até agora ela não foi descoberta em nada que não estivesse vivo. Será uma propriedade da vida *como um todo*? A maioria acharia que não e reservaria a consciência para as criaturas que possuem sistema nervoso; mas, então, quanto sistema nervoso seria necessário? Peixes-palhaços têm saudade de seu recife natal? Nosso pisco-de-peito-ruivo realmente sente ânsia de voar para o sul no inverno ou vai no piloto automático, como um drone? A maioria dos donos de animais de estimação está convencida de que seus cães, gatos ou cavalos são conscientes; então como a consciência surgiu nos mamíferos? Muita gente que cria canários ou periquitos tem a mesma certeza de que seus animais também têm personalidade própria e são tão conscientes quanto os gatos que os perseguem. Mas, se a consciência é comum a aves e mamíferos, então provavelmente ambos herdaram a propriedade de um ancestral consciente comum, talvez algo como o réptil primitivo chamado *amniota,* que viveu há mais de trezentos milhões de anos e parece ser o ancestral de aves, mamíferos e dinossauros. Então, o tiranossauro que encontramos no Capítulo 3 sentiu medo ao afundar no pântano triássico? E os animais mais primitivos, seriam mesmo inconscientes? Muitos donos de aquários insistem que peixes e moluscos como os polvos são conscientes; mas, para achar um ancestral de todos esses grupos, teríamos de voltar ao surgimento dos vertebrados no período Cambriano, quinhentos milhões de anos atrás. A consciência será mesmo tão antiga?

É claro que não sabemos. Até os donos de animais de estimação têm apenas palpites, porque na verdade ninguém sabe distinguir comportamentos aparentemente humanos da verdadeira consciência. Sem saber o que *é* consciência, nunca saberemos quais formas de vida têm essa propriedade. Portanto, nossa abordagem ingênua será nos abster desses argumentos e debates e permanecer inteiramente agnósticos nas questões de quando a consciência surgiu em nosso planeta ou quais parentes nossos no reino animal são autoconscientes. Tomaremos como ponto de partida a insistência de que aqueles ancestrais nossos que pintaram as ideias de ursos, bisões e cavalos selvagens nas paredes de cavernas antigas sem dúvida eram conscientes. Portanto, em algum momento entre os três bilhões de anos atrás, mais ou menos, quando surgiram os primeiros micróbios na lama primeva, e as dezenas de milhares de anos atrás, quando aqueles antigos seres humanos decoraram cavernas com impressões de animais, uma propriedade bizarra surgiu na matéria da qual se compõem os organismos vivos: parte dessa matéria se tornou consciente. Neste capítulo, nossa meta será considerar como e por que isso aconteceu e examinar a sugestão controversa de que a mecânica quântica teve papel fundamental no surgimento da consciência.

Em primeiro lugar, no espírito dos capítulos anteriores, perguntaremos se *precisamos* recorrer à mecânica quântica para explicar esse misteriosíssimo fenômeno humano. Sem dúvida não basta, como fazem alguns, adotar a opinião de que a consciência é misteriosa e difícil de identificar, e a mecânica quântica é misteriosa e difícil de identificar; portanto, com certeza, as duas devem ter alguma ligação.

Até que ponto a consciência é esquisita?

Talvez o fato mais esquisito que conhecemos sobre o universo seja que sabemos muito sobre ele, em virtude de uma propriedade extraordinária daquelas partes dele que estão fechadas dentro de nosso crânio: a mente consciente. Isso é mesmo extremamente bizarro, ainda mais porque o funcionamento dessa propriedade esquisita não é nada claro.

Os filósofos costumam sondar essa questão imaginando a existência de zumbis. Eles funcionam do mesmo modo que os seres humanos: realizam suas atividades, pintam paredes de cavernas ou leem livros, mas sem vida íntima nenhuma; nada acontece dentro da cabeça deles, a não ser cálculos mecânicos que provocam o movimento dos membros ou as funções motoras que alimentam sua linguagem. Os zumbis são autômatos, sem consciência nem noção de experiência. A possibilidade, pelo menos teórica, de seres como esses existirem é evidenciada pelo fato de que muitas ações nossas – caminhar, andar de bicicleta, os movimentos necessários para tocar um instrumento musical conhecido etc. – podem ser realizadas inconscientemente (no sentido de que nossa mente consciente pode estar longe quando cumprimos essas tarefas), sem consciência nem recordação da experiência. Na verdade, quando realmente pensamos nelas, paradoxalmente nosso desempenho nessas atividades se atrapalha. Pelo menos nessas ações, a consciência parece dispensável. Mas, se existem atividades que podem ser executadas sem consciência, será pelo menos possível imaginar uma criatura que execute todas as atividades humanas no piloto automático?

Parece que não; há algumas atividades para as quais a consciência parece indispensável, como a linguagem natural. É dificílimo imaginar uma conversa no piloto automático. Também seria difícil para nós fazer uma conta complicada ou resolver palavras-cruzadas automaticamente. Não conseguimos imaginar nossa artista da Idade do Gelo (suporemos arbitrariamente que era mulher) sendo capaz de pintar um bisão tendo à sua frente apenas a parede da caverna se não fosse consciente. O que todas essas atividades necessariamente conscientes têm em comum é serem movidas por *ideias*, como a ideia atrás de uma palavra, a solução de um problema ou a compreensão do que é um bisão e do que ele significa para o povo da Idade da Pedra. Na verdade, as paredes da caverna de Chauvet oferecem muitos indícios dessa aplicação poderosíssima de ideias: reunir várias delas para formar um novo conceito. Uma pedra pendente, por exemplo, está pintada com uma figura impossível cuja parte superior do corpo é de bisão e a metade inferior, humana. Um objeto desses só poderia ter sido criado numa mente consciente.

O que, então, são as ideias? Para nossos propósitos, vamos supor que as ideias representem informações complexas que se unem em nossa mente consciente para formar conceitos com significado para nós, como o significado, qualquer que fosse, da imagem meio humana, meio bisão na parede da caverna de Chauvet para o povo que a habitava. Essa compressão de informações complexas numa ideia única foi observada numa descrição atribuída a Mozart de que uma composição musical inteira poderia ser "terminada na minha cabeça, embora possa ser longa. Então, minha mente a apreende num passar de olhos [...] Ela não vem sucessivamente, com várias partes elaboradas com detalhes, como ficarão depois, mas em sua inteireza".[3] A mente consciente é capaz de "apreender" informações complexas "com várias partes", de modo que seu significado seja compreendido "em sua inteireza". A consciência permite à mente ser movida por ideias e conceitos em vez de meros estímulos.

Mas como informações neuronais complexas se colam umas nas outras na mente consciente para formar uma ideia? Essa questão é um aspecto do primeiro enigma da consciência, muitas vezes chamado de *binding problem* ou problema da integração: como informações codificadas em regiões disparatadas do cérebro se reúnem na mente consciente? O problema da integração costuma ser formulado em termos de informações visuais ou outros tipos de informação sensorial. Recordemos, por exemplo, a descrição evocativa que Luca Turin fez do aroma do perfume Nombre Noir, da Shiseido: "Ficava a meio caminho entre uma rosa e uma violeta, mas sem nenhum vestígio da doçura das duas; em vez disso, ficava contra um pano de fundo austero, quase santo, de notas do cedro de uma caixa de charutos". Turin não sentiu o perfume como uma mistura de cheiros diferentes, cada um deles associado ao disparo de seu neurônio receptor olfatório específico, mas como um único aroma com uma variedade de notas e tons evocativos subjacentes, inclusive o significado de toda uma série de conceitos acessórios, como charutos e violetas. Do mesmo modo, imagens e sons não são vivenciados como proporções distintas de cores, texturas ou notas, mas como impressões sensoriais integradas, lembranças e conceitos, por exemplo, de um bisão, uma árvore ou uma pessoa.

Imagine nossa artista paleolítica observando um bisão de verdade. Seus olhos, nariz, ouvidos e, se o bisão estivesse morto, receptores do tato nos dedos capturariam a miríade de impressões sensoriais do animal, como cheiro, formato, cor, textura, movimento e som. No Capítulo 5, discutimos de que modo os aromas são captados pelo olfato. Talvez você se recorde de que as moléculas odorantes que se ligam a cada neurônio olfatório fazem o nervo "disparar", ou seja, ele manda um sinal elétrico pelo axônio (o cabo de vassoura da célula) que vai do epitélio olfatório, no fundo do nariz, até o bulbo olfatório no cérebro. Mais adiante neste capítulo, examinaremos os detalhes desse processo de disparo, por ser fundamental para entender o possível envolvimento da mecânica quântica em nossos pensamentos. Contudo, por enquanto imaginaremos uma molécula odorante bovina saindo de nosso bisão e entrando no nariz de nossa artista, onde se ligou a um receptor olfatório e provocou uma série de impulsos elétricos que viajaram pelo filamento do axônio, como se fosse um sinal telegráfico formado apenas de pontos, ou bipes, em vez dos pontos e traços dos telegramas.

Depois de chegar ao cérebro da artista, o sinal do nervo olfatório provocou o disparo (mais bipes) de muitos outros nervos mais adiante: o sinal pulou de um nervo a outro, e cada nervo atuou como um tipo de estação de transmissão do telégrafo. Outros dados sensoriais foram igualmente capturados como bipes. Por exemplo, os cones e os bastonetes (neurônios especializados como os olfatórios, mas que reagem à luz e não aos odorantes) que revestem a retina dos olhos teriam enviado séries de sinais pelo nervo óptico até o córtex visual do cérebro. E, assim como os neurônios olfatórios reagiram a moléculas odorantes específicas, os neurônios ópticos reagiram apenas a certas características da imagem que incidiu na retina: alguns terão reagido a uma cor ou um tom de cinza específico, outros a bordas, linhas ou texturas específicas. Do mesmo modo, os nervos auditivos do ouvido interno reagiram ao som, talvez à respiração ofegante do bisão ferido por uma lança; e o toque do pelo seria capturado por nervos *mecanossensíveis* na pele. Em todos esses casos, cada neurônio sensorial reagiria apenas a determinadas características da informação sensorial. Por exemplo, um neurônio auditivo específico só dispararia se o som que entrasse no ouvido da artista incluísse determinada frequência. Mas, qualquer que fosse a fonte, o sinal gerado por cada nervo seria exatamente o mesmo: um pulso de bipes elétricos que viajariam do órgão sensorial até regiões especializadas do cérebro da artista. Lá, esses sinais poderiam provocar reações motoras imediatas; mas também poderiam modificar a conectividade entre neurônios para registrar uma lembrança daquela observação por meio do princípio "neurônios que disparam juntos, continuam juntos", que parece estar por trás da codificação das lembranças no cérebro.

O importante é que, nos cerca de cem bilhões de neurônios do cérebro humano, não há nenhum lugar onde essa vasta torrente sensorial de bipes se reúna para formar a impressão consciente do bisão. Na verdade, "torrente" não é a melhor palavra, porque sugere alguma concentração de informações dentro dessa torrente, e isso não acontece nos neurônios. Em vez disso, cada sinal nervoso permanece fechado dentro de seu nervo. Portanto, mais que uma torrente, deveríamos pensar em informações viajando pelo cérebro como uma sequência de sinais bipe, bipe, bipe, bipe, que passam pelos fios individuais de um imenso emaranhado de trilhões de neurônios. O problema da integração é o problema em entender como todas as informações disparatadas codificadas em bipes geram a percepção unificada de um bisão.

E não são só as impressões sensoriais que precisam ser integradas. A matéria-prima da consciência não são dados sensoriais despidos de contexto, mas conceitos com significado – no caso do bisão, peludo, fedorento, assustador ou magnífico –, cada um deles carregado de muitas informações complexas. Toda essa bagagem adicional precisa se integrar às impressões sensoriais para transmitir a impressão de um bisão peludo, fedorento, assustador e magnífico que nossa artista paleolítica pudesse depois recordar ao reproduzi-lo com manchas de pigmento.[4]

Formular o problema da integração em termos de ideias em vez de impressões sensoriais nos leva à essência do problema da consciência, que é o enigma de como as ideias podem mover mentes e, portanto, corpos. Nunca saberemos o que exatamente se passou na mente de nossa artista da Idade da Pedra para levá-la a aplicar pigmento na pedra. Talvez achasse que a forma do bisão alegraria um canto escuro; talvez acreditasse que pintar o animal melhoraria a probabilidade de sucesso de seus companheiros caçadores. Mas o que podemos ter certeza é que a artista *acreditou* que a decisão de pintar o bisão era sua *ideia*.

Mas como uma ideia move a matéria? Compreendido como objeto inteiramente clássico, o cérebro recebe informações por uma das entradas sensoriais e as processa para gerar resultados, assim como um computador ou um zumbi. Mas, naquele emaranhado de bipes, onde fica nossa mente consciente, aquela noção de "eu" que, como estamos convencidos, dirige nossas ações voluntárias? O que exatamente é essa *consciência* e como ela interage com a matéria de nosso cérebro para mover braços, pernas e línguas? A consciência, ou livre arbítrio, simplesmente não cabe num universo totalmente determinista, porque as leis da causalidade só permitem uma coisa depois da outra, numa cadeia interminável de causas e efeitos que recua daquela caverna de Chauvet até o Big Bang.

Jean-Marie descreve o momento em que ele e seus amigos puseram os olhos pela primeira vez nas pinturas da caverna de Chauvet: "Ficamos apequenados pela sensação de que não estávamos sozinhos; a alma e o espírito dos artistas nos cercavam. Achamos que conseguíamos sentir sua presença".[5] Claramente, os exploradores tiveram uma experiência profunda que alguns chamariam de espiritual. Quando olhamos o interior do crânio de um animal ou ser humano, só encontramos um tecido úmido e esponjoso, não muito diferente do material de um bife de bisão. Mas, quando está dentro do nosso próprio crânio, esse material é consciente e tem experiências e conceitos que não parecem existir no mundo concreto. E, de certo modo, esse material etéreo da consciência e da experiência – nossa mente consciente – impele o material concreto do cérebro a provocar nossas ações (pelo menos, é essa nossa impressão). Sem dúvida, esse enigma, chamado de *problema mente-corpo* ou *problema difícil* da consciência, é o mistério mais profundo de toda a nossa existência.

Neste capítulo, perguntaremos se a mecânica quântica pode dar alguma resposta a esse profundo mistério. No princípio, enfatizaremos que a natureza de quaisquer ideias sobre a consciência continua extremamente especulativa, já que na verdade ninguém sabe o que ela é nem como funciona. Não há sequer consenso entre neurocientistas, psicólogos, cientistas da computação e pesquisadores da inteligência artificial de que haja necessidade de algo além da pura complexidade do cérebro humano para explicar a consciência.

Nosso ponto de partida serão os processos cerebrais que levaram à impressão da forma de um bisão na pedra calcária de Ardèche.

A mecânica do pensamento

Nesta seção, recuaremos pela cadeia causal desde o surgimento de uma linha de ocre vermelho na parede de uma caverna trinta mil anos atrás. Essa busca nos levará da contração dos músculos no braço da pintora que traçou aquela linha aos impulsos nervosos que fizeram os músculos se contrairem, depois aos impulsos cerebrais que acionaram aqueles nervos e aos sinais sensoriais que puseram em movimento a série de eventos. Nossa meta é tentar identificar onde a consciência dá sua contribuição a essa cadeia causal, de modo que possamos então investigar se a mecânica quântica pode ter algum papel no caso.

Podemos imaginar a cena, todos aqueles milênios atrás, em que uma artista desconhecida, talvez vestida de pele de urso, fitou a penumbra da caverna de Chauvet. As pinturas foram descobertas bem no fundo da caverna, portanto ela teria de levar uma tocha para lá, além dos potes de pigmento. Então, em algum momento, a pintora mergulhou o dedo no pote de carvão colorido e espalhou o pigmento na parede para criar o contorno de um bisão.

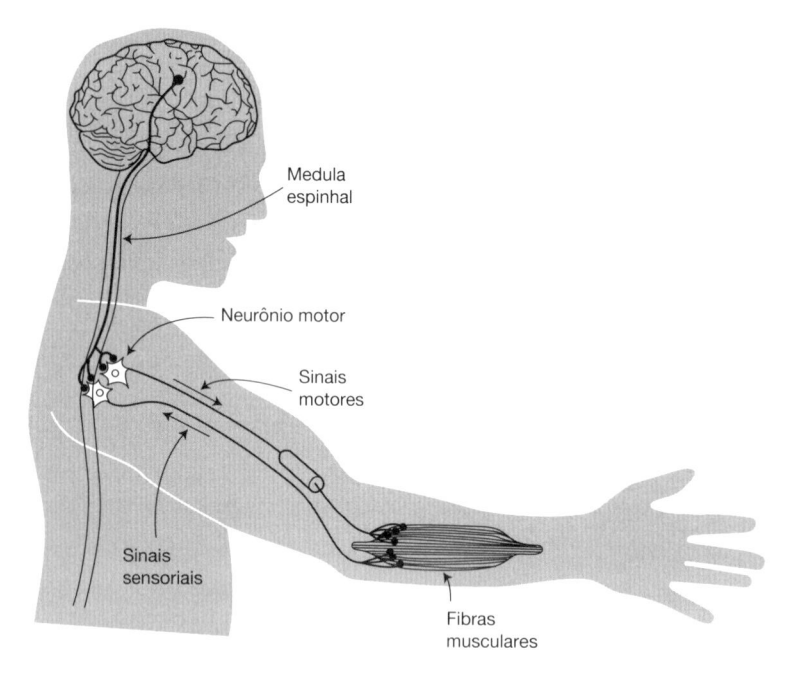

Figura 8.1 *Sinais nervosos vão do cérebro até a medula espinhal para chegar às fibras musculares e fazer o músculo se contrair para mover um membro como o braço.*

O movimento do braço da pintora na parede da caverna se iniciou com uma proteína muscular chamada miosina. A miosina é uma enzima que usa energia química para promover a contração dos músculos, em essência fazendo as fibras deslizarem umas sobre as outras. Os detalhes desse mecanismo de contração foram formulados por centenas de cientistas durante várias décadas e são um exemplo extraordinário de dinâmica e engenharia biológica em escala nanométrica. Mas, neste capítulo, vamos pular os detalhes moleculares fascinantes da contração muscular e nos concentrar na questão de como algo tão efêmero quanto uma ideia consegue fazer os músculos se contraírem (Figura 8.1).

A resposta imediata é que não consegue. A contração das fibras musculares da artista foi realmente provocada quando íons de sódio com carga positiva correram para suas células musculares. As células musculares têm mais íons de sódio do lado de fora da membrana do que do lado de dentro, o que origina uma diferença de voltagem entre um lado e outro da membrana, mais ou menos como uma pilha minúscula. No entanto, há poros nessas membranas, os chamados *canais iônicos*, que, quando abertos, permitem que os íons de sódio entrem na célula. Foi esse processo de descarga elétrica que provocou a contração muscular da artista.

O próximo passo atrás em nossa cadeia de causa e efeito é a pergunta: o que fez esses canais iônicos musculares se abrirem naquele momento? A resposta é que os *nervos motores* ligados aos músculos do braço da artista liberaram substâncias químicas chamadas neurotransmissores, que abriram os canais iônicos. Mas o que fez esses nervos motores liberarem seu pacote de neurotransmissores? As terminações nervosas liberam neurotransmissores sempre que chega um sinal elétrico chamado *potencial de ação* (Figura 8.2). Os potenciais de ação são fundamentais em todas as mensagens nervosas, e precisamos olhar com mais atenção seu funcionamento.

A célula nervosa ou *neurônio* é uma célula extremamente fina e comprida, como uma cobra, que consiste em três partes. Na cabeça há um *corpo celular* que lembra uma aranha, onde se inicia o potencial de ação. Este então percorre a fina seção intermediária chamada *axônio* (o "cabo da vassoura" do neurônio olfatório) até a terminação nervosa, onde são liberadas as moléculas de neurotransmissores (Figura 8.2). Embora o axônio lembre um fio elétrico fininho, o modo como transmite o sinal elétrico é muito mais inteligente que o processo pelo qual um fluxo simples de elétrons com carga negativa passa por um fio de cobre.

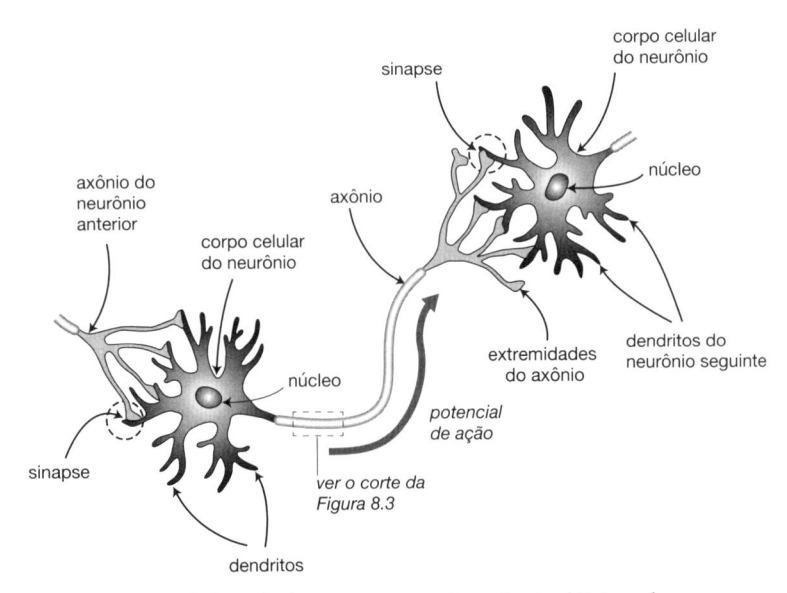

Figura 8.2 *Pelo axônio, os nervos enviam sinais elétricos do corpo celular à terminação nervosa, onde provocam a liberação de neurotransmissores numa sinapse. O neurotransmissor é captado pelo corpo celular do neurônio seguinte e o faz disparar, transmitindo assim o sinal nervoso de um neurônio a outro.*

Normalmente, a célula nervosa, assim como a célula muscular, tem mais íons de sódio com carga positiva por fora que por dentro. Essa diferença é mantida por bombas que forçam os íons de sódio com carga positiva para fora da célula através da membrana celular. O excesso de cargas positivas externas provoca uma diferença de voltagem de cerca de um centésimo de volt na membrana celular.

Embora não pareça muito, é preciso lembrar que as membranas celulares têm apenas alguns nanômetros de espessura, portanto é uma voltagem em distância pequeníssima. Isso significa que temos na membrana celular um gradiente elétrico (o que a voltagem realmente é) de um milhão de volts por metro. Isso equivale a estonteantes dez mil volts numa lacuna de um centímetro e é quase suficiente para provocar uma centelha, como a necessária para que a válvula do carro provoque a ignição do combustível.

A cabeça do nervo motor da artista, ou corpo do neurônio, é ligada a um grupo de estruturas chamadas *sinapses* (Figura 8.2), que lembram caixas de passagem entre nervos. Os nervos anteriores liberam moléculas de neurotransmissor nessas caixas de passagem, assim como neurotransmissores são liberados na junção nervo-músculo; isso provoca a abertura dos canais iônicos da membrana que cerca o corpo celular, permitindo a entrada de íons com carga positiva e fazendo sua voltagem cair drasticamente.

A maioria das quedas de voltagem causadas pela abertura de um punhado de canais iônicos numa sinapse terá pouco ou nenhum efeito. Mas se muitos neurotransmissores chegarem, muitos canais iônicos se abrirão. A corrida subsequente de íons positivos para dentro da célula faz a voltagem da membrana cair abaixo do limiar decisivo de uns -0,04 volt. Quando isso acontece, outro conjunto de canais iônicos do nervo entra em ação. São os *canais iônicos dependentes da voltagem*, ou seja, não são sensíveis aos neurotransmissores, mas à diferença de voltagem nos dois lados da membrana. No exemplo de nossa artista, quando a voltagem do corpo celular caiu abaixo do limiar, toda uma série desses canais se abriu para permitir que mais íons entrassem no nervo, aumentando o curto-circuito em seu trecho da membrana. A queda subsequente de voltagem fez mais canais iônicos dependentes da voltagem se abrirem, deixando mais íons entrarem na célula, provocando curto-circuito numa parte maior da membrana. O axônio, o cabo comprido do nervo, é revestido de canais dependentes da voltagem, e, assim que começou no corpo celular, o curto-circuito provocou um tipo de efeito dominó de curtos-circuitos na membrana – o potencial de ação – que viajou rapidamente pelo nervo até chegar à terminação nervosa (Figura 8.3). Lá, ele estimulou a liberação de neurotransmissores na *junção neuromuscular*, fazendo o músculo de nossa artista se contrair para traçar o contorno do bisão na parede da caverna (Figura 8.1).

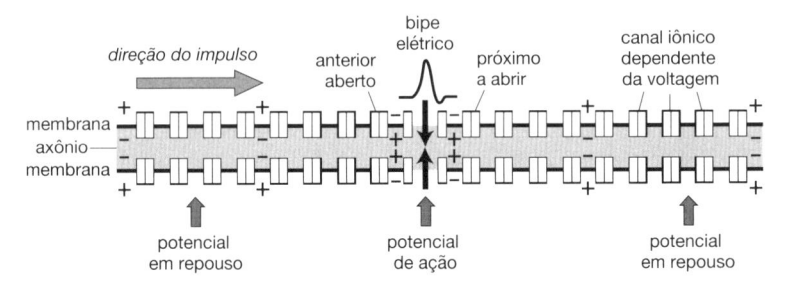

Figura 8.3 *Os potenciais de ação viajam pelos axônios dos nervos pela ação de canais iônicos dependentes da voltagem na membrana do neurônio. No estado de repouso, há mais íons positivos no lado de fora da membrana que no lado de dentro. No entanto, a mudança de voltagem causada pelo potencial de ação no neurônio anterior provocará a abertura dos canais iônicos, e uma torrente de íons de sódio com carga positiva – um potencial de ação – entrará na célula, invertendo temporariamente a voltagem da membrana. Esse sinal elétrico provocará a abertura dos canais iônicos seguintes, num tipo de efeito dominó de impulsos elétricos que percorrerá o nervo até chegar à terminação nervosa, onde provocará a liberação de neurotransmissores. Depois de passado o potencial de ação, as bombas de íons devolvem a membrana ao estado normal de repouso.*

Pode-se ver, nessa descrição, que os sinais nervosos são bem diferentes dos sinais elétricos que percorrem um fio. Para começar, a corrente ou o movimento das cargas não acontece ao longo do comprimento dos cabos nervosos na direção do sinal, mas é perpendicular à direção do potencial de ação: de fora para dentro, por aqueles canais iônicos da membrana celular. Além disso, logo depois que o potencial de ação é iniciado pela abertura dos primeiros canais iônicos, eles se fecham outra vez, e as bombas iônicas começam a trabalhar para restabelecer a voltagem original da membrana. Portanto, outra maneira de interpretar o sinal nervoso é como uma onda de abertura e fechamento de portas iônicas da membrana, que avança do corpo celular à terminação nervosa: um bipe elétrico em movimento.

As junções nervo-nervo da maioria dos neurônios motores se localizam na medula espinhal, onde recebem os sinais de neurotransmissores de centenas e até milhares de nervos anteriores (Figura 8.1). Alguns nervos posteriores liberam neurotransmissores na caixa de passagem (sinapse), que abre os canais iônicos do corpo celular para aumentar a probabilidade de disparo do nervo motor, enquanto outros tendem a fechá-los. Dessa maneira, o corpo celular de cada nervo parece atuar como a porta lógica de um computador, gerando um resultado — disparo ou não — com base em entradas. Assim, se o neurônio se parece com uma porta lógica, o cérebro, formado por bilhões de neurônios, pode ser considerado um tipo de computador; ou, pelo menos, é essa a suposição da maioria dos neurocientistas cognitivos que adotam a chamada *teoria computacional da mente*.

Mas estamos avançando demais; ainda não chegamos ao cérebro. O nervo motor de nossa artista teve de receber muitos neurotransmissores em suas caixas de passagem entre nervos para fazê-lo disparar. Essa entrada veio de nervos mais acima, quase todos originados no cérebro. Recuando pela cadeia de causa e efeito, a cabeça desses nervos teria tomado decisões de disparar ou não com base em muitas entradas de informação, e nas entradas dessas entradas, e assim por diante, recuando cada vez mais pela cadeia causal até chegarmos aos nervos que receberam sinais dos receptores dos olhos, ouvidos, nariz e pele da artista e aos centros da memória que receberam informações sensoriais das observações anteriores de bisões vivos e mortos. Entre as entradas sensoriais e as saídas motoras fica a *rede neural* do cérebro, que realizou os cálculos que ditaram a decisão de gerar ou não a exata saída motora necessária para desenhar o contorno do bisão.

Então, é isso: toda a cadeia de eventos que leva àquela contração muscular que fez o braço da artista se mover pela parede. Mas será que faltou alguma coisa? O que descrevemos até aqui é uma cadeia causal totalmente mecânica de entradas sensoriais e saídas motoras, com parte da informação canalizada por centros da memória. É o tipo de mecanismo de que Descartes falava quando fez a afirmativa (discutida no Capítulo 2) de que os animais são meras máquinas; tudo o que fizemos foi substituir suas roldanas e alavancas por nervos, músculos e portas lógicas.

Mas lembre-se de que Descartes reservava um papel para uma entidade espiritual, a alma, como supremo motor das ações humanas. Onde está a alma nessa cadeia de eventos de entrada e saída? Até agora, só descrevemos uma artista zumbi. Na cadeia de eventos, entre entradas e saídas, onde entra a consciência, a ideia de que deveria representar um bisão com significado na parede da caverna? Esse continua a ser o maior enigma da ciência do cérebro.

Como a mente move a matéria

De um modo ou de outro, a maioria provavelmente aceita a noção do *dualismo*, a crença de que a mente/alma/consciência é algo diferente do corpo físico. Mas o dualismo perdeu o favor nos círculos científicos do século XX, e hoje a maioria dos neurobiólogos prefere a ideia do *monismo*, a crença de que mente e corpo são a mesmíssima coisa. Por exemplo, o neurocientista Marcel Kinsbourne afirma que "ser consciente é como sentimos o circuito neural em estados funcionais interativos específicos".[6] Mas, como já observamos, as portas lógicas de um computador são bem semelhantes a neurônios, e não fica claro por que computadores extremamente interconectados, como a teia mundial com seu bilhão de hospedeiros da internet (embora ainda pequena comparada aos cem bilhões de neurônios do cérebro), não mostra sinais de consciência. Por que os computadores baseados em silício são zumbis enquanto os de carne são conscientes? Será uma simples questão de complexidade e de pura "interconectividade" das células do cérebro, ainda não igualadas pela teia mundial*, ou a consciência será um tipo de computação muito diferente?

É claro que há muitas *explicações* da consciência, todas registradas em muitíssimos livros sobre o tópico. Mas, para atender aos propósitos desta descrição, nos concentraremos na afirmativa extremamente controversa, mas fascinante que é a mais relevante para nosso tema: ou seja, que a consciência é um fenômeno mecânico quântico. Ficou famosa a defesa do caso pelo matemático de Oxford Roger Penrose, que, no livro *A mente nova do rei*, de 1989, afirmou que a mente humana é um computador quântico.

Você deve se lembrar da ideia dos computadores quânticos do Capítulo 4, no qual recordamos aquela reportagem de 2007 do *New York Times* que afirmava que as plantas eram computadores quânticos. A equipe do MIT acabou chegando à ideia de que os sistemas de fotossíntese de plantas e micróbios podem realmente realizar um tipo de computação quântica. Mas será que nossos cérebros tão inteligentes também operam no terreno quântico? Para examinar essa questão, precisamos primeiro dar uma olhada mais atenta no que são computadores quânticos e como funcionam.

---

* Não é fácil estimar o tamanho da internet, mas atualmente cada página tem *links* para, em média, menos de cem outras páginas, enquanto os neurônios têm vínculos sinápticos com milhares de outros neurônios. Portanto, em termos de vínculos, há cerca de um trilhão entre páginas da internet e cerca de cem vezes isso entre os neurônios do cérebro humano. Mas a internet dobra de tamanho de tantos em tantos anos, e se prevê que rivalizará com a complexidade do cérebro humano dentro de uma década. Então, ela se tornará consciente?

Computação com qubits

Hoje, quando pensamos em computadores, queremos dizer qualquer aparelho eletrônico capaz de executar instruções para manipular e processar informações por meio de interruptores elétricos que podem estar ligados ou desligados, cada um deles capaz de codificar um dígito (algarismo) binário (ou *bit*) como 1 ou 0. Pode-se organizar uma coleção desses interruptores e construir circuitos que obedecem a instruções lógicas, que podem ser combinadas para realizar operações aritméticas como soma e subtração e até a abertura e o fechamento das portas que descrevemos nos neurônios. A grande vantagem desse *computador digital* elétrico é ser muito mais rápido que qualquer modo manual de cumprir o mesmo tipo de tarefa, seja contando nos dedos, seja fazendo contas mentalmente, seja usando lápis e papel.

Mas, embora os computadores eletrônicos possam ser rapidíssimos ao somar, nem eles conseguem acompanhar a complexidade do mundo quântico, com sua miríade de probabilidades sobrepostas. Para superar esse problema, o físico Richard Feynman, ganhador do Prêmio Nobel, pensou numa solução possível e sugeriu realizar cálculos no mundo quântico com um computador quântico.

Para ver como funcionariam os computadores quânticos, será útil representar primeiro o "bit" de um computador clássico como um tipo de bússola esférica cuja agulha aponte para 1 (polo norte) ou 0 (polo sul) e seja capaz de girar 180° para alternar entre esses dois estados (Figura 8.4a). A unidade central de processamento (CPU) de um computador consiste em muitos milhões desses interruptores de um bit, de modo que todo o processo computacional pode ser visualizado como a aplicação de um conjunto complexo de regras de comutação (algoritmos) capazes de girar montes de esferas em 180°.

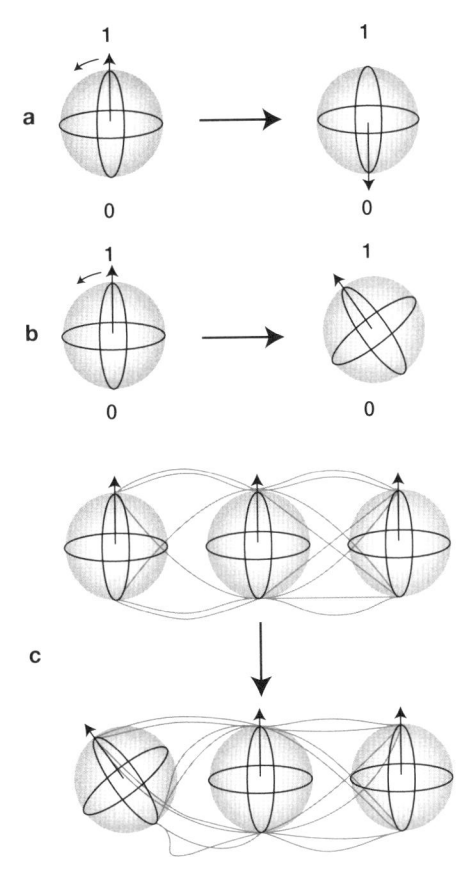

Figura 8.4 *(a) Um bit clássico que muda de 1 a 0 é representado como a rotação de 180° de uma esfera clássica. (b) A alteração de um qubit pode ser representada como a rotação de uma esfera em qualquer ângulo arbitrário. No entanto, um qubit coerente também pode estar em superposição de muitas rotações. (c) Três qubits coerentes mostram suas interações de emaranhamento como fios que ligam a superfície das esferas. A tensão nesses fios depois das rotações é que instancia os cálculos quânticos.*

O equivalente do bit na computação quântica se chama *qubit*. Ele se parece com a esfera clássica*, mas seu movimento não se limita

---

* Para o físico leitor, o que estamos descrevendo aqui é uma esfera de Bloch.

ao giro de 180°. Em vez disso, ele pode girar em qualquer ângulo arbitrário no espaço e, sendo quântico, também pode apontar muitas direções ao mesmo tempo, numa superposição quântica coerente (Figura 8.4b). Esse aumento da flexibilidade permite que um qubit codifique mais informações que um bit clássico. Mas o verdadeiro aumento da potência computacional surge quando juntamos qubits.

Enquanto o estado de um bit clássico não exerce nenhuma influência sobre os vizinhos, os qubits também podem ser *quanticamente emaranhados*. Você deve se lembrar, pelo Capítulo 6, de que o emaranhamento é um degrau quântico acima da coerência no qual as partículas quânticas perdem a individualidade e o que acontece a uma afeta instantaneamente a todas. Do ponto de vista da computação quântica, o emaranhamento pode ser visualizado como se cada esfera qubit estivesse ligada por fios elásticos* a todos os outros qubits (Figura 8.4c). Agora, imaginemos que rodamos apenas uma das esferas. Sem o emaranhamento, a rotação não afetará os qubits vizinhos. Mas se nosso qubit estiver emaranhado com outros qubits, a rotação muda a tensão de todos os fios entre esses qubits interligados. O recurso computacional do emaranhamento de todos esses fios aumenta *exponencialmente* com o número de qubits, o que significa que aumenta muitíssimo depressa.

Para ter uma sensação do crescimento exponencial, você já deve ter ouvido falar da lenda do imperador chinês que ficou tão contente com a invenção do xadrez que prometeu recompensar o inventor com o prêmio que escolhesse. O esperto inventor pediu apenas um grão de arroz pelo primeiro quadrado do tabuleiro de xadrez, dois grãos de arroz pelo segundo, quatro pelo terceiro e assim por diante, dobrando o número de grãos a cada quadrado sucessivo até chegar

---

* Na realidade, os fios representam a relação matemática entre a fase e a amplitude dos qubits emaranhados instanciados na equação de Schrödinger.

ao sexagésimo quarto quadrado. O imperador, considerando o pedido modesto, logo concordou e ordenou aos criados que trouxessem o arroz. Mas, quando os grãos de arroz foram contados, ele logo descobriu seu erro. A última casa da primeira fila de quadrados acumulou apenas 128 grãos (2^7 mais um — lembre-se, o primeiro quadrado tinha apenas um único grão de arroz) e, mesmo na casa final da segunda fila de quadrados, havia apenas 32.768 grãos, pouco menos de um quilo de arroz. Mas, quando os quilos começaram a se multiplicar nos quadrados posteriores, o imperador ficou consternado ao descobrir que, no final da terceira fila, ele teria de pagar mais de quatrocentas toneladas de arroz. Ao chegar ao fim da quarta fila, o reino iria à falência! Na verdade, na última casa do tabuleiro, seriam necessários 9.223.372.036.854.775.808 (2^{63} mais um) grãos de arroz, ou 230.584.300.921 toneladas, mais ou menos o equivalente à colheita de arroz do mundo inteiro durante toda a história da humanidade*.

O problema do imperador foi não ter percebido que dobrar um número várias vezes provoca um crescimento exponencial, que é outra maneira de dizer que o aumento de um número ao seguinte é proporcional ao tamanho do número anterior. O crescimento exponencial é explosivo, como o imperador descobriu às próprias custas. E, assim como os grãos de arroz da fábula aumentavam exponencialmente com o número de quadrados do tabuleiro, a potência do computador quântico cresce exponencialmente com o número de qubits.

Isso é muito diferente do computador clássico, cuja potência só aumenta *linearmente* com o número de bits. Por exemplo, acrescentar um bit ao computador clássico de oito bits aumentará sua potência no fator de um oitavo; para dobrar a potência, o número de bits

---

* Na verdade, se somássemos todas as casas do tabuleiro, chegaríamos a um número ainda mais impressionante: 18.446.744.073.709.551.615 grãos!

terá de dobrar. Mas acrescentar um único qubit ao computador quântico dobrará sua potência, levando ao mesmo tipo de aumento exponencial que o imperador viu acontecer com seu arroz. Na verdade, se conseguisse manter a coerência e o emaranhamento de apenas 300 qubits, o que, potencialmente, poderia envolver apenas 300 átomos, um computador quântico seria capaz de superar, em determinadas tarefas, um computador clássico do tamanho do universo inteiro!

Mas, e este "mas" é bem grande, para o computador quântico funcionar, os qubits só podem interagir entre si para realizar cálculos (por meio de seus "fios" invisíveis e emaranhados). Isso significa que têm de estar completamente isolados do ambiente. O problema é que qualquer interação com o mundo exterior faz os qubits se emaranharem com o ambiente, o que podemos visualizar como a formação de muito mais fios, todos puxando os qubits em direções diferentes, competindo com os fios entre os qubits e, portanto, interferindo com o cálculo que estiverem fazendo. Esse, em essência, é o processo da decoerência (Figura 8.5). Mesmo com a mais leve interação, o ambiente provoca tamanha confusão de fios emaranhados sobre os qubits que eles param de se comportar de forma coerente entre si: seus fios quânticos são efetivamente cortados e os qubits se comportarão como bits independentes clássicos. Os físicos quânticos se esforçam ao máximo para manter a coerência dos qubits emaranhados trabalhando com sistemas físicos muito rarefeitos e cuidadosamente controlados, codificando qubits num punhado de átomos, resfriando o sistema até uma fração acima do zero absoluto e cercando o aparelho com extenso isolamento para eliminar qualquer influência ambiental. Com essa abordagem, obtiveram algumas realizações memoráveis. Em 2001, cientistas da IBM e da Universidade Stanford conseguiram construir um "computador quântico de tubo de ensaio" com sete qubits capaz de implementar um código engenhoso chamado Algoritmo de Shor, batizado com o nome do matemático

Peter Shor, que o imaginou em 1994 especificamente para ser executado por um computador quântico. O Algoritmo de Shor codifica um modo muito eficiente de fatorar números (descobrir quais números primos têm de ser multiplicados para obter o número exigido). Esse foi um avanço imenso que virou manchete científica no mundo inteiro; mas a estreia desse filhote de computador quântico só conseguiu calcular os fatores primos do número 15 (3 e 5, caso você queira saber).

Ambiente

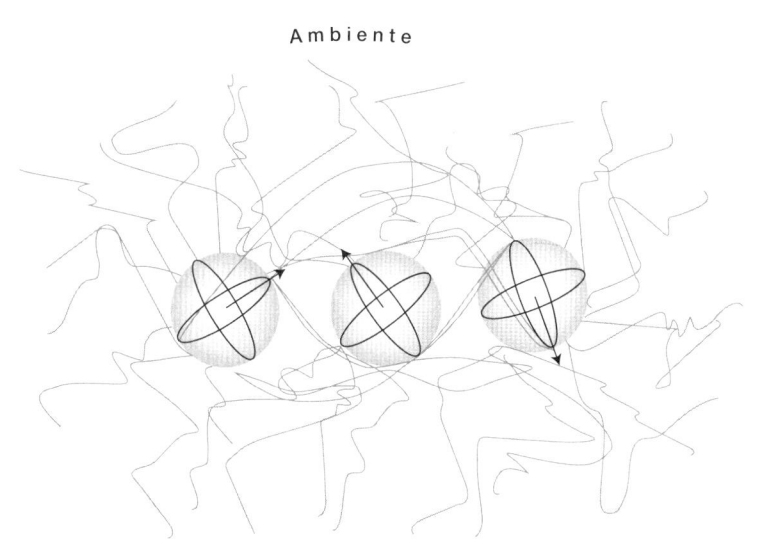

Figura 8.5 *Num computador quântico, pode-se imaginar a decoerência como o emaranhamento dos qubits com uma confusão de fios ambientais que puxam e empurram os qubits de um lado para outro até que não reajam mais às suas ligações emaranhadas próprias.*

Na década passada, alguns dos maiores físicos, matemáticos e engenheiros trabalharam muito para construir computadores quânticos maiores e melhores, mas o progresso tem sido modesto. Em 2011, pesquisadores chineses conseguiram fatorar o número 143 (13 × 11) usando apenas quatro qubits. Como o grupo americano anterior, a equipe chinesa usou um sistema no qual os qubits foram codificados no *spin* dos átomos. Uma abordagem bem diferente foi adotada pela primeira vez pela empresa canadense D-Wave, que codifica os qubits no movimento dos elétrons em circuitos elétricos. Em 2007, a empresa afirmou ter desenvolvido o primeiro computador quântico comercial de 16 qubits, capaz de resolver um joguinho de Sudoku e outros problemas de otimização e comparação de padrões. Em 2013, uma colaboração entre Nasa, Google e Universities Space Research Association (USRA – Associação Universitária de Pesquisa Espacial) comprou, por quantia não declarada, uma máquina de 512 qubits construída pela D-Wave, que a Nasa pretende usar na busca de exoplanetas, isto é, planetas que orbitam estrelas distantes em vez de nosso Sol. No entanto, os problemas abordados até agora pela empresa estavam todos ao alcance da potência dos computadores convencionais, e muitos especialistas ainda não se convenceram de que a tecnologia da D-Wave seja realmente computação quântica – e, caso seja, de que o projeto a tornará mais veloz que o computador clássico.

Seja qual for a abordagem escolhida pelas experiências, os desafios enfrentados para transformar a atual geração de filhotes em computadores quânticos úteis continuam imensos. O maior problema é o aumento de escala. Dobrar os qubits dobra a potência computacional quântica, mas dobra também a dificuldade de manter a coerência e o emaranhamento. Os átomos precisam estar mais frios, o isolamento tem de ser mais eficaz e fica cada vez mais difícil manter a coerência durante mais de alguns trilionésimos de segundo. A decoerência se instala bem antes de o computador completar o cálculo mais simples (embora na época desta escrita o recorde de coerência quântica em temperatura ambiente de estados de *spin* nucleares seja de impressionantes 39 minutos[7]). Mas, como descobrimos, as células vivas conseguem manter a decoerência sob controle tempo suficiente para transportar excítons em complexos

JIM AL-KHALILI E JOHNJOE MCFADDEN

fotossintéticos e elétrons e prótons em enzimas. A decoerência poderia ser controlada do mesmo modo no sistema nervoso central para permitir que o cérebro realizasse a computação quântica?

Computação com microtúbulos?

O argumento inicial de Penrose de que o cérebro é um computador quântico veio de uma direção bastante surpreendente: o famoso (pelo menos em círculos matemáticos) conjunto de teoremas da incompletude apresentado pelo matemático austríaco Kurt Gödel. Esses teoremas foram muito chocantes para os matemáticos da década de 1930 que embarcaram com confiança num programa para identificar um potente conjunto de axiomas matemáticos capaz de provar que declarações verdadeiras eram verdadeiras e declarações falsas, falsas – basicamente, que toda a aritmética tinha coerência interna e nenhuma autocontradição. Soa como o tipo de coisa em que só matemáticos e filósofos pensariam, mas era e continua a ser um grande problema do campo da lógica. Os teoremas da incompletude de Gödel mostraram que esse empenho estava condenado ao fracasso.

O primeiro de seus teoremas demonstrava que sistemas lógicos, como a linguagem natural ou a matemática, podem fazer algumas declarações verdadeiras que não se consegue provar. Essa afirmação pode parecer inócua, mas suas consequências vão longe. Consideremos um sistema lógico conhecido, como a linguagem, capaz de raciocinar sobre declarações como "'Todos os homens sao mortais. Sócrates é homem", e concluir que "Sócrates é mortal". É fácil de ver e provar formalmente que a última declaração se segue logicamente às duas primeiras, dado um conjunto simples de regras algébricas (se A = B e B = C, então A = C). Mas Gödel demonstrou que qualquer sistema lógico com complexidade suficiente para provar teoremas matemáticos tem uma limitação fundamental: a aplicação de suas regras pode gerar declarações verdadeiras, mas estas não podem ser provadas com as mesmas ferramentas usadas para gerá-las.

Parece bem esquisito, e é mesmo. No entanto, e isso é importante, o teorema de Gödel não significa que algumas declarações verdadeiras simplesmente não sejam passíveis de prova. Na verdade, um conjunto de regras pode ser capaz de provar a verdade de declarações geradas por qualquer outro conjunto de regras que, por sua vez, não poderá prová-las. Por exemplo, declarações da linguagem que sejam verdadeiras, mas não passíveis de prova podem ser provadas dentro das regras da álgebra; e vice-versa.

É claro que essa é uma supersimplificação imensa que não faz jus às sutilezas do assunto. O leitor interessado talvez queira experimentar o livro de 1979 sobre esse e outros temas relacionados do professor de ciência cognitiva Douglas Hofstadter.[8] Aqui, o ponto central é que, no livro *A nova mente do imperador*, Penrose adota os teoremas da incompletude de Gödel como ponto de partida de seu argumento e indica, em primeiro lugar, que os computadores clássicos usam sistemas de lógica formal (algoritmos de computador) para fazer suas declarações. Segue-se, pelo teorema de Gödel, que também devem ser capazes de gerar declarações verdadeiras que não podem provar. Mas, Penrose argumenta, os seres humanos (ou pelo menos os indivíduos da espécie que sejam matemáticos) conseguem provar a verdade dessas declarações de computador verdadeiras, mas não passíveis de prova. Portanto, argumenta ele, a mente humana é mais que apenas um computador clássico, já que é capaz de processos que ele chama de não computáveis. Em seguida, ele postula que essa não computabilidade exige algo mais, algo que só possa ser oferecido pela mecânica quântica. E defende que a consciência exige um computador quântico.

É claro que essa é uma afirmativa ousadíssima feita com base na possibilidade ou não de provar uma declaração matemática difícil, ponto ao qual retornaremos. Mas, no livro *The Shadows of the Mind* (As sombras da mente, em tradução livre), Penrose foi além e propôs um mecanismo físico pelo qual o cérebro pode calcular suas somas no mundo quântico.[9] Ele se uniu a Stuart Hameroff*, professor de anestesiologia e psicologia na Universidade do Arizona, para afirmar que as estruturas chamadas *microtúbulos* que se encontram nos neurônios são os qubits dos cérebros quânticos.[10]

Os microtúbulos são cadeias longas de uma proteína chamada tubulina. Hameroff e Penrose propuseram que essas proteínas tubulina, as miçangas do cordão, são capazes de alternar pelo menos duas formas, a estendida e a contraída, e, fundamentalmente, de se comportar como objetos quânticos que existem em superposição de ambas as formas ao mesmo tempo para formar algo parecido com qubits. Além disso, eles postularam que as tubulinas de um neurônio estão emaranhadas com as tubulinas de vários outros neurônios. Você deve se lembrar de que o emaranhamento é aquela "ação fantasmagórica a distância" com o potencial de ligar objetos muito distantes entre si. Se forem possíveis, ligações fantasmagóricas entre todos os trilhões de neurônios do cérebro humano poderiam interligar todas as informações codificadas em nervos separados e, portanto, resolver o problema da integração. Também poderiam dar à mente consciente a capacidade poderosa e extraordinária, mas elusiva de um computador quântico.

Há muito mais na teoria da consciência de Penrose e Hameroff, inclusive, talvez de modo ainda mais controverso, a proposta de envolvimento da gravidade†. Mas será digno de crédito? Junto com

---

* Johnjoe gostaria de aproveitar a oportunidade para pedir desculpas a Stuart Hameroff por escrever seu nome errado no livro *Quantum Evolution*.

† Esse é outro conceito difícil, mas Penrose propôs uma interpretação totalmente idiossincrática do problema da medição na mecânica quântica ao postular que, em sistemas quânticos suficientemente complexos (e, portanto, maiores), seu efeito gravitacional sobre o espaço-tempo cria uma perturbação que colapsa a função de onda, transformando sistemas quânticos em clássicos, e que esse processo gera nossos pensamentos. Os detalhes dessa teoria extraordinária estão bem descritos nos livros de Penrose, mas cabe dizer que, até hoje, sua proposta tem poucos partidários na comunidade da física quântica.

quase todos os neurobiólogos e físicos quânticos, não estamos nada convencidos. Uma das objeções mais óbvias talvez fique clara com a descrição anterior de como as informações saem do cérebro e viajam pelos nervos. Talvez você tenha notado que não mencionamos microtúbulos naquela descrição, por ser desnecessário; até onde se sabe, eles não têm nenhum papel direto no processamento de informações neurais. Os microtúbulos sustentam a arquitetura do neurônio e transportam neurotransmissores de um lado para outro por toda a sua extensão; mas acredita-se que não estejam envolvidos no processamento em rede de informações, responsável pelas computações cerebrais. Portanto, os microtúbulos são substratos improváveis para nossos pensamentos.

Mas talvez uma objeção ainda mais importante seja que os microtúbulos do cérebro são candidatos extremamente improváveis a qubits quânticos coerentes, simplesmente por serem grandes e complicados demais. Em capítulos anteriores, defendemos a coerência quântica, o emaranhamento e o tunelamento em toda uma série de sistemas biológicos, dos fotossintéticos às enzimas, dos receptores de olfato ao DNA e ao esquivo órgão da magnetorrecepção das aves. Mas uma característica fundamental de todos eles é que a parte "quântica" do sistema (o excíton, elétron, próton ou radical livre) é simples. Consiste em uma única partícula ou de um pequeno número de partículas que fazem o que fazem em distâncias de escala atômica. É claro que isso corresponde à noção de Schrödinger, há setenta anos, de que o tipo de sistema vivo com probabilidade de suportar regras quânticas envolverá um pequeno número de partículas.

Mas a teoria de Penrose e Hameroff propõe que moléculas inteiras de proteína, compostas de milhões de partículas, estejam em superposição quântica e emaranhadas, não só com moléculas dentro do mesmo microtúbulo, mas com microtúbulos igualmente compostos de milhões de partículas, em bilhões de neurônios por todo o volume do cérebro. Isso está bem longe de ser plausível. Embora ninguém tenha conseguido medir a coerência em microtúbulos cerebrais, os cálculos indicam que a coerência quântica, mesmo em microtúbulos isolados, não se manteria por mais de alguns picossegundos[11], tempo pequeno demais para ter algum impacto sobre a computação cerebral*. No entanto, talvez um problema ainda mais fundamental da teoria da consciência quântica de Penrose e Hameroff seja a defesa original de Penrose de que o cérebro seria um computador quântico. Lembre-se de que Penrose baseou essa afirmativa no pressuposto de que os seres humanos podem provar declarações gödelianas e computadores, não. Mas isso só implica computação quântica no cérebro se os computadores quânticos puderem provar declarações gödelianas melhor que um computador clássico; além de não haver indício nenhum desse pressuposto, a maioria dos pesquisadores acredita no contrário.[12]

Outra questão é que não está claro se o cérebro humano *consegue* mesmo um desempenho melhor que o computador clássico na prova de declarações gödelianas. Embora os seres humanos sejam capazes de provar a verdade de uma declaração gödeliana gerada por um computador e não passível de prova, é igualmente possível que computadores possam provar a verdade de uma declaração gödeliana não passível de prova gerada por uma mente humana. O teorema de Gödel só limita a capacidade de um sistema de lógica de provar todas as suas declarações; ele não impõe limites à capacidade de um sistema de lógica de provar declarações gödelianas geradas por outro.

Será que isso significa que não há papel para a mecânica quântica no cérebro? Será provável que, com tanta ação quântica ocorrendo em outros locais do corpo, nossos pensamentos sejam movidos inteiramente pelos processos a vapor do mundo clássico? Talvez não.

---

* Um picossegundo é um milionésimo de milionésimo (ou 10^{-12}) de segundo.

Pesquisas recentes indicam que a mecânica quântica pode mesmo ter um papel importantíssimo no funcionamento da mente.

Canais iônicos quânticos?

Um local possível para fenômenos mecânicos quânticos no cérebro é dentro dos canais iônicos das membranas das células neuronais. Como já descrevemos, são eles os responsáveis por mediar os potenciais de ação – os sinais nervosos – que transmitem informações no cérebro, e, portanto, têm papel central no processamento de informações neuronais. Os canais têm apenas um bilionésimo de metro de comprimento (1,2 nanômetros) e menos da metade disso de largura, de modo que os íons têm de passar por eles em fila indiana. Mas o fazem no ritmo velocíssimo de cerca de cem milhões por segundo. E os canais também são extremamente seletivos. Por exemplo, o canal responsável por permitir que íons de potássio entrem na célula só permite a passagem de cerca de um íon sódio a cada dez mil de potássio, apesar de o íon sódio ser um pouco menor que o de potássio; ingenuamente, seria de esperar que o sódio se enfiasse facilmente por qualquer coisa que tivesse tamanho suficiente para acomodar um íon de potássio.

Esse ritmo altíssimo de transporte, somado ao grau extraordinário de seletividade, sustenta a velocidade dos potenciais de ação e, portanto, sua capacidade de transmitir nossos pensamentos pelo cérebro. Mas como os íons são transportados tão depressa e de modo tão seletivo continua a ser um mistério. A mecânica quântica poderia ajudar? Já descobrimos (no Capítulo 4) que a mecânica quântica pode aumentar o transporte de energia na fotossíntese. Será que também aumenta o transporte de íons no cérebro? Em 2012, o neurocientista Gustav Bernroider, da Universidade de Salzburgo, uniu-se a Johann Summhammer, do Instituto Átomo da Universidade de Tecnologia de Viena, para realizar uma simulação mecânica quântica da passagem de um íon por um canal iônico dependente da voltagem e descobriu que o íon é deslocalizado (disseminado) ao atravessar o canal: é mais uma onda coerente que uma partícula. Além disso, essa onda iônica oscila em frequência altíssima e transfere energia para a proteína circundante por um processo semelhante à ressonância, e o canal, efetivamente, atua como uma *geladeira iônica* que reduz em cerca de metade a energia cinética do íon. Esse resfriamento eficaz ajuda a manter o estado quântico deslocalizado do íon por controlar a decoerência e, assim, promove o rápido transporte quântico pelo canal. Ele também contribui para a seletividade, já que o grau de refrigeração será bem diferente se o potássio for substituído por sódio: a interferência construtiva pode promover o transporte de íons de potássio e a destrutiva, inibir o de íons de sódio. A equipe concluiu que a coerência quântica tem um papel "indispensável" na condução de íons pelos canais iônicos dos nervos e, portanto, é parte essencial de nosso processo de pensamento.[13]

Temos de enfatizar que esses pesquisadores não afirmaram que íons em coerência quântica sejam capazes de atuar como algum tipo de qubit natural nem que possam ter algum papel na consciência; e, à primeira vista, é difícil ver como poderiam contribuir para resolver algum problema da consciência, como o problema da integração. No entanto, ao contrário dos microtúbulos da hipótese de Penrose e Hameroff, os canais iônicos pelo menos têm um papel claro na computação neural – eles sustentam os potenciais de ação –, de modo que seu estado reflete o estado do neurônio: quando este dispara, os íons estarão fluindo (lembre-se: eles se movem como ondas quânticas) rapidamente pelos canais; quando o nervo estiver em repouso, quaisquer íons nos canais estarão estacionários. Portanto, como a soma total de neurônios que disparam ou não no cérebro deve codificar de algum modo nossos pensamentos, então esses pensamentos também se refletem – estão codificados – na soma de todo aquele fluxo quântico de íons para dentro e para fora dos neurônios.

Mas como os processos individuais de pensamento se combinam para gerar ideias conscientes e integradas? Um canal iônico coerente, seja quântico, seja clássico, não tem condições de codificar todas as informações integradas no processo de pensamento que culmina na visualização de um objeto complexo como um bisão. Para ter papel na consciência, os canais iônicos precisariam estar ligados de algum modo. A mecânica quântica poderia ajudar? Seria possível, por exemplo, que os íons de um canal, além de coerentes ao longo de seu comprimento, também estivessem em coerência ou mesmo emaranhados com íons de canais adjacentes ou mesmo neurônios próximos? É quase certo que não. Os canais iônicos e os íons dentro deles sofreriam o mesmo problema da ideia dos microtúbulos de Penrose e Hameroff. Embora seja pelo menos concebível que um único canal iônico estivesse emaranhado com um canal adjacente dentro do mesmo neurônio, o emaranhamento entre canais iônicos de nervos diferentes, necessário para resolver o problema da integração, não é factível de modo algum no ambiente quente, úmido, extremamente dinâmico e indutor de decoerência do cérebro vivo.

Portanto, se o emaranhamento não pode integrar as informações em nível quântico nos canais iônicos, haveria outra coisa que pudesse cumprir a tarefa? Talvez. É claro que os canais iônicos dependentes da voltagem são sensíveis à voltagem: é ela que abre e fecha os canais. A voltagem é apenas a medida do gradiente de um campo elétrico. Mas todo o volume do cérebro está cheio de seu próprio campo eletromagnético, gerado pela atividade elétrica de todos os nervos. Esse é o campo rotineiramente registrado por tecnologias de exame cerebral, como o eletroencefalograma (EEG) e o magnetoencefalograma (MEG), e basta olhar um desses exames para ver exatamente como esse campo é extraordinariamente complexo e rico em informações. A maioria dos neurocientistas ignorou o papel potencial do campo eletromagnético na computação cerebral por supor que fosse como o assovio do vapor de um trem: um produto da atividade cerebral sem impacto sobre essa atividade. No entanto, vários cientistas, inclusive Johnjoe, adotaram recentemente a ideia de que passar a consciência das partículas discretas de matéria do cérebro para o campo eletromagnético interligado teria o potencial de resolver o problema da integração e oferecer uma sede para a consciência.[14]

Para entender como isso funcionaria, precisamos provavelmente explicar melhor o que queremos dizer com *campo*. A palavra vem do uso comum: significa algo que se estende pelo espaço, como um campo cultivado ou um campo de futebol. Na física, a palavra "campo" tem o mesmo significado essencial, mas em geral se refere a campos de energia capazes de mover objetos. O campo gravitacional move tudo o que tiver massa, e o campo elétrico ou magnético move partículas com carga elétrica ou magnética, como os íons nos canais iônicos dos nervos. No século XIX, James Clerk Maxwell descobriu que a eletricidade e o magnetismo são dois aspectos do mesmo fenômeno, o eletromagnetismo, e nos referimos a ambos como campos eletromagnéticos. A equação de Einstein, $E = mc^2$, com a energia de um lado e a massa do outro, ficou famosa por demonstrar que energia e matéria são intercambiáveis. Portanto, o campo de energia eletromagnética do cérebro – o lado esquerdo da equação de Einstein – é tão real quanto a matéria que forma seus neurônios; e, por ser gerado pelo disparo dos neurônios, codifica exatamente as mesmas informações dos padrões de disparo neural do cérebro. No entanto, enquanto as informações neuronais permanecem presas naqueles neurônios que bipam, a atividade elétrica gerada por todos os bipes unifica todas as informações dentro do campo eletromagnético do cérebro. Potencialmente, isso poderia resolver o problema da integração.[15] E, com a abertura e o fechamento dos canais iônicos dependentes da voltagem, o campo eletromagnético se acopla àqueles íons em coerência quântica que atravessam os canais.

Quando as teorias do campo eletromagnético da consciência foi proposta, bem no comecinho do século XXI, não havia indícios diretos de que o campo eletromagnético do cérebro pudesse influenciar os padrões de disparo dos nervos para promover nossos pensamentos e ações. No entanto, experiências realizadas em vários laboratórios demonstraram recentemente que campos eletromagnéticos externos, de potência e estrutura semelhantes aos gerados pelo próprio cérebro, realmente influenciam os disparos dos nervos.[16] De fato, parece que o campo coordena os disparos dos nervos: isto é, põe montes de neurônios em sincronia para que todos disparem juntos. Os achados indicam que o campo eletromagnético do próprio cérebro, gerado pelos disparos dos nervos, também os influencia, formando um tipo de circuito fechado de autorreferência que, como defendem muitos teóricos, é um componente essencial da consciência.[17]

A sincronização dos disparos dos nervos pelo campo eletromagnético do cérebro também é muito significativa no contexto do enigma da consciência por ser uma das pouquíssimas características da atividade nervosa que, sabidamente, se correlaciona com a consciência. Por exemplo, todos já vivenciamos o fenômeno de procurar um objeto em plena vista, como nossos óculos, e então avistá-lo em meio a uma confusão de outros objetos. Enquanto olhávamos a confusão, as informações visuais que codificavam aquele objeto viajavam pelo cérebro através dos olhos, mas não víamos o objeto que procurávamos: não tínhamos *consciência* dele. Mas aí o vemos. O que muda em nosso cérebro entre o momento em que estamos inconscientes e aquele em que tomamos consciência de um objeto no mesmo campo visual? O extraordinário é que parece que os disparos neurais propriamente ditos não mudam: os mesmos neurônios disparam, quer *vejamos* os óculos, quer não. Mas, quando não avistamos os óculos, eles disparam de forma assíncrona; quando os avistamos, de forma síncrona.[18] O campo eletromagnético, ao reunir todos aqueles canais iônicos coerentes em partes disparatadas do cérebro para gerar disparos sincronizados, poderia ter um papel nessa transição de pensamentos inconscientes a conscientes.

Deveríamos insistir que invocar ideias como os campos eletromagnéticos do cérebro e até os canais iônicos em coerência quântica para explicar a consciência não sustenta, de modo algum, os chamados "fenômenos paranormais" como a telepatia, já que ambos os conceitos só são capazes de influenciar processos neurais que aconteçam *dentro* de um único cérebro; eles não permitem a comunicação entre cérebros diferentes. E, como ressaltamos ao examinar o argumento gödeliano de Penrose, na verdade não há nenhum indício de que a mecânica quântica seja realmente necessária para explicar a consciência, ao contrário de outros fenômenos biológicos que examinamos neste livro, como a ação enzimática ou a fotossíntese. Mas será provável que as estranhas características da mecânica quântica, que, como descobrimos, estão envolvidas em tantos fenômenos fundamentais da vida, estejam excluídas de seu produto mais misterioso, a consciência? Deixaremos ao leitor a decisão. Sem dúvida, o esquema acima delineado, que envolve canais iônicos em coerência quântica e campos eletromagnéticos, é especulativo, mas pelo menos oferece um vínculo plausível entre os terrenos quântico e clássico do cérebro.

Assim, com isso *em mente*, vamos retornar àquela caverna escura no sul da França para completar a cadeia de eventos do cérebro à mão, enquanto nossa artista se posta diante da parede, observando a luz da tocha tremular sobre seus contornos cinzentos. Algum jogo de luz e pedra traz a imagem do bisão à sua mente consciente. Basta isso para criar uma ideia em sua cabeça, talvez instanciada por uma flutuação do campo eletromagnético do cérebro que abra grupos de canais iônicos em coerência quântica em vários neurônios separados, fazendo-os disparar sincronicamente. Os sinais nervosos sincronizados disparam potenciais de ação em todo o cérebro e, por meio das ligações sinápticas, dão início a uma série de sinais que trafegam pela coluna e, pelas junções nervo-nervo, chegam aos nervos motores que descarregam seus pacotes de neurotransmissores nas junções neuromusculares presas aos músculos do braço. Esses músculos se contraem e geram o movimento coordenado da mão que passa pela parede da caverna, depositando na pedra uma linha de carvão com formato de bisão. E, talvez mais importante, ela percebe que iniciou a ação por causa de uma ideia de sua mente consciente. Ela não é um zumbi.

Trinta mil anos depois, Jean-Marie Chauvet faz a lanterna iluminar a parede daquela mesma caverna, e a ideia que tomou vida no cérebro daquela artista morta há tanto tempo tremeluz mais uma vez nos neurônios de uma mente humana consciente.

9. Como a vida começou

*[...] se (e ah! que grande se!) conseguíssemos conceber,
em algum laguinho quente com a presença de todo tipo de amônia
e sais de fósforo, luz, calor, eletricidade etc., que um
composto de proteína se formasse quimicamente,
pronto para sofrer mudanças ainda mais complexas [...]*

Charles Darwin, carta a Joseph Hooker, 1871

A Groenlândia, cujo nome significa "Terra Verde", não é lá muito verde. Em algum momento, por volta de 982 d.C., um *viking* dinamarquês chamado Erik, o Ruivo, fugiu de uma acusação de homicídio navegando para oeste da Islândia e descobriu a ilha. Não foi o primeiro: ela já tinha sido descoberta várias vezes por povos da Idade da Pedra que partiram do leste do Canadá já em 2.500 a.C. Mas a Groenlândia é um ambiente inóspito e implacável, e aquelas culturas mais antigas sumiram, deixando apenas leves vestígios. Erik tinha esperanças de obter um resultado melhor, por ter chegado durante o chamado Período Quente Medieval, em que o clima era mais clemente; portanto, deu à ilha o nome atual, confiando que a promessa de pastos verdejantes atrairia seus conterrâneos para oeste. Evidentemente, a tática deu certo, porque uma colônia de vários milhares de habitantes logo se estabeleceu e, pelo menos a princípio, pareceu prosperar. Mas, quando o período quente passou, a Groenlândia retornou às condições climáticas mais típicas do norte do Atlântico, e a calota polar cresceu e cobriu 80% da massa terrestre da ilha. Com o clima cada vez mais feroz, os ilhéus tiveram dificuldades para manter o sistema agrícola escandinavo no solo raso da estreita faixa litorânea, e tanto as safras quanto os rebanhos diminuíram.

Ironicamente, mais ou menos na mesma época em que a colônia *viking* fracassava, outra onda de imigrantes, os inuítes (esquimós), ganhava a vida no norte da ilha, com uma tecnologia de caça e pesca sofisticada e bem-adaptada às condições locais. Os *vikings* poderiam ter se salvado se tivessem tomado emprestadas as estratégias dos inuítes, mas o único registro que temos do contato entre os dois povos é a observação de um colono *viking* de que os inuítes sangravam muito quando esfaqueados, observação que dificilmente indicaria a disposição de aprender com os vizinhos do norte. O resultado foi que, em algum momento do fim do século XV, a colônia *viking* entrou em colapso e, ao que parece, os últimos habitantes recorreram ao canibalismo.

No entanto, os dinamarqueses nunca esqueceram seu posto avançado ocidental, e, no início do século XVIII, uma expedição foi enviada para renovar os laços com os colonos. Eles só encontraram casas e cemitérios abandonados, mas a visita levou à criação de uma colônia mais bem-sucedida que, ao lado dos inuítes nativos, acabou se tornando o atual estado da Groenlândia. A economia da Groenlândia atual cresceu a partir das raízes inuítes e depende principalmente da pesca, mas a potencial riqueza mineral da ilha foi cada vez mais reconhecida. Na década de 1960, o órgão dinamarquês de levantamento geológico da Groenlândia contratou Vic McGregor, jovem geólogo nascido na Nova Zelândia, para realizar um estudo geológico da extremidade sudoeste da ilha, perto da capital Godthaab (hoje rebatizada de Nuuk).

McGregor passou vários anos viajando pelos fiordes da região num barco minúsculo e parcialmente aberto, com tamanho suficiente apenas para ele, dois tripulantes locais e um ou outro convidado ocasional, amontoados em meio a ferramentas para acampar, caçar e pescar – não muito diferentes das usadas por aqueles primeiros colonos inuítes – e equipamento geológico. Com técnicas padronizadas de estratigrafia, ele concluiu que as rochas da área tinham sido dispostas em dez camadas sucessivas, das quais a mais antiga e profunda provavelmente era "muito velha mesmo" – talvez com mais de três bilhões de anos.

No início da década de 1970, McGregor mandou uma amostra de sua rocha antiga para o laboratório em Oxford de Stephen Moorbath, cientista que criara fama com a datação radiométrica de rochas. O método se baseia em medir a razão entre os isótopos radioativos e os produtos de seu decaimento. Por exemplo, o urânio 238 decai com meia-vida de 4,5 bilhões de anos (por uma cadeia de nuclídeos até chegar a um isótopo estável de chumbo); portanto, como a Terra tem cerca de quatro bilhões de anos, a concentração de urânio natural numa rocha levará toda a idade do planeta a cair à metade. Portanto, ao medir a razão entre esses isótopos em qualquer amostra de rocha, os cientistas conseguem calcular quanto tempo faz que essas rochas se depositaram; e foi essa técnica que Stephen Moorbath usou em 1970 para analisar uma amostra do tipo de rocha chamado *gnaisse*, que McGregor retirou da região costeira do sudoeste da Groenlândia chamada Amîtsoq. O espantoso foi descobrir que o gnaisse continha proporção maior de chumbo que todos os minérios ou rochas terrestres já encontrados. O achado de um nível altíssimo de chumbo significava que o gnaisse de Amîtsoq era, como supusera McGregor, "muito velho mesmo": tinha pelo menos 3,7 bilhões de anos, mais antigo que todas as rochas já encontradas na Terra.

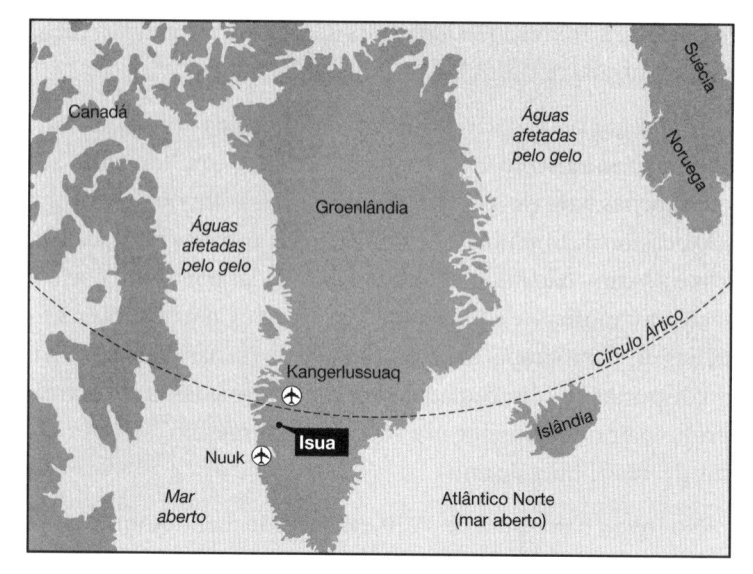

Figura 9.1 *Mapa da Groenlândia com a localização de Isua.*

FOTO: MICHAEL C. RYGEL, WIKIPEDIA COMMONS.

Figura 9.2 *Vulcão de lama moderno em Trinidad. Será que o início da vida na Terra borbulhou para fora de um vulcão de lama semelhante e deixou vestígios no nefrite de Isua?*

Moorbath ficou tão espantado com a descoberta que se uniu a McGregor em várias expedições à Groenlândia. Em 1971, os dois decidiram visitar a região de Isua, remota e praticamente inexplorada, na borda da geleira do interior da ilha (Figura 9.1). Primeiro, tiveram de navegar no barquinho minúsculo de McGregor até o fundo do fiorde de Godthaab, cheio de *icebergs*, onde os colonos *vikings* tinham levado vida precária na Idade Média. Lá, foram recolhidos por um helicóptero pertencente a uma mineradora local também interessada na região, pois levantamentos magnéticos aéreos tinham sugerido que poderia ser rica em minério de ferro. Os cientistas descobriram que, dentro do nefrite local de Isua, havia muitas massas de rocha em forma de travesseiro, as chamadas lavas basálticas em almofada, formadas por lava vulcânica expelida diretamente na água do mar: os chamados *vulcões de lama*. Essas rochas, mais uma vez, datavam de 3,7 bilhões de anos atrás. O achado demonstrava claramente que a Terra tivera oceanos líquidos e quentes não muito tempo depois de sua formação*, com vulcões de lama (Figura 9.2) borbulhando em chaminés hidrotermais no fundo de um mar raso.

No entanto, a maior surpresa veio quando Minik Rosing, pesquisador do Museu Geológico de Copenhague, mediu a razão de isótopos de carbono do nefrite de Isua. As rochas contêm cerca de 0,4% de carbono, e, quando medidas as razões respectivas dos dois isótopos ^{13}C e ^{12}C, descobriu-se que a quantidade de ^{13}C, mais pesado e raro, nas rochas era muito mais baixa do que se esperava. Fontes inorgânicas de carbono, como o dióxido de carbono atmosférico, têm cerca de 1% de ^{13}C, mas a fotossíntese prefere incorporar na biomassa de plantas e micróbios o isótopo ^{12}C, mais leve, de modo que, em geral, nível baixo de ^{13}C indica presença de material orgânico. Esses resultados sugeriam que, dentro das águas

---

* Acredita-se que a Terra tenha se condensado a partir de restos solares há cerca de 4,5 bilhões de anos, mas só formado uma crosta sólida meio bilhão de anos depois.

quentes que cercavam os vulcões de lama de Isua há 3,7 bilhões de anos, viviam organismos que, como as plantas modernas, capturavam carbono do dióxido de carbono da atmosfera ou diluído na água e o usavam para construir todos os compostos baseados em carbono que formam suas células.

A teoria das rochas de Isua continua controversa, e muitos cientistas não estão convencidos de que o baixo nível de ^{13}C lá encontrado signifique necessariamente a presença tão precoce de organismos vivos. Boa parte do ceticismo deriva do fato de que, há 3,8 bilhões de anos, a Terra estava nas vascas do chamado "Bombardeio Pesado Tardio" e sofria impactos regulares de asteroides e cometas com energia suficiente para vaporizar a água da superfície e, presumivelmente, também para esterilizar o oceano. É claro que a descoberta de fósseis de organismos fotossintetizadores tão antigos resolveria o caso, mas as pedras de Isua foram gravemente deformadas pelo passar dos milênios e quaisquer fósseis ficariam irreconhecíveis. Temos de avançar pelo menos várias centenas de milhões de anos antes que provas da existência de vida estejam claramente presentes sob a forma de fósseis reconhecíveis de antigos micróbios.

Apesar da falta de provas conclusivas, muitos acreditam que a data dos isótopos de Isua constitui o indício mais antigo da vida na Terra; e, sem dúvida, os vulcões de lama de Isua permitiram um ambiente ideal para o surgimento da vida, com sua água quente e alcalina jorrando de chaminés térmicas. Ela seria rica em carbonatos inorgânicos alcalinos, e as rochas extrudadas, sinuosas como cobras e muito porosas, teriam bilhões de cavidades minúsculas, cada uma delas um microambiente capaz de concentrar e estabilizar pequeníssimas quantidades de compostos orgânicos. Talvez a vida realmente tenha ficado verde pela primeira vez na lama da Groenlândia. A pergunta é: como?

O problema da gosma

Em geral, admite-se que os três maiores mistérios da ciência são a origem do universo, a origem da vida e a origem da consciência. A mecânica quântica está intimamente envolvida no primeiro, e já discutimos sua possível ligação com o terceiro; como logo descobriremos, ela também pode ajudar a explicar o segundo mistério. Mas precisamos antes examinar se explicações não quânticas podem oferecer uma descrição completa da origem da vida.

Os cientistas, filósofos e teólogos que, durante séculos, ponderaram sobre a origem da vida criaram uma rica variedade de teorias para explicá-la, que vão da criação divina à semeadura espacial de nosso planeta, na chamada teoria da *panspermia*. Uma abordagem científica mais rigorosa se iniciou no século XIX, com cientistas que propuseram, como Charles Darwin, que processos químicos ocorridos em "algum laguinho quente" podem ter levado à criação de material vivo. A teoria científica formal construída com base nas especulações de Darwin foi apresentada separadamente e de forma independente pelo russo Alexander Oparin e pelo inglês J. B. S. Haldane, no começo do século XX, e hoje é geralmente chamada de hipótese de Oparin e Haldane. Ambos propuseram que a atmosfera da Terra jovem era rica em hidrogênio, metano e vapor d'água, que, quando expostos a relâmpagos, radiação solar ou calor vulcânico, se combinaram para formar uma mistura de compostos orgânicos simples. Esses compostos, então, teriam se acumulado no oceano primordial e formado uma sopa orgânica quente e diluída que regirou na água durante milhões de anos, talvez passando sobre os vulcões de lama de Isua, até que alguma combinação ao acaso de seus componentes acabou produzindo uma nova molécula com uma propriedade extraordinária: a capacidade de se reproduzir.

Haldane e Oparin propuseram que o surgimento desse *reprodutor primordial* teria sido o evento mais importante que levou à origem da vida que conhecemos. Seu sucesso subsequente ainda estaria sujeito à seleção natural darwiniana. Como entidade simplíssima, o reprodutor teria gerado muitos erros ou mutações em sua duplicação. Esses reprodutores mutantes, então, teriam competido com formas não mutantes pelas matérias-primas químicas para construir mais reprodutores. Então, os mais bem-sucedidos teriam deixado o maior número de descendentes, e um processo molecular de seleção natural darwiniana, assumido o comando para levar o enxame de reprodutores rumo a maiores eficiência e complexidade. Os reprodutores que capturassem moléculas acessórias, como os peptídeos, que catalisassem enzimaticamente sua reprodução teriam levado vantagem, e alguns talvez tenham até acabado envoltos em vesículas (saquinhos cheios de ar ou fluido) fechadas por membranas gordurosas, como as células vivas de hoje, que os protegeram dos imprevistos do ambiente externo. Depois de fechado, o interior da célula seria capaz de suportar transformações *bioquímicas* – seu *metabolismo* – para fazer suas próprias biomoléculas e impedir que vazassem. Com a capacidade de manter e sustentar o seu estado interno, ao mesmo tempo que o separava do ambiente, teria nascido a primeira célula viva.

A hipótese de Oparin e Haldane ofereceu um arcabouço científico para entender como a vida poderia ter surgido na Terra. Mas, durante várias décadas, a teoria continuou sem comprovação, até que dois químicos americanos se interessaram.

Na década de 1950, o cientista Harold Urey era conceituado, mas controverso. Ganhara o Prêmio Nobel de química em 1934 pela descoberta do deutério, o isótopo do hidrogênio que, como você deve se lembrar do Capítulo 3, foi usado para estudar o efeito isotópico cinético em enzimas e, portanto, demonstrar que sua atividade envolve o tunelamento quântico. Em 1941, a habilidade de Urey na purificação de isótopos o levou a ser nomeado chefe do setor de enriquecimento de urânio do Projeto Manhattan, que tentava desenvolver a bomba atômica. No entanto, ele se desiludiu com as metas e o sigilo do projeto e, mais tarde, tentou dissuadir o presidente americano Harry S. Truman de lançar a bomba no Japão. Depois de Hiroxima e Nagasaki, Urey publicou um artigo na popular revista *Collier's*, intitulado "Sou um homem assustado", que falava dos perigos das armas atômicas. De seu cargo na Universidade de Chicago, também se opôs ativamente à "caça às bruxas" anticomunista do senador McCarthy, na década de 1950, e escreveu cartas ao presidente Truman em apoio a Julius e Ethel Rosenberg, julgados por espionagem e finalmente executados por passarem segredos atômicos para os soviéticos.

Stanley Miller, o outro químico americano envolvido nos testes da hipótese de Oparin e Haldane, entrou na Universidade de Chicago em 1951 como aluno de doutorado e, a princípio, trabalhou com o problema da nucleossíntese de elementos dentro de estrelas sob a orientação de Edward Teller, cientista chamado de "pai da bomba de hidrogênio". A vida de Miller mudou quando, em outubro de 1951, assistiu a uma palestra de Harold Urey sobre a origem da vida, que discutia a viabilidade do cenário de Oparin e Haldane e sugeria que alguém deveria fazer as experiências. Fascinado, Miller se transferiu do laboratório de Teller para o de Urey e começou a tentar convencer Urey a se tornar seu mentor no doutorado e lhe permitir que realizasse as experiências. A princípio, Urey se mostrou cético diante dos planos entusiasmados do aluno de pôr à prova a teoria de Oparin e Haldane: ele admitia que poderia levar milhões de anos para reações químicas inorgânicas gerarem um número de moléculas orgânicas suficiente para ser percebido, e Miller tinha apenas três anos para obter o doutorado! Ainda assim, Urey se dispôs a lhe dar o espaço e os recursos necessários durante seis meses a um ano. Desse modo, se a experiência não desse em nada, Miller teria tempo de passar para um projeto de pesquisa mais seguro.

Na tentativa de reproduzir as condições em que a vida se originou na Terra jovem, Miller simulou a atmosfera primordial simplesmente enchendo d'água uma garrafa, para simular o oceano, encimada de gases que achava que estariam presentes na atmosfera: metano, hidrogênio, amônia e vapor d'água. Então ele simulou relâmpagos inflamando a mistura com fagulhas elétricas. Para surpresa de Miller e espanto geral do mundo científico, ele descobriu que, depois de apenas uma semana de fagulhas em sua atmosfera primordial, a garrafa continha quantidade significativa de aminoácidos, os tijolos das proteínas. O artigo que descreveu essa experiência foi publicado na revista *Science* em 1953[1] – com Miller como único autor, pois Harold Urey adotou a postura muito incomum de insistir que seu aluno de doutorado recebesse todo o crédito pela descoberta.

O experimento de Miller-Urey, como é geralmente conhecido hoje apesar do gesto altruísta de Urey, foi louvado como o primeiro passo da criação de vida em laboratório e continua a ser um marco da biologia. Embora moléculas capazes de se autorreproduzir não tenham sido geradas, em geral se acreditava que a sopa "primordial" de aminoácidos de Miller se polimerizaria para formar peptídeos e proteínas complexas – e, com tempo suficiente num oceano bastante grande, acabaria produzindo os reprodutores de Oparin e Haldane.

Desde a década de 1950, o experimento de Miller-Urey foi repetido de várias maneiras por dezenas de cientistas, usando diferentes misturas de substâncias químicas, gases e fontes de energia para gerar, além de aminoácidos, glicídios e até uma pequena quantidade de ácidos nucleicos. Ainda assim, aqui estamos nós, mais de meio século depois, sem que nenhuma sopa primordial criada em laboratório tenha produzido um reprodutor primordial de Oparin e Haldane. Para entender por quê, precisamos examinar com mais atenção as experiências de Miller.

A primeira questão é a complexidade da mistura química que Miller gerou. Boa parte do material orgânico produzido estava na forma de um alcatrão complexo, do tipo conhecido dos químicos orgânicos, que costumam ver essas substâncias sempre que seus procedimentos complexos de síntese química não são estritamente controlados e, assim, formam-se vários produtos errados. Na verdade, é fácil produzir um alcatrão semelhante no conforto da cozinha simplesmente queimando o jantar: aquela gosma preto-amarronzada que é tão difícil de remover do fundo da panela tem composição bem parecida com a do alcatrão de Miller. O problema dessas misturas químicas é que, sabidamente, é difícil produzir com elas algo além dessa gosma alcatroada. Em termos químicos, elas não são ditas "produtivas" por serem tão complexas que qualquer substância química específica, como um aminoácido, tende a reagir com tantos compostos diferentes que se perde numa floresta de reações químicas inconsequentes. Milhões de cozinheiros e milhares de alunos de graduação em química produzem essa gosma orgânica há séculos, com pouco resultado além de um difícil serviço de limpeza.

Da gosma às células

Imagine tentar fazer uma sopa primordial raspando toda a gosma do fundo de todas as panelas queimadas do mundo inteiro e dissolvendo todos aqueles trilhões de moléculas orgânicas complexas num volume d'água do tamanho do oceano. Agora acrescente alguns vulcões de lama da Groenlândia como fonte de energia e, talvez, a fagulha de um relâmpago e mexa. Quanto tempo você terá de mexer a sopa até criar vida? Um milhão de anos? Cem milhões de anos? Cem *bilhões* de anos?

Assim como essa gosma química, até a vida mais simples é extraordinariamente complexa. Mas, ao contrário da gosma, também é organizadíssima. O problema de usar gosma como material inicial para gerar vida organizada é que as forças termodinâmicas aleatórias disponíveis na Terra primordial – os movimentos moleculares parecidos com bolas de bilhar que discutimos no Capítulo 2 – tendem a destruir a ordem, não criá-la. Jogue uma galinha na panela, aqueça, mexa e terá uma canja. Ninguém jamais despejou uma lata de canja na panela e fez uma galinha.

É claro que a vida não começou com galinhas (nem com ovos). Hoje, os organismos autorreprodutores vivos mais básicos são as bactérias, muito mais simples que qualquer ave*. A mais simples delas se chama micoplasma (a bactéria submetida à experiência de vida sintética de Craig Venter); mas até essas criaturas são formas de vida extremamente complexas. Seu genoma codifica quase quinhentos genes, que produzem um número semelhante de proteínas muito complexas que, como enzimas, fazem lipídios, glicídios, DNA, RNA, membrana celular, seu cromossomo e mil outras estruturas, todas muito mais complicadas que o motor de um carro. E, na verdade, o micoplasma é um fracote bacteriano que não consegue sobreviver por si só e precisa obter muitas biomoléculas do hospedeiro: ele é um parasita e, como tal, seria incapaz de sobreviver em qualquer sopa primordial realista. Um candidato muito mais provável seria outro organismo unicelular chamado cianobactéria, capaz de fazer fotossíntese para produzir todas as suas substâncias bioquímicas. Se estivessem presentes na Terra jovem, essas cianobactérias seriam uma fonte possível daquele nível baixo de ^{13}C verificado nas rochas de 3,7 bilhões de anos de Isua, na Groenlândia. Mas essa bactéria é muito mais complexa que o micoplasma, com um genoma que codifica *quase dois mil genes*. Quanto tempo você teria de mexer seu oceano de sopa primordial para criar uma cianobactéria?

Sir Fred Hoyle, o astrônomo britânico que cunhou a expressão "Big Bang", tinha um interesse pela origem da vida que durou a vida

---

* Isso exclui os vírus, que só conseguem se reproduzir com a ajuda de uma célula viva.

inteira. A probabilidade de processos químicos aleatórios se reunirem para gerar vida, disse ele, era mais ou menos a mesma de um tornado passar por um depósito de lixo e montar um avião jumbo por acaso. A questão que ele defendia de maneira tão vivaz era que a vida celular que conhecemos hoje é complexa e organizada demais para ter surgido por puro acaso; ela teria de ser precedida por autorreprodutores mais simples.

O mundo de RNA

Então, como seriam aqueles primeiros autorreprodutores? E como funcionavam? Como nenhum sobreviveu, presumivelmente por terem sido levados à extinção pelos descendentes mais bem-sucedidos, sua natureza é praticamente um palpite bem-informado. Uma das abordagens é partir das formas de vida mais simples de hoje, extrapolar para trás e imaginar um autorreprodutor muito mais simples, um tipo de bactéria despojada que pode ter sido a precursora, bilhões de anos atrás, de toda a vida na Terra.

O problema é que não é possível separar autorreprodutores mais simples a partir de células vivas, porque nenhum dos componentes da célula é capaz de se reproduzir por conta própria. Os genes do DNA não se reproduzem; esse é o serviço das enzimas DNA-polimerase. Por sua vez, essas enzimas não se reproduzem sozinhas, pois antes precisam estar codificadas nas fitas de DNA e RNA.

O RNA terá um papel importante neste capítulo, e talvez seja útil recordar o que ele é e o que faz. O RNA é o primo químico mais simples do DNA e vem numa espiral simples, comparado à espiral dupla do DNA. Apesar dessa diferença, o RNA tem mais ou menos a mesma capacidade de codificar informações genéticas do primo mais famoso; ele só não tem a cópia complementar dessas informações. E, exatamente como o DNA, suas informações genéticas são escritas com quatro letras genéticas diferentes, e os genes podem estar codificados no RNA exatamente como no DNA. Na verdade, muitos vírus, como o da gripe, possuem genomas de RNA e não de DNA. Mas, em células vivas como as de bactérias, animais e plantas, o RNA tem um papel distinto do DNA: as informações genéticas escritas no DNA são copiadas primeiro no RNA, no processo de leitura de genes que discutimos no Capítulo 7. E como, ao contrário do cromossomo de DNA relativamente grande e imóvel, as cadeias mais curtas de RNA são livres para se deslocar pela célula, elas é que levam a mensagem genética do cromossomo para a maquinaria de síntese de proteínas. Ali, a sequência do RNA é lida e traduzida na sequência de aminoácidos que formam as proteínas, como as enzimas. Portanto, pelo menos em células modernas, o RNA é um intermediário fundamental entre o código genético escrito no DNA e as proteínas que formam todos os outros componentes de nossas células.

Retornemos então ao nosso problema da origem da vida: embora a célula viva como um todo seja uma entidade autorreprodutora, seus componentes separados não o são, assim como uma mulher é uma autorreprodutora (com uma pequena "ajuda"), mas seu coração ou seu fígado, não. Isso cria um problema quando se tenta partir da vida celular complexa de hoje e extrapolar para trás até seu ancestral não celular muito mais simples. Em outras palavras, a questão se torna: o que veio primeiro, o gene de DNA, o RNA ou a enzima? Se o DNA ou o RNA vieram primeiro, o que os fez? Se a enzima veio primeiro, como foi codificada?

Uma solução possível foi dada pelo bioquímico americano Thomas Cech, que descobriu, em 1982, que, além de codificar informações genéticas, algumas moléculas de RNA conseguiam fazer o serviço das enzimas e catalisar reações (trabalho pelo qual ele dividiu o Prêmio Nobel de 1989 com Sidney Altman). Os primeiros exemplos dessas *ribozimas*, como são chamadas, foram encontrados em genes de organismos unicelulares minúsculos do gênero *Tetrahymena*, um tipo de protozoário encontrado em lagos de água doce; mas depois se descobriu que as ribozimas têm seu papel em todas as células vivas. Sua descoberta foi rapidamente aproveitada como um modo possível de sair do problema ovo-ou-galinha do início da vida. A *hipótese do mundo de RNA*, como passou a ser conhecida, propõe que a síntese química primordial resultou na geração de uma molécula de RNA capaz de atuar ao mesmo tempo como gene e enzima e que, portanto, conseguia codificar sua estrutura (como o DNA) e fazer cópias de si mesma (como as enzimas) usando as substâncias bioquímicas disponíveis na sopa primordial. A princípio, esse processo de cópia seria cheio de tentativas e erros, dando origem a muitas versões mutantes que competiriam entre si daquela maneira molecular darwiniana já descrita. Com o passar do tempo, esses RNA reprodutores recrutariam proteínas para melhorar a eficiência de sua reprodução, o que levaria ao DNA e, finalmente, à primeira célula viva.

Hoje, a ideia de que um mundo de moléculas de RNA autorreprodutoras precedeu o surgimento do DNA e das células é quase um dogma na pesquisa da origem da vida. Verificou-se que as ribozimas são capazes de realizar todas as reações básicas esperadas de qualquer molécula que se reproduza. Por exemplo, uma classe de ribozimas consegue unir duas moléculas de RNA, enquanto outra consegue separá-las. Outra forma ainda de ribozima consegue fazer cópias de trechos curtos do RNA (com apenas um punhado de bases). A partir dessas atividades simples, podemos imaginar uma ribozima mais complexa capaz de catalisar o conjunto completo de reações necessárias para a reprodução. Assim que ela comece a autorreprodução, começará também a seleção natural; portanto, o mundo de RNA entraria por uma via competitiva que finalmente levou, ou pelo menos assim se afirma, à primeira célula viva.

No entanto, há vários problemas nesse roteiro. Embora reações bioquímicas simples possam ser catalisadas por ribozimas, sua autorreprodução é um processo muito mais complexo, que envolve o reconhecimento pela ribozima da sequência de bases, a identificação de substâncias químicas iguais no ambiente e a montagem dessas substâncias na sequência correta para fazer uma réplica de si mesma. Isso é pedir demais até mesmo para proteínas que se dão ao luxo de viver dentro de células cheias das substâncias bioquímicas corretas; portanto, é mais difícil ainda ver como as ribozimas, que sobreviviam na sopa primordial confusa e gosmenta, conseguiriam essa façanha. Até agora, ninguém descobriu nem conseguiu fazer uma ribozima capaz de cumprir uma tarefa tão complexa, nem mesmo em laboratório.

Há também o problema mais fundamental de como fazer as próprias moléculas de RNA na sopa primordial. A molécula é feita de três peças: a base de RNA que codifica sua informação genética (assim como as bases do DNA codificam suas informações genéticas), um grupo fosfato e um glicídio chamado ribose. Embora tenha havido algum sucesso ao imaginar reações químicas plausíveis que poderiam formar as bases e os componentes fosfatados do RNA na sopa primordial, a reação mais factível para produzir ribose também gera numerosos outros glicídios. Não há mecanismo não biológico conhecido pelo qual a ribose possa ser gerada sozinha. E, mesmo que se conseguisse ribose, juntar corretamente os três componentes é, em si, uma tarefa colossal. Quando se reúnem formas plausíveis dos três componentes do RNA, elas simplesmente combinam de forma arbitrária para formar a inevitável gosma primordial. Os químicos evitam esse problema usando formas especiais de bases cujos grupos químicos foram modificados para evitar essas reações colaterais indesejadas, mas isso é trapacear; de qualquer modo, a formação de bases "ativadas" em condições primordiais é mais improvável ainda que a formação das bases originais do RNA.

No entanto, os químicos conseguem sintetizar as bases do RNA a partir de substâncias químicas simples passando por uma série muito complexa de reações cuidadosamente controladas nas quais cada produto desejado de uma reação é isolado e purificado antes de levá-lo à reação seguinte. O químico escocês Graham Cairns-Smith estimou que há cerca de 140 passos necessários para a síntese de uma base de RNA a partir de compostos orgânicos simples com probabilidade de estarem presentes na sopa primordial.[2] Para cada passo, há um mínimo de seis reações alternativas, em média, que precisam ser evitadas. Isso torna a síntese química fácil de visualizar, pois é possível conceber cada molécula como um tipo de dado molecular, com cada passo correspondendo a um lançamento em que o número seis represente a geração do produto correto e qualquer outro número indique que o produto errado se formou. Portanto, a probabilidade de qualquer molécula inicial acabar convertida em RNA equivale a obter o seis em 140 lançamentos em sequência.

É claro que os químicos melhoram essa probabilidade absurda controlando com cuidado cada passo, mas o mundo pré-biótico teria de recorrer apenas ao acaso. Será que o Sol nasceu bem na hora certa e evaporou uma pocinha de substâncias químicas em torno de um vulcão de lama? Ou será que o vulcão de lama entrou em erupção para acrescentar água e um pouco de enxofre para criar outro conjunto de compostos? Talvez uma tempestade de raios tenha mexido a mistura e acelerado mais algumas mudanças químicas com a entrada de energia elétrica. As perguntas poderiam continuar; mas é bastante fácil estimar a probabilidade de que, com base apenas no acaso, cada um dos 140 passos necessários produzisse a substância correta dentre seis possíveis: um em 6^{140} (mais ou menos 10^{109}). Para ter uma probabilidade estatística para formar RNA com processos puramente aleatórios, seria preciso pelo menos esse número de moléculas iniciais em nossa sopa primordial. Mas 10^{109} é um número muito maior que o número de partículas fundamentais em todo o universo visível (cerca de 10^{80}). A Terra simplesmente não teve moléculas nem tempo suficientes para fazer quantidade significativa de RNA naqueles milhões de anos entre sua formação e o surgimento da vida na época indicada pelas rochas de Isua.

Ainda assim, vamos imaginar que a síntese de quantidade significativa de RNA aconteceu por algum processo químico ainda não descoberto. Agora, temos de superar o problema igualmente desanimador de enfileirar as quatro bases diferentes do RNA (equivalentes, você há de lembrar, àquelas quatro letras do código do DNA, A, G, C e T) exatamente na sequência certa para fazer uma ribozima capaz de se autorreproduzir. Em sua maioria, as ribozimas são cadeias de RNA com umas cem bases de comprimento, pelo menos. Em cada posição da cadeia, há a presença de uma das quatro bases; portanto há 4^{100} (ou 10^{60}) formas diferentes de montar uma cadeia de RNA com cem bases. Qual a probabilidade de que o amontoamento aleatório de bases de RNA gerasse exatamente a sequência em todo o comprimento da cadeia para formar uma ribozima que se autorreproduzisse?

Já que estamos nos divertindo tanto com números grandes, podemos calcular. Acontece que 4^{100} cadeias individuais de RNA com 100 bases de comprimento teriam uma massa combinada de 10^{50} quilos. E seria disso que precisaríamos para obter uma única cópia da maioria das cadeias e, portanto, uma probabilidade razoável de que uma delas tivesse todas as suas bases arrumadas corretamente para se autorreproduzir. No entanto, a massa total da galáxia Via Láctea é estimada em aproximadamente 10^{42} quilos.

É claro que não podemos confiar apenas no puro acaso.

Naturalmente, entre as 4^{100} cadeias de RNA possíveis com 100 bases de comprimento, pode não haver apenas um arranjo que se autorreproduza. Poderia haver muito mais. Poderia haver até trilhões de reprodutores possíveis que se poderiam formar com cadeias de RNA com 100 bases de comprimento. Talvez o RNA autor-reprodutor seja bastante comum, e só precisemos de um milhão de moléculas para ter alguma chance de formá-lo. O problema desse argumento é não passar disso: um argumento. Apesar de muitas tentativas, até agora ninguém fez um único RNA que se autorreproduzisse nem o observou na natureza. Isso não surpreende se considerarmos que a tarefa de se autorreproduzir é muito desafiadora. No mundo de hoje, é preciso uma célula viva inteira para realizar essa façanha. Poderia acontecer com um sistema muito mais simples, bilhões de anos atrás? Com certeza deve ter acontecido, senão não estaríamos aqui pensando nesse problema hoje. Mas como aconteceu antes que as células evoluíssem não é nada claro.

Dadas as dificuldades de identificar autorreprodutores biológicos, poderíamos ter novas ideias fazendo uma pergunta mais geral: qual a facilidade de qualquer sistema se autorreproduzir? A tecnologia moderna nos trouxe muitas máquinas capazes de reproduzir coisas, das fotocopiadoras aos computadores eletrônicos e às impressoras 3D. Algum desses aparelhos consegue fazer uma cópia de si mesmo? Talvez o mais próximo disso seja uma impressora 3D como a RepRap (abreviatura de Replicating Rapid, ou protótipo de duplicação rápida), criação de Adrian Bowyer na Universidade de Bath, no Reino Unido. Essas máquinas conseguem imprimir seus próprios componentes, que podem ser montados depois para fazer outra impressora 3D RepRap.

Bom, não é bem assim. A máquina só imprime plástico, mas sua carcaça é de metal, assim como a maioria dos componentes elétricos. Portanto, só as peças de plástico são reproduzidas; e têm de ser montadas manualmente com peças adicionais para formar uma nova impressora. A ideia dos projetistas é tornar as impressoras RepRap autorreprodutoras (há vários projetos alternativos) disponíveis a todos. Mas, no momento desta escrita, estamos ainda muito longe de construir uma máquina que se autorreproduza de verdade.

Portanto, se procurar máquinas que se autorreproduzam não nos ajuda muito na busca de descobrir se é fácil ou difícil se autorreproduzir, podemos evitar completamente o mundo material e examinar a questão dentro de um computador, onde aquelas substâncias químicas complicadas e difíceis de fazer podem ser substituídas pelos tijolos simples do mundo digital: ou seja, os bits que só podem valer 1 ou 0? Um "byte" de dados, que consiste em oito bits, representa um único caractere de texto no código do computador e pode ser grosseiramente comparado à unidade do código genético: uma base de DNA ou RNA. Agora, podemos fazer a pergunta: dentre todas as cadeias de bytes possíveis num computador, até que ponto as que conseguem se reproduzir são comuns?

Aqui temos uma vantagem imensa, porque cadeias de bytes que se autorreproduzem são mesmo bastante comuns: nós as chamamos de vírus de computador. São programas relativamente curtos capazes de infectar nossos computadores convencendo a CPU a fazer montes de cópias suas. Então, esses vírus embarcam em e-mails para contaminar o computador de nossos amigos e colegas. Portanto, se pensarmos na memória do computador como um tipo de sopa primordial digital, os vírus de computador podem ser considerados o equivalente digital dos autorreprodutores primordiais.

O Tinba, um dos vírus de computador mais simples, tem apenas 20 quilobytes de comprimento: curtíssimo quando comparado à maioria dos programas. Mas, em 2012, o Tinba conseguiu atacar os computadores de grandes bancos, enfurnando-se em seus navegadores e furtando dados de *login*; portanto, era claramente um autorreprodutor formidável. Embora 20 quilobytes possa ser pouquíssimo para um programa de computador, ainda assim representa uma cadeia relativamente longa de informações digitais, já que, com 8 bits num byte, corresponde a 160.000 bits de informação. Como cada bit pode estar num de dois estados (0 ou 1), é fácil calcular a probabilidade de gerar aleatoriamente cadeias específicas de dígitos binários. Por exemplo, a probabilidade de gerar uma cadeia específica de três bits, 111, digamos, é $\frac{1}{2} \times \frac{1}{2} \times \frac{1}{2}$, ou uma em 2^3. Pela mesma lógica matemática, segue-se que a probabilidade de chegar por acidente a uma cadeia específica com 160.000 bits de comprimento como o Tinba é de uma em $2^{120.000}$. Esse número é de dar nó na cabeça de tão pequeno e nos revela que o Tinba não poderia ter surgido por puro acaso.

Talvez, exatamente como conjeturamos no caso da molécula de RNA, haja por aí muitos códigos que se autorreproduzam, sejam muito mais simples que o Tinba e possam ter surgido por acaso. Mas se assim fosse, sem dúvida até agora um vírus de computador já teria surgido espontaneamente em todos os zilhões de gigabytes de código que fluem pela internet a cada segundo. Afinal de contas, a maioria desses códigos não passa de sequências de uns e zeros (pense em todas as imagens e os vídeos baixados a cada segundo). Todos esses códigos são potencialmente funcionais em termos de mandar nossa CPU realizar operações básicas, como copiar ou apagar; mas todos os vírus de computador que já infectaram o computador de alguém mostram a assinatura inconfundível do projeto humano. Até onde sabemos, a vasta torrente de informações digitais que corre pelo mundo todos os dias nunca gerou espontaneamente um vírus de computador. Mesmo dentro do ambiente do computador, propício à reprodução, a autorreprodução é difícil e, até onde sabemos, nunca aconteceu espontaneamente.

Portanto, a mecânica quântica pode ajudar?

Essa excursão ao mundo digital expõe o problema essencial da busca da origem da vida, que se resume à natureza do motor de busca usado para juntar os ingredientes necessários na configuração correta para formar um autorreprodutor. Quaisquer que fossem as substâncias químicas disponíveis na sopa primordial, elas teriam de explorar um espaço imenso de possibilidades para topar com o raríssimo autorreprodutor. Será que nosso problema seria confinarmos a rotina de busca às regras do mundo clássico? Você deve se lembrar de que, no Capítulo 4, a princípio os teóricos quânticos do MIT ficaram extremamente céticos diante da reportagem do *New York Times* sobre plantas e micróbios que implementariam uma rotina de busca quântica. Mas, afinal, eles mudaram de opinião e aceitaram a ideia de que os sistemas fotossintéticos realmente implementavam uma estratégia de busca quântica chamada passeio quântico. Vários pesquisadores, inclusive nós[3], exploraram a ideia de que a origem da vida poderia, do mesmo modo, ter envolvido algum tipo de busca quântica.

Imagine uma pocinha primordial minúscula fechada dentro de um poro daquelas rochas sinuosas extrudadas pelo vulcão de lama sob o antigo mar de Isua, três bilhões e meio de anos atrás, quando as camadas de gnaisse da Groenlândia estavam se formando. Eis aqui o "laguinho quente com todo tipo de amônia e sais de fósforo, luz, calor, eletricidade etc. presentes" de Darwin, no qual "um composto de proteína [...] pronto para sofrer mudanças ainda mais complexas" poderia se formar. Agora, imagine também que determinado "composto de proteína" (que poderia também ser uma molécula de RNA) feito pelo tipo de processo químico que Stanley Miller descobriu seja um tipo de protoenzima (ou ribozima) com alguma atividade enzimática, mas ainda não uma molécula que se autorreproduza. Imagine, além disso, que algumas partículas dessa enzima pudessem se deslocar para posições diferentes, mas fossem impedidas por barreiras energéticas clássicas. No entanto, como discutimos no Capítulo 3, tanto elétrons quanto prótons são capazes de tunelamento quântico através de barreiras energéticas que proíbam sua transferência clássica, uma característica que é fundamental na ação enzimática. Com efeito, o elétron ou próton existe em ambos os lados da barreira ao mesmo tempo. Se imaginarmos que isso acontece dentro de nossas protoenzimas, seria esperado que as diferentes configurações – encontrar a partícula de um dos lados da barreira energética – estivessem associadas a atividades diferentes da enzima, isto é, à capacidade de acelerar tipos diferentes de reações químicas, incluindo, talvez, uma reação de autorreprodução.

Só para facilitar o trabalho numérico, imaginemos que haja um total de 64 prótons e elétrons dentro de nossa protoenzima imaginária, cada um deles capaz de tunelamento quântico entre duas posições diferentes. A quantidade total de variação estrutural disponível para nossa protoenzima imaginária ainda é enorme: 2^{64}, uma quantidade imensa de configurações possíveis. Agora, imagine que apenas uma dessas configurações tem o que é preciso para se tornar uma enzima que se autorreproduza. A pergunta é: qual a facilidade de encontrar a configuração específica que levaria ao surgimento da vida? O autorreprodutor poderá se formar em nossa pocinha quente?

Consideremos primeiro a protoenzima como uma molécula inteiramente clássica incapaz de fazer algum truque quântico como superposição ou tunelamento. A qualquer momento dado, a molécula só pode estar numa das 2^{64} configurações possíveis, e a probabilidade de que essa protoenzima seja autorreprodutora é de 1 dividido por 2^{64} – uma probabilidade realmente pequeníssima. Com uma probabilidade dessas, a protoenzima clássica ficará presa numa das configurações sem graça que não conseguem se autorreproduzir.

É claro que as moléculas mudam em consequência do desgaste termodinâmico geral, mas, no mundo clássico, essa mudança é relativamente lenta. Para uma molécula mudar, o arranjo original dos átomos tem de ser desmantelado e as partículas constituintes, rearrumadas para formar uma nova configuração molecular. Como descobrimos no Capítulo 3 com o antiquíssimo colágeno de dinossauro, às vezes as mudanças químicas podem ocorrer em escalas de tempo geológicas. Considerada classicamente, nossa protoenzima levaria muitíssimo tempo para explorar até uma fração minúscula daquelas 2^{64} configurações químicas.

No entanto, a situação é radicalmente diferente quando consideramos as 64 partículas básicas da protoenzima como elétrons e prótons capazes de tunelar entre essas posições alternativas. Por ser um sistema quântico, a protoenzima pode existir em todas as configurações possíveis ao mesmo tempo, em superposição quântica. Agora, a razão de nossa escolha do número 64 fica clara: é o mesmo número que estudamos no Capítulo 8 quando usamos a mancada do imperador chinês no tabuleiro para ilustrar o poder da computação quântica, com as partículas em tunelamento representando os quadrados do tabuleiro de xadrez ou qubits. Nosso protoautorreprodutor, caso sobrevivesse tempo suficiente, poderia atuar como um computador quântico de 64 qubits; e já descobrimos como um aparelho desses seria poderoso. Talvez ele possa usar seus imensos recursos computacionais quânticos para calcular a resposta à pergunta: qual é a configuração molecular correta de um autorreprodutor? Dessa maneira, o problema e sua possível solução ficam mais claros. Quando consideramos a protoenzima nessa superposição quântica, o problema de achar qual das 2^{64} estruturas possíveis é autorreprodutora se torna passível de solução.

Mas há uma dificuldade. Você se lembrará de que os *qubits* têm de permanecer coerentes e emaranhados para realizar cálculos quânticos. Assim que a decoerência se instala, a superposição de 2^{64} estados diferentes entra em colapso e só sobra um. Isso ajuda? Aparentemente, não, porque a probabilidade de a superposição quântica colapsar no único estado autorreprodutor é a mesma de antes: um minúsculo 1 dividido por 2^{64}, a mesma probabilidade de dar cara (no cara ou coroa) 64 vezes seguidas. Mas é no que acontece em seguida que a descrição quântica diverge de sua colega clássica.

Quando uma molécula não se comporta de acordo com a mecânica quântica e se encontra, como quase certamente se encontrará, com o arranjo errado de átomos que é incapaz de se autorreproduzir, experimentar uma configuração diferente envolveria o processo geologicamente lento de desmontar e rearrumar ligações moleculares. Mas, depois da decoerência da molécula quântica equivalente, cada um dos 64 prótons e elétrons de nossa protoenzima estarão, de forma quase instantânea, prontos para tunelar outra vez numa superposição de suas duas posições possíveis e restabelecer a superposição quântica original de 2^{64} configurações diferentes. Em seu estado de 64 qubits, a molécula protorreprodutora quântica repetiria a busca pela autorreprodução continuamente no mundo quântico.

A decoerência logo fará a superposição entrar em colapso outra vez; mas agora a molécula se encontrará em outra das 2^{64} configurações clássicas diferentes. Mais uma vez, a decoerência fará a superposição entrar em colapso, e mais uma vez o sistema se encontrará em outra configuração; e esse processo continuará indefinidamente. Em essência, nesse ambiente relativamente protegido, a formação e o rompimento do estado de superposição quântica é um processo reversível: a moeda quântica é jogada continuamente pelos processos de superposição e decoerência, processos muito mais rápidos que a formação e a decomposição clássicas das ligações químicas.

Mas há um evento que dará fim ao jogo da moeda quântica. Caso acabe entrando em colapso num estado autorreprodutor, a molécula quântica protorreprodutora começará a se reproduzir; e, como nas células famintas de *E. coli* que discutimos no Capítulo 7, a reprodução forçará o sistema a fazer uma transição irreversível para o mundo clássico. A moeda quântica teria sido jogada irreversivelmente, e o primeiro autorreprodutor nasceria no mundo clássico. É claro que essa reprodução teria de envolver algum tipo de processo bioquímico dentro da molécula ou entre ela e suas cercanias que seria muito diferente dos que ocorreram antes de ser encontrado o arranjo autorreprodutor. Em outras palavras, é preciso haver um mecanismo que ancore essa configuração especial no mundo clássico antes que se perca e que a molécula passe para o próximo arranjo quântico.

Como seria o primeiro autorreprodutor?

É claro que a proposição que delineamos acima é especulativa. Mas, se a busca do primeiro autorreprodutor se realizasse no mundo quântico em vez do clássico, pelo menos isso teria o potencial de resolver o problema da busca do autorreprodutor.

Para esse roteiro dar certo, a biomolécula primordial – o protoautorreprodutor – teria de ser capaz de explorar muitas estruturas diferentes com o tunelamento quântico de suas partículas entre posições diferentes. Sabemos que tipo de molécula seria capaz de um truque desses? Bom, até certo ponto, sim. Como já descobrimos, os prótons e os elétrons das enzimas estão presos de forma relativamente frouxa, o que lhes permite tunelar com facilidade entre diversas posições. Os prótons do DNA e do RNA também são capazes de tunelar, pelo menos na ligação de hidrogênio. Portanto, podemos imaginar que nosso autorreprodutor primordial seria algo como uma proteína ou molécula de RNA frouxamente unida por ligações de hidrogênio e ligações eletrônicas fracas que permitissem às partículas, tanto prótons quanto elétrons, viajar livremente pela estrutura para formar uma superposição de seus trilhões de configurações diferentes.

Há algum indício desse roteiro? Apoorva D. Patel, físico do Centro de Física de Alta Energia do Instituto Indiano de Ciência de Bangalore, é um dos especialistas mundiais em algoritmos quânticos – o *software* dos computadores quânticos. Ele sugere que aspectos do código genético (as sequências de bases do DNA que codificam um aminoácido ou outro) traem sua origem de código quântico.[4] Aqui não é lugar para entrar em detalhes técnicos (pois isso nos levaria fundo demais na matemática da teoria quântica da informação), mas sua ideia não deveria surpreender. No Capítulo 4, vimos que, na fotossíntese, a energia do fóton é transferida para o centro de reação seguindo várias vias ao mesmo tempo – um passeio quântico aleatório. Depois, no Capítulo 8, discutimos a ideia da computação quântica e se a vida poderia fazer uso de algoritmos quânticos para aumentar a eficiência de determinados processos biológicos. Do mesmo modo, os roteiros da origem da vida que envolvem mecânica quântica, embora especulativos, não passam de extensões dessas ideias: a possibilidade de que a coerência quântica da biologia teve, na origem da vida, o tipo de papel que tem atualmente nas células vivas.

É claro que qualquer roteiro que envolva mecânica quântica na origem da vida três bilhões de anos atrás continua a ser extremamente especulativo. Mas, como discutimos, até as explicações clássicas da origem da vida estão cercadas de problemas: não é fácil fazer vida a partir do nada! Ao oferecer estratégias de busca mais eficientes, a mecânica quântica pode ter facilitado um pouco a tarefa de construir um autorreprodutor. É quase certo que essa não seja a história toda, mas a mecânica quântica tornaria um pouco mais provável o surgimento da vida naquelas antigas rochas da Groenlândia.

10. Biologia quântica: a vida no limite da tempestade

"Esquisito" é o adjetivo mais usado para descrever o campo da mecânica quântica. E ele é esquisito. Qualquer teoria que permita que objetos atravessem barreiras intransponíveis, estejam em dois lugares ao mesmo tempo ou tenham "ligações fantasmagóricas" não pode ser descrita como ordinária. Mas, na verdade, seu arcabouço matemático é absolutamente lógico e coerente e descreve com exatidão como é o mundo no nível das forças e das partículas fundamentais. A mecânica quântica, portanto, é a base da realidade física. Níveis de energia discretos, dualidade onda-partícula, coerência, emaranhamento e tunelamento não são apenas áreas interessantes com relevância apenas para cientistas trabalhando dentro de rarefeitos laboratórios de física. São tão reais e normais quanto a torta de maçã da vovó, e na verdade estão dentro da torta de maçã da vovó. A mecânica quântica é normal. O mundo que ela descreve é que é esquisito.

Mas, como descobrimos, a maior parte das características contraintuitivas da matéria em escala quântica se desfaz no turbulento interior termodinâmico dos objetos grandes pelo processo que chamamos de decoerência, deixando apenas o mundo clássico que conhecemos. Portanto, podemos considerar que a realidade física é formada de três níveis (Figura 10.1). Na superfície, estão os objetos macroscópicos cotidianos, como bolas de futebol, trens e planetas, cujo comportamento geral obedece às leis mecânicas de movimento de Newton, com conceitos conhecidos como velocidade, aceleração, momento e forças. A camada do meio é a termodinâmica, que descreve o comportamento de líquidos e gases. Aqui, aplicam-se as mesmas regras newtonianas clássicas; mas, como Schrödinger ressaltou e como descrevemos no Capítulo 2, essas leis termodinâmicas subjacentes que descrevem, por exemplo, como um gás se expande quando aquecido ou como a locomotiva a vapor leva o trem morro acima, se baseiam na "ordem a partir da desordem", a média do acotovelamento desordeiro de trilhões de átomos e moléculas parecidos com bolas de bilhar. O terceiro nível, o mais profundo, é a base da realidade: o mundo quântico. É aí que o comportamento de átomos e moléculas e das partículas de que são feitos obedece às regras precisas e ordeiras da mecânica quântica, não da clássica. No entanto, em geral, a maior parte das coisas quânticas esquisitas é invisível para nós. Só quando observamos atentamente moléculas individuais, como, por exemplo, na experiência da dupla fenda, é que vemos as leis quânticas mais profundas. O comportamento que elas descrevem nos parece pouco familiar, porque normalmente vemos a realidade pelo filtro da decoerência, que retira toda a esquisitice dos objetos maiores.

Em sua maioria, os organismos vivos são objetos relativamente grandes. Como os trens, as bolas de futebol e as balas de canhão, seu movimento geral obedece bastante bem às leis newtonianas: um homem atirado de um canhão tem trajetória semelhante à da bala. Em nível mais profundo, a fisiologia dos tecidos e das células também é bem descrita pelas leis da termodinâmica: a expansão e a contração do pulmão não são tão diferentes assim da expansão e da contração de um balão. Portanto, à primeira vista, tenderíamos a supor, e a maioria dos cientistas supôs, que o comportamento quântico também fosse anulado em piscos-de-peito-ruivo, peixes, dinossauros, macieiras, borboletas e nós, exatamente como nos outros objetos clássicos. Mas vimos que nem sempre isso é verdade na vida; suas raízes saem da superfície newtoniana, atravessam as turbulentas águas termodinâmicas e penetram no leito quântico, permitindo-lhe aproveitar a coerência, a superposição, o tunelamento e o emaranhamento (Figura 10.1). A questão que queremos abordar neste último capítulo é: como?

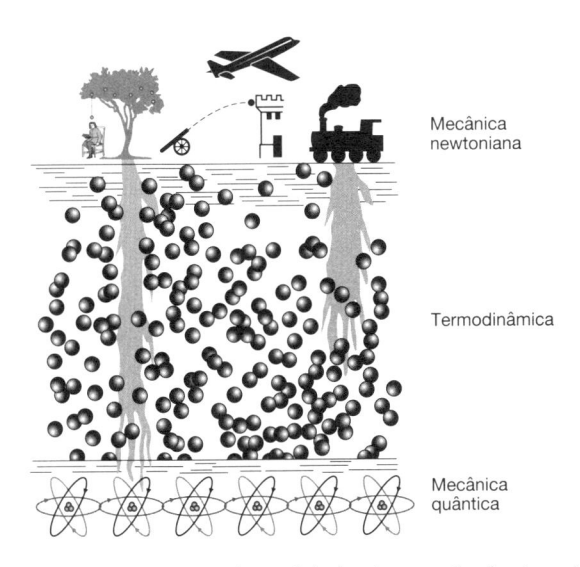

Figura 10.1 *Os três estratos da realidade. A camada de cima é o mundo visível, cheio de objetos como maçãs que caem, balas de canhão, trens a vapor e aeroplanos, cujos movimentos são descritos pela mecânica newtoniana. Embaixo está a camada termodinâmica de partículas parecidas com bolas de bilhar, cujo movimento é quase totalmente aleatório. Essa camada é responsável pela geração das leis da "ordem a partir da desordem" que governam o comportamento de objetos como locomotivas a vapor. A próxima camada, mais abaixo, é a das partículas fundamentais, governada por leis quânticas ordeiras. As características visíveis da maioria dos objetos que vemos parecem enraizadas nas camadas newtoniana ou termodinâmica, mas os organismos vivos têm raízes que penetram até o leito quântico da realidade.*

Já examinamos parte da resposta. Erwin Schrödinger ressaltou, mais de sessenta anos atrás, que a vida é diferente do mundo inorgânico por ser estruturada e ordeira até em nível molecular. Essa ordem até lá no fundo dá à vida de um tipo de alavancagem rígida que liga o molecular ao macroscópico, de modo que, quando ocorrem dentro de cada biomolécula, os eventos quânticos possam ter consequências para o organismo inteiro: o tipo de amplificação do quântico ao macroscópico afirmado por aquele outro pioneiro quântico, Pascual Jordan.

É claro que, quando Schrödinger e Jordan escreviam sobre biologia, ninguém sabia de que era feito um gene nem como funcionavam as enzimas e a fotossíntese. Mas meio século de pesquisa biológica molecular intensa nos ofereceu um mapa detalhadíssimo da estrutura das biomoléculas, no nível individual dos átomos do DNA ou das proteínas. E, como descobrimos, as ideias prescientes dos pioneiros quânticos se confirmaram, com bastante atraso. Fotossistemas, enzimas, cadeias respiratórias e genes são estruturados até a posição de cada uma de suas partículas, e seus movimentos quânticos realmente fazem diferença para a respiração que nos mantém vivos, as enzimas que constroem nosso corpo ou a fotossíntese que cria quase toda a biomassa do planeta.

Ainda assim, muitas questões permanecem, principalmente as relativas a como a vida consegue manter a coerência quântica no mar quente e úmido de biomoléculas dentro de uma célula viva. As proteínas ou o DNA não são máquinas de aço com partes rígidas, como os instrumentos usados para detectar os efeitos quânticos em laboratórios de física; são estruturas flexíveis e esponjosas, sujeitas o tempo todo às próprias vibrações térmicas, além de continuamente atingidas pelos esbarrões das bolas de bilhar moleculares circundantes, uma barragem constante de *ruído molecular**. Seria

---

* Expressão muito usada para descrever vibrações moleculares incoerentes.

esperado que essas vibrações e colisões aleatórias abalassem o arranjo delicado dos átomos e das moléculas de que aquelas partículas precisam para manter seu comportamento quântico. Como essa coerência é preservada na biologia continua um enigma; mas, como descobriremos, ele está começando a ser decifrado e revela ideias fascinantes sobre o funcionamento da vida, ideias que podem até ser exploradas para impulsionar as tecnologias quânticas do futuro.

Boas, boas, boas, boas vibrações (bop bop)

Poucos livros de popularização científica precisam de revisão enquanto são escritos; mas neste capítulo final descreveremos resultados que estão surgindo agora. Na verdade, a ciência da biologia quântica avança tão depressa em tantas frentes diferentes que, inevitavelmente, este livro estará um pouco desatualizado na época do lançamento. As maiores surpresas que surgem dos estudos recentes são novas ideias de como a vida lida com vibrações ou ruídos moleculares.

Os resultados mais empolgantes dessa área vêm surgindo com novos estudos da fotossíntese. Lembre-se do Capítulo 4: micróbios e folhas estão lotados de cloroplastos cheios de florestas de moléculas do pigmento clorofila, e o primeiro passo da fotossíntese envolve a captura de um fóton de luz por uma molécula de pigmento e sua conversão num excíton oscilante que passa pela floresta de clorofila até o centro de reação. Lembre-se também de que os batimentos quânticos, marca registrada da coerência, foram detectados nesse processo de transporte de energia e provam que sua eficiência de quase 100% se deve ao passeio quântico dos excítons no caminho até o centro de reação. Mas o modo como os excítons mantêm o comportamento ondulatório coerente enquanto passeiam pelo ambiente molecular ruidoso de uma célula viva era um enigma até recentemente. Agora, descobrimos que a resposta parece ser que os sistemas vivos não tentam evitar a vibração molecular; em vez disso, eles dançam ao seu ritmo.

No Capítulo 4, visualizamos a coerência quântica da fotossíntese como um tipo de versão molecular de uma orquestra "afinada" e "no tempo", com todas as moléculas coerentes de pigmento tocando no mesmo ritmo. Mas o problema que o sistema tem de superar é que o interior da célula é muito ruidoso. Essa orquestra molecular não toca numa sala de concertos silenciosa, mas em algo mais parecido com o centro movimentado de uma cidade, em meio a uma cacofonia de ruído molecular que perturba cada um dos músicos; assim, é provável que as oscilações de seu excíton desafinem, provocando a perda da delicada coerência quântica.

Esse desafio é conhecido pelos físicos e pelos engenheiros que tentam construir aparelhos como os computadores quânticos. Eles tendem a usar duas estratégias principais para manter o ruído sob controle. Em primeiro lugar, sempre que podem eles resfriam o sistema até bem perto do zero absoluto. Em temperatura tão baixa, as vibrações moleculares são amortecidas, o que, por sua vez, reduz o ruído molecular. Em segundo lugar, eles protegem o equipamento dentro do equivalente molecular de um estúdio de gravação, mantendo sob controle, portanto, qualquer ruído ambiental. Não há estúdios de gravação dentro das células vivas, e plantas e micróbios vivem em ambientes quentes; então, como os fotossistemas mantêm sua coerência quântica afinada durante tanto tempo?

Parece que a resposta é que os centros de reação fotossintética aproveitam duas variedades de ruído molecular para manter, e não destruir, a coerência. A primeira é um ruído relativamente fraco e de baixo nível, às vezes chamado de *ruído branco*, bem parecido com a estática da TV ou do rádio que se espalha por todas as frequências.*

---

* A amplitude das vibrações é bem pequena, e elas não conferem muita energia.

Esse ruído branco vem do acotovelamento térmico molecular de todas as moléculas circundantes, como os íons de água ou metal amontoados dentro das células vivas. O segundo tipo, às vezes chamado de *ruído colorido*, é mais "alto" e se limita a determinadas frequências, exatamente como a luz colorida (visível) se limita a uma faixa estreita de frequências do espectro eletromagnético. A fonte do ruído colorido são as vibrações das estruturas moleculares maiores dentro dos cloroplastos, como as moléculas de pigmento (clorofila) e os andaimes proteicos que as mantêm no lugar, compostos de cadeias de miçangas de aminoácidos curvados e retorcidos em formatos adequados para abrigar as moléculas de pigmento. Suas curvas e torções são flexíveis e podem vibrar, mas só em certas frequências, como as cordas de um violão. As próprias moléculas de pigmento também têm sua frequência vibracional. Essas vibrações geram o ruído colorido que, como um acorde musical, se compõe apenas de algumas notas. Parece que tanto o ruído branco quanto o colorido são aproveitados pelos sistemas de reação fotossintética para ajudar a pastorear o excíton coerente até o centro de reação.

Uma pista de como a vida aproveita esse tipo de vibração molecular foi descoberta de forma independente por dois grupos em 2008-9. Um deles era a equipe de marido e mulher formada por Martin Plenio e Susana Huelga, que na época moravam no Reino Unido e se interessavam havia muito tempo pelo efeito do "ruído" externo na dinâmica dos sistemas quânticos; portanto, eles não se surpreenderam quando ouviram falar da experiência sobre a fotossíntese de Graham Fleming, feita em 2007, que discutimos no Capítulo 4. Eles logo publicaram vários artigos, hoje muito citados, que descreviam um modelo do que achavam que estava acontecendo[1]: eles propunham que o interior ruidoso da célula viva podia servir para promover a dinâmica quântica e manter, em vez de destruir, a coerência nos complexos fotossintéticos e outros sistemas biológicos.

O outro grupo, do outro lado do Atlântico, foi aquela equipe de informações quânticas do MIT, encabeçada por Seth Lloyd, que a princípio pensara que mecânica quântica em plantas era ideia de maluco. Com colegas da vizinha Universidade Harvard, Lloyd deu uma olhada mais atenta no complexo fotossintético de algas no qual Fleming e Engel tinham percebido o batimento quântico.[2] Eles mostraram que o transporte do excíton em coerência quântica podia ser retardado ou auxiliado pelo ruído ambiental, dependendo do *volume* desse ruído. Quando o sistema fica frio e silencioso demais, o excíton tende a oscilar sem objetivo e não vai a nenhum lugar específico; num ambiente quente e ruidoso demais, algo chamado de *efeito Zeno quântico* se instala e retarda o transporte quântico. Entre esses dois extremos fica a *zona Cachinhos Dourados*, onde as vibrações são perfeitas para o transporte quântico.

Esse efeito Zeno quântico recebeu o nome do antigo filósofo grego Zeno de Eleia, que propunha problemas filosóficos sob a forma de um conjunto de paradoxos, um dos quais se chama paradoxo da flecha. Zeno considerou uma flecha em voo e argumentou que ela tem de ocupar uma posição específica no espaço a cada instante. Se pudesse ser avistada naquele instante, a flecha seria indistinguível de uma flecha verdadeiramente imóvel suspensa na mesma posição. O paradoxo é que o voo da flecha consiste em uma sequência dessas fatias paralisadas no tempo, com uma flecha imóvel a cada ponto da trajetória. Mas, quando unimos todas as fatias, a flecha se move. E como uma sequência de movimentos zero se soma em movimento real? A resposta, hoje sabemos, é que um período finito não é formado por uma sequência de unidades indivisíveis de zero tempo. Mas essa solução teve de esperar a invenção do cálculo no século XVII, mais de dois mil anos depois de Zeno propor seu enigma. Ainda assim, o paradoxo de Zeno sobrevive, ao menos no nome, em uma das características mais peculiares da mecânica quântica. As flechas quânticas realmente podem ser paralisadas no tempo pelo ato da observação.

Em 1977, físicos da Universidade do Texas publicaram um artigo que demonstrava que algo parecido com o paradoxo da flecha de Zeno pode ocorrer no mundo quântico.[3] O efeito Zeno quântico, como passou a ser chamado, descreve o modo como observações contínuas impedem que eventos quânticos aconteçam. Por exemplo, um átomo radioativo, se observado atenta e continuamente, nunca decairá – efeito que costuma ser descrito por um velho ditado: "panela vigiada não ferve". É claro que as panelas de verdade acabam fervendo; só parece que o tempo se desacelera quando queremos muito uma xícara de chá. No entanto, como ressaltou Heisenberg, no terreno quântico o ato de vigiar (medir) altera inevitavelmente o estado da coisa vigiada.

Para ver como o paradoxo de Zeno é relevante na vida, voltaremos à etapa de transporte de energia na fotossíntese. Imaginemos que uma folha acabou de captar um fóton solar e converteu sua energia num excíton. Em termos clássicos, o excíton é uma partícula localizada no tempo e no espaço. Mas, como revelou a experiência da dupla fenda, as partículas quânticas também possuem um caráter ondulatório difuso que lhes permite existir em vários lugares simultaneamente, em superposição quântica. É a ondulação do excíton que é essencial para o transporte quântico eficiente, porque lhe permite explorar, como uma onda de água, vários caminhos ao mesmo tempo. Mas, caso se quebre nas rochas moleculares ruidosas da decoerência dentro da folha, sua ondulação quântica se perderá, e ele se tornará uma partícula localizada presa numa única posição. Em essência, o ruído age como um tipo de medição contínua, e, se for muito intenso, a decoerência acontecerá muito depressa, antes que a coerência quântica tenha a oportunidade de ajudar a onda do excíton a chegar a seu destino. Esse é o efeito Zeno quântico: o colapso constante da onda quântica no mundo clássico.

Quando estimou a influência do ruído/vibração molecular no complexo fotossintético bacteriano, a equipe do MIT descobriu que o transporte quântico era ótimo em temperaturas próximas daquelas em que micróbios e plantas fazem fotossíntese. Esse encaixe perfeito entre a eficiência ótima de transporte e a temperatura em que vivem os organismos é extraordinário e, afirma a equipe, indica que três bilhões de anos de seleção natural realizaram a sintonia fina da engenharia evolucionária do transporte de excítons em nível quântico para otimizar a reação bioquímica mais importante da biosfera. Como defendem em artigo posterior, "a seleção natural tende a promover sistemas quânticos até o grau de coerência quântica que seja 'perfeito' para obter a máxima eficiência".[4]

No entanto, boas vibrações moleculares não se limitam apenas à variedade branca do ruído. Hoje se acredita que o ruído "colorido", gerado por um conjunto limitado de vibrações da própria molécula de clorofila ou mesmo das proteínas circundantes, tenha papel importante no controle da decoerência. Se imaginarmos o ruído branco térmico como uma versão molecular da estática de um rádio malsintonizado, as boas vibrações do ruído colorido serão parecidas com um ritmo simples como o "bop bop" dos Beach Boys em sua canção "Good Vibrations". Mas não se esqueça de que o excíton também se comporta como onda para gerar aqueles batimentos quânticos coerentes encontrados pelo grupo de Graham Fleming. Dois artigos recentes, de 2012 e 2013, do grupo de Martin Plenio na Universidade de Ulm, na Alemanha, demonstraram que, se a oscilação do excíton e das proteínas circundantes – o ruído colorido – tiverem o mesmo ritmo, o excíton coerente, caso desafine com o ruído branco, pode ser reafinado pelas oscilações proteicas.[5] Na verdade, num artigo publicado em 2014 na revista *Nature*, Alexandra Olaya-Castro, da University College London, mostrou, num belo estudo teórico, que o excíton e as vibrações moleculares – o ruído colorido – compartilham um único quantum de energia de um modo que simplesmente não pode ser explicado sem recorrer à mecânica quântica.[6]

Para apreciar inteiramente a contribuição dos dois tipos de ruído molecular para o transporte de excítons, vamos retornar mais uma vez à metáfora musical e imaginar que o fotossistema seja uma orquestra, os vários instrumentos representem as moléculas de pigmento e o excíton seja uma música. Imaginemos que a música comece com um solo de violino, que representa a molécula de pigmento que captura o fóton e converte sua energia num excíton que vibra. Então, a música do excíton é tocada pelos outros instrumentos de corda, depois pelos de sopro e, finalmente, chega à percussão, cujo ritmo representa o centro de reação. Imaginemos, além disso, que essa música toca num teatro lotado cuja plateia fornecerá o ruído branco da abertura de pacotes de salgadinhos, cadeiras empurradas, tosse, espirros. O maestro será o ruído colorido.

Imaginemos primeiro que chegamos numa noite muito agitada, com o público fazendo tamanho escarcéu que os músicos não conseguem se ouvir nem escutar os colegas. No burburinho, o primeiro violino começa a peça, mas os outros músicos não conseguem escutar e não continuam a música. Esse é o cenário Zeno quântico, no qual o excesso de ruído impede o transporte quântico. No entanto, em nível baixíssimo de ruído, como no teatro vazio, sem público, os músicos só se ouvem uns aos outros, e todos pegam a primeira melodia, como uma música que não sai da cabeça, e não param de tocá-la. É o caso oposto, com excesso de coerência quântica: o excíton não para de oscilar pelo sistema todo, mas não chega a nenhum lugar específico.

Na zona Cachinhos Dourados, com a quantidade certa de ruído de uma plateia com autocontrole, a perturbação é suficiente para tirar os músicos da repetição monótona e fazê-los tocar a partitura inteira, com toda a sua dinâmica. Alguns instrumentos ainda atravessam quando um espectador menos educado abre um saco de salgadinhos, mas, com um aceno da batuta, o maestro consegue fazê-lo voltar ao andamento e tocar a música da fotossíntese.

Reflexões sobre a força motriz da vida

No Capítulo 2, espiamos o interior da locomotiva e descobrimos que sua força motriz exigia a captura do movimento aleatório do mar de moléculas parecidas com bolas de bilhar para direcionar a turbulência molecular de modo a mover o pistão dentro do cilindro. Então perguntamos se a vida poderia ser inteiramente explicada pelo mesmo princípio termodinâmico de "ordem a partir da desordem" que impele os motores a vapor. A vida será apenas uma locomotiva complicada?

Muitos cientistas estão convencidos de que sim, mas de um modo sutil que exige certa elaboração. A teoria da complexidade estuda a tendência de certas formas de movimento caótico aleatório de gerarem ordem pelo fenômeno da *auto-organização*. Por exemplo, como já discutimos, as moléculas dentro dos líquidos se movem de maneira totalmente caótica, mas, quando se tira a tampa da banheira, a água flui espontaneamente pelo ralo em sentido ordeiro, horário ou anti-horário. Essa ordem macroscópica também se encontra nos padrões do fluxo de convecção numa panela de água no fogo, em furacões e tornados, na mancha vermelha de Júpiter e em muitos outros fenômenos naturais. A auto-organização também está envolvida em vários fenômenos biológicos, como o comportamento de pássaros, peixes ou insetos em revoadas e cardumes, o padrão das listras da zebra ou a complexa estrutura fractal de algumas folhas.

O mais extraordinário em todos esses sistemas é que a ordem macroscópica que vemos não se reflete no nível molecular. Quem tivesse um microscópio potentíssimo que revelasse as moléculas isoladas que fluem pelo ralo se surpreenderia ao ver que seu movimento é quase totalmente aleatório, com apenas um afastamento levíssimo da aleatoriedade no sentido horário ou anti-horário. Em nível molecular, só há o caos – mas o caos com um leve viés, capaz de gerar ordem em nível macroscópico: ordem a partir do caos, como se costuma intitular esse princípio.[7]

Conceitualmente, a ordem a partir do caos é bem parecida com a "ordem a partir da desordem" de Erwin Schrödinger, que, como já descrevemos, está por trás da força motriz das locomotivas a vapor. Mas, como descobrimos, a vida é diferente. Embora haja muito movimento molecular desordeiro dentro das células vivas, a verdadeira ação da vida é um movimento meticulosamente coreografado de partículas fundamentais dentro de enzimas, sistemas fotossintéticos, DNA etc. A vida tem a ordem embutida em nível microscópico; portanto, "ordem a partir do caos" não pode ser a única explicação das características fundamentais que a distinguem. A vida *não tem nada a ver* com um trem a vapor.

No entanto, pesquisas recentes indicam que a vida pode funcionar na linha de uma versão quântica da locomotiva a vapor.

O princípio do funcionamento dos motores a vapor foi delineado pela primeira vez no século XIX pelo francês Sadi Carnot. Ele era filho de Lazare Carnot, ministro da guerra de Napoleão, que conseguiu um posto no corpo de engenharia do exército de Luís XVI. Depois que o rei foi deposto, Lazare Carnot não fugiu do país, como muitos colegas aristocratas, e se uniu à revolução; como ministro da guerra, foi um dos principais responsáveis pela criação do exército revolucionário francês, que repeliu a invasão prussiana. Mas, além de brilhante estrategista militar, Lazare também era matemático, amante da música e da poesia (ele deu ao filho o nome do poeta persa medieval Saadi Shirazi) e engenheiro; ele escreveu um livro sobre como as máquinas transformam um tipo de energia em outro.

Sadi demonstrou um pouco do fervor revolucionário e nacionalista do pai e, quando estudante, em 1814, participou da defesa de Paris quando a cidade foi novamente sitiada pelos prussianos. Também demonstrou um pouco do talento do pai na engenharia e escreveu um livro notável intitulado *Reflexions sur la puissance motrice du feu* (Reflexões sobre a potência motriz do fogo), lançado em 1823, que costuma ser considerado o início da ciência da termodinâmica.

Sadi Carnot tirou inspiração do projeto dos motores a vapor. Ele acreditava que a França fora derrotada nas Guerras Napoleônicas por não dominar o poder do vapor para construir a indústria pesada, como fizera a Inglaterra. No entanto, embora o motor a vapor tivesse sido inventado e comercializado com sucesso na Inglaterra, seu projeto se devera principalmente a tentativas e erros e à intuição de engenheiros como o inventor escocês James Watt. O que lhe faltava era embasamento teórico. Carnot buscou corrigir essa situação descrevendo, em termos matemáticos, como qualquer máquina térmica, como as que movem trens a vapor, pode ser usada para executar trabalho num processo cíclico que até hoje se chama *ciclo de Carnot*.

O ciclo de Carnot descreve o modo como uma máquina térmica transfere energia de um lugar quente para outro frio e aproveita parte dessa energia para fazer trabalho útil antes de voltar ao estado inicial. Por exemplo, o motor a vapor transfere o calor da caldeira quente para o condensador, onde o vapor esfria, e no processo aproveita parte da energia térmica para realizar o trabalho de mover um pistão e, portanto, as rodas da locomotiva. A água resfriada retorna então à caldeira, pronta para ser reaquecida em outro ciclo de Carnot.

O princípio do ciclo de Carnot se aplica a todo tipo de motor que use calor para realizar algum trabalho, dos motores a vapor que promoveram a revolução industrial ao motor a gasolina que impele os automóveis ou à bomba elétrica que esfria a geladeira. Carnot mostrou que a eficiência de cada um deles – na verdade, "toda máquina térmica imaginável", como dizia – depende de alguns princípios fundamentais. Além disso, ele provou que a eficiência de qualquer máquina térmica clássica não pode exceder um máximo teórico, hoje chamado de *limite de Carnot*. Por exemplo, um motor elétrico que use 100 watts de potência elétrica para fornecer 25 watts de potência mecânica tem uma eficiência de 25%: ele perde 75% da energia sob a forma de calor. As máquinas térmicas clássicas não são muito eficientes.

Os princípios e as limitações das máquinas térmicas de Carnot são de uma amplidão extraordinária e podem se aplicar até a células fotoelétricas, como as usadas no telhado de alguns prédios para capturar energia luminosa e convertê-la em eletricidade. O mesmo se aplica às fotocélulas biológicas dos cloroplastos das folhas que descrevemos neste livro. Uma *máquina térmica quântica* como essa faz um serviço semelhante ao de uma máquina térmica clássica, mas com elétrons em vez de vapor e fótons de luz em vez de fonte de calor. Primeiro os elétrons absorvem fótons e são excitados até um nível energético mais alto. Então, eles podem ceder essa energia, quando necessário, para realizar trabalho químico útil. Essa ideia data do trabalho de Albert Einstein e, mais tarde, sustentaria os princípios do *laser*. O problema é que muitos elétrons perderão energia como calor desperdiçado antes de terem oportunidade de utilizá-la. Isso impõe um limite à eficiência dessa máquina térmica quântica.

Você deve se lembrar de que o centro de reação é o destino de todos aqueles excítons oscilantes nos complexos fotossintéticos. Até agora nos concentramos no processo de transmissão de energia; mas a verdadeira ação da fotossíntese acontece no centro de reação propriamente dito. Ali, a energia frágil dos excítons se converte na energia química estável da molécula transportadora de elétrons usada por plantas e micróbios para fazer muito trabalho útil, como construir mais plantas e micróbios.

O que acontece no centro de reação é tão extraordinário quanto a etapa do transporte do exíton, e ainda mais misterioso. Oxidação é o processo químico pelo qual os elétrons se movem entre os átomos. Em muitas oxidações, os elétrons pulam ativamente de um átomo (que se oxida) a outro. Mas em outras oxidações, como a queima de carvão, madeira ou qualquer combustível baseado em carbono, os elétrons que, a princípio, pertenciam a apenas um átomo acabam sendo compartilhados com outros átomos: uma perda líquida para o doador de elétrons (assim como dividir um chocolate envolve uma perda líquida de chocolate). Assim, quando se queima carvão no ar, os elétrons das órbitas externas do carbono acabam compartilhados com o oxigênio e formam as ligações moleculares do dióxido de carbono. Nessas reações de queima, os elétrons externos do carbono estão ligados de forma meio frouxa e são relativamente fáceis de compartilhar. Mas, no centro de reação fotossintética de uma planta ou um micróbio, usa-se energia para arrancar elétrons de moléculas de água, nas quais os elétrons ficam bem mais presos. Em essência, um par de moléculas de H_2O é dividido para produzir uma molécula de O_2, quatro íons de hidrogênio com carga positiva e quatro elétrons. Portanto, como as moléculas de água *perdem* seus elétrons, o centro de reação é o único lugar natural onde a água é oxidada.

Em 2011, o professor americano Marlan Scully, atualmente professor da Universidade A&M Texas e de Princeton, ao lado de seus colegas de várias universidades americanas, descreveu um modo inteligente de montar uma máquina térmica quântica hipotética que superasse o limite de eficiência de uma máquina térmica quântica padrão.[8] Para isso, usa-se o ruído molecular para obrigar um elétron a entrar em superposição de dois estados energéticos ao mesmo tempo. Quando absorver a energia do fóton e ficar "excitado", esse elétron permanecerá em superposição de dois estados energéticos (agora mais elevados) ao mesmo tempo. Assim, é possível reduzir a probabilidade de o elétron voltar ao estado original e perder a energia como calor desperdiçado, graças à coerência quântica de seus dois estados energéticos; é um exemplo parecido com o padrão de interferência produzido pela experiência da dupla fenda que descrevemos no Capítulo 4. Lá, algumas posições da tela do fundo que estão disponíveis para o átomo quando há apenas uma fenda aberta se tornam inacessíveis quando as duas fendas se abrem, por causa da interferência destrutiva. Aqui, a delicada colaboração entre ruído molecular e coerência quântica afina a máquina térmica quântica para reduzir o desperdício ineficiente de energia térmica e, desse modo, aumentar sua eficiência além do limite de Carnot quântico.

Mas essa regulagem delicada é possível no nível quântico? Seria preciso projetar, em escala subatômica, tanto a posição quanto a energia de cada elétron para obter exatamente a quantidade certa de interferência que aumentasse o fluxo de energia nas vias eficientes e eliminasse o fluxo nas vias em que há desperdício. Também seria preciso regular o ruído branco molecular circundante para que forçasse os elétrons atravessados a voltar ao ritmo; mas não com demasiado vigor, senão eles cairiam em ritmos diferentes e a coerência se perderia. Haverá algum lugar no universo onde se possa encontrar esse grau de ordem molecular tão bem-regulada que seja capaz de aproveitar delicados efeitos quânticos no mundo subatômico?

O artigo de Scully de 2011 era totalmente teórico. Até agora, ninguém construiu uma máquina térmica quântica capaz de colher o esperado bônus de energia que ultrapassa o limite de Carnot. Mas, em 2013, outro artigo da mesma equipe ressaltou um fato curioso relativo aos centros de reação fotossintética.[9] Todos eles são equipados não com uma única molécula de clorofila que consiga operar uma máquina térmica quântica simples, mas com um par de moléculas de clorofila chamado *par especial*.

Embora sejam idênticas, as moléculas de clorofila do par especial estão embutidas em ambientes diferentes do andaime proteico, o que as faz vibrar em frequências um pouquinho diferentes: elas estão levemente desafinadas. No artigo posterior, Scully e colegas destacaram que essa estrutura permite centros de reação fotossintética com a exata arquitetura molecular necessária para que funcionem como máquinas térmicas quânticas. Os pesquisadores mostraram que o par especial de clorofila parece afinado de modo a aproveitar a interferência quântica para inibir rotas ineficientes que desperdicem energia e, assim, fornecer energia à molécula aceptora com eficiência que excede, por uma margem de 18% a 27%, o limite descoberto por Carnot há quase duzentos anos. Pode não parecer muito, até nos lembrarmos da estimativa atual de que o consumo de energia do mundo crescerá cerca de 56% de 2010 a 2040; nesse caso, uma tecnologia capaz de aumentar a energia com margem comparável parece importantíssima.

Esse resultado extraordinário nos dá ainda outro exemplo notável de como os organismos vivos enraizados no mundo quântico parecem ter habilidades negadas às máquinas macroscópicas inanimadas. É claro que a coerência quântica é necessária para esse roteiro funcionar; mas, em outro resultado digno de manchetes publicado em julho de 2014, uma equipe de pesquisadores dos Países Baixos, da Suécia e da Rússia identificou batimentos quânticos em centros de reação II* de fotossistemas vegetais e afirmou que esses centros funcionam como "armadilhas luminosas com projeto quântico".[10] E lembre-se de que os centros de reação fotossintética evoluíram entre dois e três bilhões de anos atrás. Portanto, parece que, durante quase toda a história de nosso planeta, plantas e micróbios utilizaram máquinas térmicas com propulsão quântica – um processo tão complexo e inteligente que ainda não sabemos reproduzi-lo

---

* As plantas têm dois fotossistemas, I e II.

artificialmente – para bombear energia no carbono e, assim, criar toda a biomassa que formou micróbios, plantas, dinossauros e, naturalmente, nós. Na verdade, ainda estamos colhendo energia quântica antiga, na forma dos combustíveis fósseis que aquecem nosso lar, movem nossos carros e impulsionam quase toda a indústria de hoje. O possível benefício de aprender com a antiga tecnologia quântica natural é imenso para a moderna tecnologia humana.

Portanto, na fotossíntese, o ruído parece ser utilizado tanto para aumentar a eficiência do transporte de excítons até o centro de reação quanto para capturar aquela energia derivada do Sol assim que chega lá. Mas essa capacidade de transformar em virtude quântica um vício molecular, o ruído, não se limita à fotossíntese. Em 2013, o grupo de Nigel Scrutton na Universidade de Manchester, o mesmo que estudou o tunelamento de prótons em enzimas nas experiências que discutimos no Capítulo 3, substituiu os átomos regulares de uma enzima por isótopos mais pesados. A troca pelo isótopo teve o efeito de dar mais peso às molas moleculares da proteína, de modo que vibrassem – seu ruído colorido – em frequências diferentes. Os pesquisadores constataram que o tunelamento de prótons e a atividade da enzima foram perturbados na enzima mais pesada[11], indicando que no estado normal, com os isótopos naturais mais leves, as oscilações metronômicas de sua estrutura proteica contribuem para o tunelamento e a atividade enzimática. Resultado semelhante foi obtido com outras enzimas pelo grupo de Judith Klinman na Universidade da Califórnia.[12] Portanto, além de guiar a fotossíntese, parece que o ruído também está envolvido na promoção da ação enzimática. E lembre-se de que as enzimas são os motores da vida e fizeram cada molécula dentro de cada célula de cada criatura viva do planeta. As boas vibrações podem desempenhar um papel importantíssimo para nos manter vivos.

A vida no limite quântico de uma tempestade clássica

Num navio no mar: ruído tempestuoso
William Shakespeare, *A tempestade*,
Ato I, Cena 1, primeira instrução de cena

Alguma dessas ideias permite responder à pergunta feita por Schrödinger décadas atrás sobre a natureza da vida? Já aceitamos a bordo sua ideia de que a vida é um sistema dominado pela ordem que parte de organismos inteiros e organizadíssimos, passa pelo oceano termodinâmico tempestuoso e alcança o leito quântico lá no fundo (Figura 10.1). E, fundamentalmente, essa dinâmica da vida é equilibrada e posicionada delicadamente, de modo que os eventos em nível quântico conseguem fazer diferença no mundo macroscópico, como Pascual Jordan previu na década de 1930. Essa sensibilidade macroscópica ao terreno quântico é exclusiva da vida e lhe permite, potencialmente, aproveitar fenômenos de nível quântico, como tunelamento, coerência e emaranhamento, para provocar efeitos em nós todos.

Mas, e este "mas" é bem grande, esse aproveitamento do mundo quântico só ocorre se a decoerência for restringida. Caso contrário, o sistema perde o caráter quântico e se comporta de maneira totalmente clássica ou termodinâmica, recorrendo às regras da "ordem a partir da desordem". Os cientistas se defenderam da decoerência protegendo suas reações quânticas do "ruído" invasivo. Este capítulo revelou que a vida parece ter adotado uma estratégia bem diferente. Em vez de permitir que o ruído atrapalhe a coerência, a vida usa o ruído para manter sua ligação com o terreno quântico. No Capítulo 6, imaginamos a vida como um bloco de granito delicadamente pousado para torná-la suscetível a eventos em nível quântico. Por razões que ficarão claras daqui a pouco, faremos uma mudança metafórica e substituiremos nosso bloco de granito por um grande veleiro.

A princípio, nosso veleiro imaginário estará em seco, com a quilha estreita bem equilibrada numa única linha de átomos cuidadosamente alinhados. Nessa posição perigosa, nosso navio, como uma célula viva, é sensível a eventos de nível quântico que ocorram em sua quilha atômica. O tunelamento de um próton, a excitação de um elétron ou o emaranhamento de um átomo podem ter influência sobre o navio inteiro, talvez afetando seu delicado equilíbrio na doca seca. No entanto, imaginaremos também que seu comandante encontrou modos engenhosos e surpreendentes de aproveitar esses delicados fenômenos quânticos, como coerência, tunelamento, superposição e emaranhamento, para ajudar a controlar a embarcação quando se fizer ao mar.

Mas lembre-se de que ainda estamos em doca seca: por enquanto, esse navio não vai a lugar nenhum. E, embora em seu delicado estado de equilíbrio ele tenha o potencial de aproveitar fenômenos de nível quântico, a postura precária o deixa vulnerável até à mais leve brisa imaginável – e talvez ao toque de uma única molécula de ar –, que poderia derrubar a embarcação inteira. A abordagem do engenheiro para o problema de manter o navio em pé e, assim, reter sua sensibilidade aos eventos quânticos da quilha seria fechá-lo numa caixa protegida e tirar todo o ar para impedir que alguma molécula perdida o perturbasse feito bola de bilhar. O engenheiro também resfriaria todo o sistema até o zero quase absoluto, de modo que nem mesmo uma vibração molecular pudesse perturbar seu delicado equilíbrio. Mas comandantes habilidosos sabem que há outra maneira de manter um navio em pé: primeiro, é preciso lançá-lo nas turbulentas águas termodinâmicas.

Consideramos pressuposto que é mais fácil manter um navio em pé na água que na terra, mas, quando pensamos nisso em nível molecular, descobrimos que a razão do aumento de estabilidade não é imediatamente óbvia. Acabamos de dizer que a abordagem do engenheiro para manter em pé um navio de quilha estreita em doca seca seria proteger a embarcação de toda perturbação possível causada por átomos ou moléculas perdidos. Mas o mar não está cheio de átomos e moléculas perdidos que se acotovelam aleatoriamente e esbarram na quilha de qualquer navio daquele jeito de bola de bilhar que examinamos no Capítulo 2? Como é que o navio em equilíbrio precário pode ser derrubado por impactos minúsculos em terra, mas se mantém invulnerável a eles quando na água?

A resposta volta àquelas regras da "ordem a partir da desordem" descritas por Schrödinger. O navio realmente será bombardeado por trilhões de impactos moleculares a bombordo e a estibordo. É claro que, agora, ele não se equilibra mais na quilha finíssima e se mantém na superfície pela capacidade de flutuar na água; assim, com tantos impactos em ambos os lados do navio, a força média na proa e na popa ou a bombordo e estibordo será a mesma. Portanto, navios flutuantes não viram, porque são mantidos em pé por trilhões de bombardeios moleculares aleatórios: ordem (a orientação vertical do navio) a partir da desordem (trilhões de impactos aleatórios como os de bolas de bilhar).

Mas é claro que os navios viram, mesmo em alto-mar. Imagine que o capitão tenha lançado seu navio em mar tempestuoso, mas sem içar as velas ainda. As ondas que atingem a embarcação não são mais tão aleatórias, e, de um lado ou de outro, podem surgir grandes vagas capazes de virar facilmente um navio instável. Mas nosso esperto comandante sabe aumentar a estabilidade do navio: ele iça as velas para aproveitar o poder do vento e manter sua embarcação alinhada (Figura 10.2).

Mais uma vez, à primeira vista esse estratagema pode parecer contraditório. Seria esperado que ventos fortuitos e lufadas imprevisíveis atuassem para virar e não estabilizar um navio já instável, principalmente porque não serão aleatórios, mas tenderão a chegar com mais força por um dos lados do navio. Mas o comandante sabe ajustar o leme e o ângulo da vela para que a ação do vento e das correntes aja contra as lufadas e as ventanias e corrija qualquer inclinação para um lado ou outro. Dessa maneira, ele aproveita a tempestade circundante para manter seu navio estável.

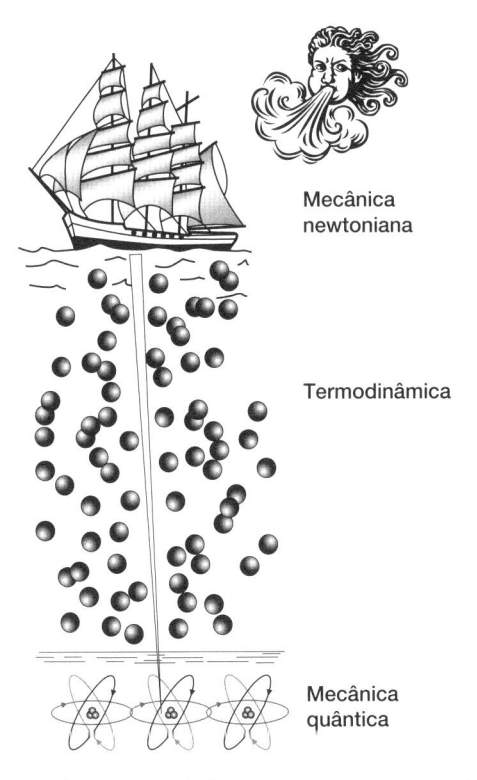

Figura 10.2 *A vida navega pelo limite entre os mundos quântico e clássico. A célula viva é como um navio cuja quilha estreita penetra até a camada quântica da realidade e, portanto, consegue capturar fenômenos como o tunelamento e o emaranhamento para se manter viva. Essa ligação com o terreno quântico tem de ser ativamente sustentada pelo aproveitamento pelas células vivas das tempestades termodinâmicas – o ruído molecular – para manter em vez de perturbar a coerência quântica.*

Parece que a vida é como esse navio metafórico que navega em águas clássicas tempestuosas com um comandante esperto a bordo: o programa genético, aprimorado durante quase quatro bilhões de anos de evolução, é capaz de navegar pelas várias profundidades dos mundos quântico e clássico. Em vez de se esconder das tempestades, a vida as abraça e aproveita as rajadas e as ventanias para encher as velas e manter o navio ereto, de modo que a quilha estreita penetre nas águas termodinâmicas e se ligue ao mundo quântico (Figura 10.2). As raízes profundas da vida lhe permitem aproveitar esses fenômenos esquisitos que rondam o limite quântico.

Isso nos daria uma nova ideia do que realmente é a vida? Bom, há mais uma especulação a fazer, e enfatizamos que é realmente uma especulação; mas, como já chegamos até aqui, não resistimos a fazê-la. Lembra-se da pergunta que fizemos no Capítulo 2 sobre a diferença entre os seres vivos e os sem vida, aquela diferença que os antigos descreviam como alma? Eles acreditavam que a morte era provocada pela partida da alma do corpo. A filosofia mecanicista de Descartes expulsou o vitalismo e descartou a alma, pelo menos das plantas e dos animais, mas a diferença entre vivos e mortos continuou misteriosa. Nosso novo entendimento da vida poderia substituir a alma por uma centelha vital quântica? Muitos vão considerar suspeita a mera proposta dessa pergunta, que força além da respeitabilidade os limites da ciência convencional rumo ao terreno da pseudociência e até de um certo tipo de espiritualidade. Não é o que propomos aqui. Em vez disso, queremos apresentar uma ideia que, esperamos, possa substituir especulações místicas e metafísicas por um grão, pelo menos, de teoria científica.

No Capítulo 2, comparamos a capacidade da vida de preservar seu estado organizadíssimo a uma geringonça parecida com uma mesa de bilhar que fosse capaz de manter um triângulo de bolas no centro da mesa, percebendo e substituindo quaisquer bolas que saíssem do lugar com as colisões de outras bolas, num sistema semelhante à termodinâmica. Agora que descobriu mais sobre o funcionamento da vida, você pode ver que essa autossustentabilidade é mantida pela maquinaria complexa de enzimas, pigmentos, DNA, RNA e outras biomoléculas, cujas propriedades – algumas, pelo menos – dependem de fenômenos mecânicos quânticos como tunelamento, coerência e emaranhamento.

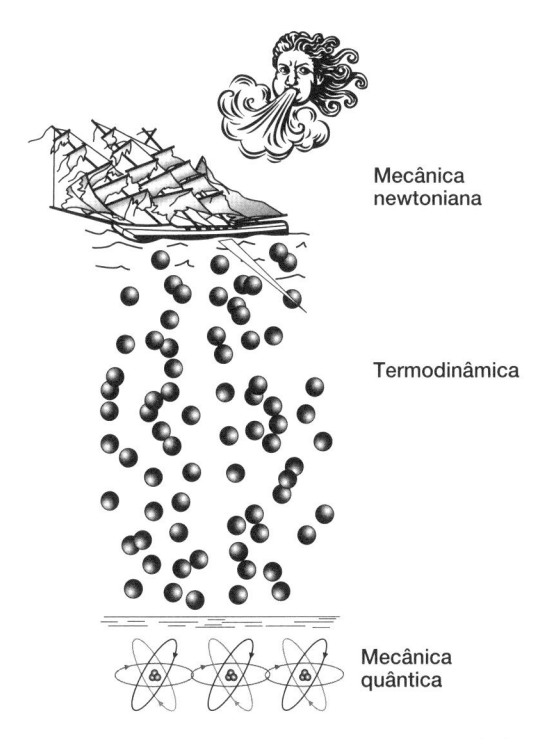

Figura 10.3 *Talvez a morte represente o corte da ligação do organismo vivo com o ordeiro mundo quântico, deixando-o impotente para resistir às forças aleatórias da termodinâmica.*

Os indícios recentes que examinamos neste capítulo mostram que algumas ou todas essas diversas atividades quanticamente implementadas, que imaginaríamos como as atividades que ocorrem no convés movimentado de nosso navio, são sustentadas pela extraordinária capacidade da vida de aproveitar tempestades e ventanias termodinâmicas para conservar sua ligação com o mundo quântico mais profundo. Mas o que aconteceria se a tempestade termodinâmica fosse forte demais e, metaforicamente, quebrasse o mastro do navio? Sem capacidade de aproveitar as rajadas e as ventanias termodinâmicas – os ruídos branco e colorido – para manter-se aprumada, a célula sem velas será golpeada pelas ondas e pelas vagas de seu interior, fazendo nosso navio metafórico arfar, adernar e acabar perdendo a ligação com o ordeiro mundo quântico (Figura 10.3). Sem essa conexão, a coerência, o emaranhamento, o tunelamento e a superposição não influenciam mais seu comportamento macroscópico, e a célula desconectada afundará nas águas termodinamicamente turbulentas e se tornará um objeto inteiramente clássico. Depois de naufragar, nenhuma tempestade trará o navio à tona; e talvez, depois que o organismo vivo for capturado pelo oceano tempestuoso do movimento celular, nenhuma tempestade consiga restaurar sua conexão quântica.

Podemos aproveitar a biologia quântica para criar uma nova tecnologia viva?

As tempestades talvez não consigam trazer à tona o barco afundado, mas os seres humanos conseguem. A engenhosidade humana consegue realizar bem mais que as forças aleatórias. Como discutimos no Capítulo 9, a probabilidade de um tornado soprar impensadamente num depósito de lixo e montar um avião jumbo por puro acaso é absurdamente pequena. Mas os engenheiros aeronáuticos conseguem construir aviões. Podemos também montar vida? Como ressaltamos em várias ocasiões neste livro, até agora ninguém conseguiu criar vida a partir de substâncias químicas inertes, o que, de acordo com a famosa frase de Richard Feynman, significa que ainda não compreendemos direito o fenômeno da vida. Mas talvez nossa recente compreensão da biologia quântica possa nos dar meios para criar vida nova e até construir uma forma revolucionária de *tecnologia viva.*

É claro que a tecnologia viva já é conhecida. Dependemos completamente dela sob a forma de agricultura para obter alimento. Também recorremos aos produtos da tecnologia viva, como pão, queijo, cerveja e vinho, transformados a partir de farinha, leite, cereais e suco de fruta com leveduras e bactérias. Do mesmo modo, nosso mundo moderno se beneficia da colheita de produtos não vivos de células que já viveram, como as enzimas que Mary Schweitzer usou para decompor o osso de dinossauro. Enzimas semelhantes são usadas para decompor fibras naturais e fazer tecido para roupas ou acrescentadas a detergentes biológicos para lavar essas mesmas roupas. Os setores multimilionários da biotecnologia e da farmacologia produzem centenas de produtos naturais, como os antibióticos que nos protegem de infecções. O setor energético aproveita a capacidade dos micróbios de transformar o excesso de biomassa em biocombustíveis, e muitos materiais que sustentam a vida moderna, como madeira e papel, já foram vivos, assim como os combustíveis fósseis que aquecem nossa casa e abastecem nossos carros. Portanto, mesmo no século XXI, dependemos de forma extraordinária de nossa tecnologia viva de milênios atrás. Se você ainda tem alguma dúvida, tente ler *A estrada*, de Cormac McCarthy, um romance distópico que descreve o mundo inóspito que nos restaria se, desculdados, destruíssemos nossa tecnologia viva.

Mas a tecnologia viva existente tem suas limitações. Por exemplo, embora, como já descobrimos, alguns passos do processo de fotossíntese sejam extremamente eficientes, a maioria deles não é, e a eficiência energética geral da conversão de energia solar em energia química que podemos obter na agricultura é baixíssima. A razão é que plantas e micróbios têm objetivos diferentes dos nossos e executam tarefas ineficientes como fazer flores e sementes, que não são necessárias para capturar energia, mas essenciais para sua sobrevivência. Do mesmo modo, os micróbios que produzem antibióticos, enzimas ou produtos farmacêuticos o fazem com muito desperdício, pois suas prioridades, aperfeiçoadas pela evolução, os levam a fazer muita coisa desnecessária, como novas células de micróbios.

Podemos criar vida que obedeça a nossos propósitos? É claro que sim, e já nos beneficiamos imensamente da transformação pela humanidade de plantas e animais selvagens na tecnologia viva de culturas e rebanhos domesticados, otimizados para a exploração humana. Mas o processo de seleção artificial que nos deu plantas com sementes maiores ou animais dóceis adequados à criação, embora muito bem-sucedido, tem suas limitações. Não podemos selecionar o que a natureza ainda não inventou. Por exemplo, todo ano se gastam bilhões de dólares em fertilizantes para recuperar o nitrogênio do solo perdido com a agricultura intensiva. Leguminosas como as ervilhas não precisam de fertilizantes de nitrogênio porque abrigam nas raízes bactérias que capturam o gás diretamente do ar. A agricultura poderia ser muito mais eficiente se conseguíssemos criar cereais leguminosos que fixassem seu próprio nitrogênio, como as ervilhas. Mas essa capacidade não evoluiu em nenhum cereal.

No entanto, até essa limitação pode ser em parte superada. A manipulação genética de plantas, micróbios e até animais (engenharia genética) decolou no final do século XX. Hoje, boa parte da safra das principais culturas, como a soja, vem de plantas geneticamente modificadas que resistem a doenças ou herbicidas, e há esforços em andamento para, por exemplo, inserir genes de captura de nitrogênio em cepas de cereais. Do mesmo modo, o setor de biotecnologia recorre bastante a micróbios geneticamente modificados para produzir antibióticos e outros produtos farmacêuticos.

Mesmo assim, mais uma vez há limitações. A engenharia genética praticamente só passa genes de uma espécie a outra. Por exemplo, o pé de arroz produz vitamina A (betacaroteno) nas folhas, mas não na semente, e ela praticamente não existe nesse cereal que alimenta boa parte do mundo em desenvolvimento. A vitamina A é essencial para a visão e o sistema imunológico, e sua deficiência nas regiões mais pobres do mundo que dependem do arroz leva milhões de crianças a morrerem de infecções ou ficarem cegas todo ano. Na década de 1990, Peter Beyer, da Universidade de Freiberg, e Ingo Potrykus, do Instituto Federal Suíço de Tecnologia, em Zurique, inseriram no genoma do arroz dois genes necessários para formar vitamina A, um de narciso, o outro de um micróbio, para criar um tipo de arroz com alto nível de vitamina A na semente. Agora, o *arroz dourado*, assim chamado por Beyer em virtude da cor amarela dos grãos, pode fornecer quase toda a dose diária de vitamina A de que as crianças necessitam. No entanto, embora seja uma tecnologia muito bem-sucedida, na verdade a engenharia genética é apenas brincar com a vida. A nova ciência da *biologia sintética* visa a fazer uma tecnologia viva verdadeiramente revolucionária com o projeto de formas de vida inteiramente novas.

Há duas abordagens complementares da biologia sintética. Já encontramos a abordagem de cima para baixo no decorrer da discussão de como Craig Venter, o pioneiro do sequenciamento do genoma, construiu a chamada "vida sintética" ao substituir o genoma de uma bactéria chamada micoplasma por uma versão quimicamente sintetizada do mesmo genoma. Essa troca de genoma da bactéria permitiu à equipe fazer modificações relativamente pequenas no genoma inteiro. No entanto, o ser ainda era um micoplasma: eles não introduziram nenhuma mudança radical na biologia da bactéria. Nos próximos anos, a equipe de Venter planeja inserir mudanças mais radicais, que serão feitas passo a passo, nessa abordagem de cima para baixo da biologia sintética. A equipe não fez vida nova; apenas modificou a vida existente.

A segunda abordagem é de baixo para cima e muito mais radical: em vez de modificar um organismo vivo existente, a biologia sintética de baixo para cima visa a projetar formas de vida completamente novas a partir de substâncias químicas inertes. Muitos considerariam essa iniciativa perigosa e até sacrílega. Será factível? Bom, organismos vivos como nós são máquinas extremamente complicadas. E, como toda máquina, podem ser desmontados para descobrirmos os princípios do projeto; esses princípios podem ser aproveitados para construir máquinas ainda melhores.

Construir vida de baixo para cima

Os entusiastas da vida sintética de baixo para cima sonham em fazer formas de vida totalmente novas que possam transformar nosso mundo. Por exemplo, os arquitetos de hoje estão justificadamente preocupados com a noção de sustentabilidade: casas, escritórios, fábricas e cidades sustentáveis. No entanto, embora prédios e cidades modernos costumem ser descritos como autossustentáveis, em geral eles recorrem ao esforço e à habilidade de seres realmente autossustentáveis, nós, para mantê-los em forma: quando as telhas são arrancadas por uma tempestade, contrata-se um operário para subir e substituí-las; quando os canos vazam, chama-se o encanador; quando o carro enguiça, chama-se o reboque para levá-lo ao mecânico. Em essência, toda essa manutenção manual é necessária para reparar danos causados a nossos lares e máquinas por todo aquele acotovelamento das moléculas-bolas-de-bilhar causado pelo vento, pela chuva e por outros ataques ambientais.

A vida é diferente: nosso corpo é capaz de se manter continuamente e renova, substitui e conserta tecidos danificados ou desgastados. Enquanto estamos vivos, somos mesmo autossustentáveis. A arquitetura moderna tentou imitar algumas características da vida em muitos prédios autorais recentes. Por exemplo, a torre "Gherkin" ("maxixe"), de Norman Foster, acrescentada aos céus de Londres em 2003, tem um revestimento hexagonal inspirado na esponja-cesto-de-vênus, que distribui com eficiência as tensões da edificação. O Centro Eastgate, em Harare, no Zimbábue, projetado pelo arquiteto Mick Pearce, imita o sistema de ar-condicionado dos ninhos de cupins para obter ventilação e resfriamento. Rachel Armstrong, codiretora do grupo de pesquisa arquitetônica AVATAR, da Universidade de Greenwich, tem uma ideia ousada: edificações verdadeiramente autossustentáveis, a suprema arquitetura biométrica. Ao lado de vários outros arquitetos visionários, ela sonha em construir edificações de células vivas artificiais que tenham a capacidade de se sustentar, de se consertar e até de se reproduzir.[13] Quando danificadas por vento, chuva ou inundações, essas edificações, como organismos vivos, sentirão a lesão e a repararão sozinhas, exatamente como um corpo vivo.

As ideias de Rachel Armstrong podem ser ampliadas para aprimorar outras características sintéticas da vida. Também seria possível usar material vivo para construir próteses, como articulações ou membros artificiais, capazes de, como os tecidos vivos, se autoconsertarem e se protegerem do ataque de micróbios. Formas de vida artificial poderiam até ser injetadas no corpo humano, por exemplo, para procurar e destruir células cancerosas. Medicamentos, combustíveis e alimentos poderiam ser feitos por formas de vida sintéticas especialmente projetadas sem o fardo da história evolutiva. Mais para o futuro, há o cenário de ficção científica com robôs vivos e androides que realizariam o trabalho braçal da sociedade ou até "terraformariam" Marte para que se tornasse habitável por colônias humanas ou construiriam espaçonaves vivas capazes de explorar a galáxia.

A ideia de criação de vida sintética de cima para baixo pode ser rastreada até o início do século XX, quando o biólogo francês Stéphane Ludec escreveu que, "assim como a química sintética começou com a formação artificial dos produtos orgânicos mais simples, a síntese biológica tem de se contentar, a princípio, com a fabricação de formas que lembrem os organismos inferiores."[14] Como discutimos no Capítulo 9, até os "organismos inferiores" que vivem hoje são, na verdade, bactérias extremamente complexas, formadas por milhares de partes que, atualmente, não podem ser sintetizadas de baixo para cima por nenhuma abordagem concebível. A vida deve ter partido de algo muito mais simples que uma bactéria. Hoje, os melhores palpites de qual seria nosso supremo ancestral são, como indicamos naquele capítulo, moléculas de RNA enzimático autorreprodutor (ribossomos) ou proteínas que se fecharam em algum tipo de vesícula pequena e formaram uma estrutura celular simples e autorreprodutora, a *protocélula*. A natureza das primeiras protocélulas, se é que realmente existiram, não é nada clara. Muitos cientistas acreditam que elas se abrigavam em poros microscópicos de rochas, como as rochas de Isua que encontramos no Capítulo 9, cheios de substâncias bioquímicas simples capazes de sustentar a vida. Outros acreditam que eram bolhas ou gotículas de substâncias bioquímicas ligadas por algum tipo de membrana que flutuavam no oceano primordial.

A maioria dos entusiastas da vida sintética de baixo para cima se inspira nas teorias de origem da vida e tenta construir suas próprias protocélulas vivas artificiais capazes de nadar num mar primordial em laboratório. Provavelmente, as mais simples são os vários tipos de gotículas ou vesículas de óleo em água ou água em óleo. Elas são fáceis de fazer; na verdade, você já fez milhões delas sempre que preparou um molho para salada. Todo mundo sabe que óleo e água não se combinam e, portanto, logo se separam; mas, quando se acrescenta uma substância cujas moléculas se encaixem entre a água e o óleo, um *surfactante* como a mostarda, e se bate bem a mistura, temos um molho para salada. Embora possa parecer liso e homogêneo, na realidade ele é cheio de trilhões de gotículas de óleo minúsculas e estáveis.

Martin Hanczyc, da Universidade do Sul da Dinamarca, fez protocélulas extremamente parecidas com a vida usando gotículas de óleo em água, estabilizadas por detergente. Suas protocélulas são simplíssimas, em geral construídas com apenas cinco substâncias químicas. Misturadas na proporção correta, elas se montam sozinhas em gotículas oleosas. O interior das gotículas sustenta uma química simples que faz a protocélula se deslocar pelo ambiente, impelida pela convecção (circulação de calor) e pelo mesmo tipo de força química que provoca a aglutinação de gotículas de óleo. Elas conseguem até passar por uma forma simples de crescimento e autorreprodução absorvendo matérias-primas do ambiente, o que acaba provocando sua divisão em duas.[15]

Quando comparadas às células vivas, as protocélulas de Hanczyc estão pelo avesso, pois têm o interior oleoso e a água do lado de fora. A maioria dos outros pesquisadores opta por fazer protocélulas com interior aquoso. Isso também lhes permite enchê-las de biomoléculas já prontas e solúveis em água. Por exemplo, em 2005 o geneticista Jack Szostak encheu protocélulas com ribozimas de RNA.[16] Lembre-se (Capítulo 9) de que as ribozimas são moléculas de RNA que codificam informações genéticas, exatamente como o DNA, mas também têm atividade enzimática. A equipe demonstrou que as protocélulas cheias de ribozimas eram capazes de uma forma simples de hereditariedade e, em essência, dividiam-se em duas, como a protocélula de Hanczyc. Em 2014, na Universidade Radboud, nos Países Baixos, uma equipe encabeçada por Sebastien Lecommandoux fez outro tipo de protocélula cujos múltiplos compartimentos estavam cheios de enzimas que, como as células vivas, conseguiam sustentar um metabolismo simples que passava em cascata de um compartimento a outro.[17]

Sem dúvida alguma, essas protocélulas dinâmicas e quimicamente ativas são construções fascinantes e impressionantes; mas serão vida? Para responder a essa pergunta, precisamos concordar com uma definição eficaz de vida. A mais óbvia, autorreprodução, é boa para muitos propósitos, mas exigente demais. A maioria das células de um corpo adulto, como as hemácias do sangue e os neurônios, não se reproduzem, mas, sem dúvida alguma, estão vivas. Até seres humanos inteiros, como os sacerdotes budistas e católicos, não dão muita importância (em geral) à atividade confusa da autorreprodução, mas permanecem bastante vivos. Portanto, embora seja obviamente necessária para a sobrevivência a longo prazo de qualquer espécie, a autorreprodução não é uma propriedade obrigatória da vida.

Uma propriedade que, para a vida, é muito mais fundamental que a autorreprodução é aquela que já discutimos e que os arquitetos biomiméticos se esforçam para emular: a autossustentabilidade. A vida é capaz de sustentar seu estado vivo. Portanto, o mínimo que exigiremos de nossas protocélulas feitas de baixo para cima para merecerem a classificação de vivas é serem capazes de se sustentar em mares termodinâmicos turbulentos.

Infelizmente, quando se usa essa definição mais limitada de vida, nenhuma protocélula da geração existente está viva. Mesmo as que conseguem realizar alguns truques, como uma forma simples de reprodução (dividem-se em duas), produzem filhas que não são exatamente iguais à mãe: têm menos componentes iniciais, como ribozimas ou enzimas, de modo que, conforme prossegue o processo de reprodução, esses componentes acabam se esgotando. Do mesmo modo, embora sejam capazes de sustentar um mecanismo parecido com o de um organismo vivo simples, protocélulas como as do grupo de Lecommandoux precisam estar cheias de biomoléculas ativas das quais não podem se reabastecer. A geração atual de protocélulas lembra os relógios de corda: conseguem manter seu estado químico inicial, sustentado por enzimas e substratos pré-fabricados, até que a corda acabe. Portanto, a surra contínua que recebem do movimento molecular circundante desgasta a organização dessas protocélulas, e elas se tornam cada vez mais caóticas e aleatórias até finalmente não haver mais diferença entre elas e o ambiente. Ao contrário da vida, as protocélulas artificiais são incapazes de dar corda em si mesmas.

Será que falta algum ingrediente? É claro que o campo ainda é muito jovem, e é provável que grandes passos sejam dados nas próximas décadas. A ideia que queremos examinar nesta última seção de nosso livro é que a mecânica quântica poderia ser a fagulha que falta para animar a vida artificial e fazer dela vida de verdade. Além de lançar uma tecnologia revolucionária, um avanço desses talvez nos desse finalmente meios para responder àquela antiga pergunta que fizemos no Capítulo 2: o que é vida?

Nós e outros argumentamos que a descrição termodinâmica da vida é inadequada, porque não incorpora a capacidade da vida de aproveitar o terreno quântico. Acreditamos que a vida depende da mecânica quântica. Mas estaremos certos? Como já discutimos, com a tecnologia que temos hoje é difícil provar, porque não se pode ligar e desligar a mecânica quântica numa célula viva. No entanto, prevemos que a vida, seja ela natural, seja artificial, é impossível sem as características estranhas do mundo quântico que discutimos neste livro. A única maneira de descobrir se estamos certos é criar vida sintética com e (se possível) sem a esquisitice quântica e ver qual delas funciona melhor.

O lançamento da protocélula quântica primordial

Imaginemos a construção de uma célula viva a partir de matéria-prima totalmente inanimada, capaz talvez de realizar tarefas simples como encontrar alimento dentro de um tipo de mar primordial mantido em laboratório. Nossa meta será construir um aparelho desses de duas maneiras. Uma buscará aproveitar as características estranhas da mecânica quântica, e a chamaremos de *protocélula quântica*. A outra, não, e será a *protocélula clássica*.

Um bom ponto de partida para ambas as versões seriam as protocélulas fechadas em membranas e com muitos compartimentos de Sebastien Lecommandoux, cujas diversas seções nos permitem separar as funções distintas da vida em compartimentos individuais. Em seguida, precisamos dar a nosso navio-protocélula uma fonte de energia: usemos aquela fonte abundante de fótons com muita energia, a luz do Sol. Poremos num dos compartimentos uma floresta de moléculas de pigmento e um arcabouço de proteínas, formando um tipo de painel solar capaz de capturar fótons e converter sua energia em excítons, como um cloroplasto artificial. No entanto, é improvável que moléculas de pigmento amontoadas realizem o eficientíssimo transporte de energia característico da fotossíntese, porque a bagunça molecular será incapaz de manter a coerência quântica necessária para esse transporte eficiente. Para capturar o batimento quântico, precisamos orientar as moléculas de pigmento para que a onda coerente possa fluir pelo sistema.

Em 2013, um grupo da Universidade de Chicago encabeçado por Greg Engel, pioneiro da fotossíntese quântica, abordou esse problema unindo quimicamente as moléculas de pigmento num alinhamento fixo. Assim como o complexo de algas FMO no qual Engel encontrou coerência quântica (Capítulo 4), seu sistema artificial de pigmentos exibiu batimentos quânticos coerentes que continuaram durante dezenas de fentossegundos, mesmo em temperatura ambiente.[18] Portanto, para dar ao painel solar de nossa protocélula quântica excítons impelidos pela coerência, vamos enchê-la com uma floresta de moléculas de pigmento unidas de Engel. A fotocélula clássica conterá os mesmos pigmentos, que serão alinhados aleatoriamente para que o excíton tenha de encontrar o caminho pelo sistema. Portanto, poderemos testar se a coerência quântica é essencial ou dispensável para o transporte de excítons na fotossíntese.

No entanto, como descobrimos, capturar a luz é apenas o primeiro passo do trabalho da fotossíntese; em seguida, precisamos transformar a energia instável do excíton numa forma química estável. Novamente, já houve algum progresso. Ao demonstrar, no artigo de 2013, que o centro de reação fotossintética parece ser um motor térmico quântico, o grupo de Scully argumentou que os motores térmicos quânticos poderiam inspirar o projeto de protocélulas mais eficientes.[19] Naquele mesmo ano, uma equipe da Universidade de Cambridge confiou no que diziam e produziu planos detalhados de uma protocélula artificial que funcionaria como uma máquina térmica quântica.[20] O grupo modelou um centro de reação artificial com base nas moléculas de pigmento unidas no laboratório de Engel e mostrou que ele seria capaz de fornecer um elétron energizado a uma molécula receptora com eficiência melhorada além do limite de Carnot, semelhante ao que o grupo de Scully encontrara na fotossíntese natural.

Portanto, imaginemos nossa célula solar quântica acoplada a um centro de reação artificial inspirado no modelo da equipe de Cambridge que seja capaz de capturar elétrons energizados como energia química estável. Mais uma vez, projetaremos um sistema rival para nossa protocélula clássica para tentar um processo semelhante de transferência de energia, mas sem a eficiência quântica que ultrapassa o limite de Carnot. Depois de capturada, a energia luminosa pode ser usada para montar biomoléculas complexas, como as moléculas de pigmento da célula.

No entanto, assim como os elétrons, as reações biossintéticas precisam de energia adicional que, em nossas células, é fornecida pela respiração celular (Capítulo 3). Vamos nos inspirar na respiração e desviar alguns elétrons com muita energia, fornecidos pela fotossíntese, para o compartimento da "usina elétrica", onde tunelarão de uma enzima a outra, como nas cadeias respiratórias naturais, para formar o ATP, o transportador de energia molecular da célula.

Mais uma vez, nossa meta será montar o compartimento respiratório e examinar o papel da mecânica quântica nesse processo biológico vital.

Com uma fonte de elétrons e energia, agora nossa protocélula quântica está equipada para fazer suas próprias substâncias bioquímicas, mas ela precisa de uma fonte de matéria-prima – o alimento. Portanto lhe daremos uma fonte alimentar, um açúcar simples: glicose dissolvida no mar primordial de nosso laboratório. Teremos de instalar transportadores de açúcar movidos a ATP para bombear a glicose para dentro da célula, junto com outro conjunto de enzimas capaz de manipular seus átomos – engenharia em nível quântico – para construir mais biomoléculas complexas. Normalmente, muitas dessas enzimas utilizam o tunelamento de elétrons e prótons, como discutimos no Capítulo 3, mas nossa meta será projetar versões que funcionem com e sem a capacidade de mergulhar no mundo quântico para descobrir se a mecânica quântica realmente é um lubrificante essencial desses motores da vida.

Outra característica que gostaríamos de incluir em nossa protocélula com sustentação quântica é a capacidade de aproveitar a tempestade de ruído molecular para manter a coerência quântica. Atualmente, sabemos pouquíssimo sobre o modo como a vida consegue esse truque para termos confiança em seu projeto. Muitos fatores podem estar envolvidos: por exemplo, sabe-se que o ambiente molecular lotadíssimo das células vivas modifica muitas reações bioquímicas[21], e restringir o impacto aleatório do ruído talvez ajude. Portanto, encheremos as protocélulas com muitas biomoléculas para simular aquele ambiente vivo apinhado, na esperança de que isso ajude a aproveitar as rajadas e as ventanias termodinâmicas para manter a coerência quântica.

Mas nossa protocélula quântica continua a ser uma embarcação muito carente, já que todas as suas enzimas têm de ser postas a bordo com antecedência. Para torná-la autossuficiente, temos de lhe fornecer outro compartimento, a sala de controle, com um genoma baseado em DNA artificial capaz de codificar tudo o que for necessário, além da maquinaria necessária para transformar em proteínas seu código quântico de prótons. Isso se parece com a abordagem de cima para baixo utilizada por Craig Venter, só que nosso genoma será injetado numa protocélula *não viva*. Por último, podemos até dotar nossa protocélula de um sistema de navegação, talvez um nariz molecular que lhe permita localizar alimentos usando o princípio do emaranhamento quântico do receptor olfatório, que examinamos no Capítulo 5, e um motor molecular para se deslocar pelo mar primordial. Podemos até equipá-la com um sistema de navegação quântico como o de nosso pisco-de-peito-ruivo, que a ajudaria a se orientar no oceano primordial do laboratório.

O que descrevemos mal passa de um capricho biológico, tão real quanto o Ariel de Shakespeare. Omitimos uma quantidade imensa de detalhes e, em nome da simplicidade e da inteligibilidade, não mencionamos os desafios colossais que seriam enfrentados por qualquer projeto de biologia sintética de baixo para cima. Mesmo que algum dia alguém tentasse executar um projeto desses, sem dúvida não instanciaria todos esses processos num único passo, como em nossa receita imaginária acima, e tentaria primeiro instalar o processo mais simples ou mais conhecido – talvez a fotossíntese – numa protocélula. É claro que, por si só, essa já seria uma grande realização, o modelo perfeito de sistema a ser usado para investigar o papel da coerência quântica na fotossíntese. Caso uma façanha dessas realmente se mostrasse possível, os passos seguintes seriam incluir componentes adicionais para implementar complexidade cada vez maior até, talvez, levar a uma célula viva verdadeiramente artificial. Mas prevemos que isso só será possível na rota quântica da vida: acreditamos que a vida simplesmente não funcionará sem estar ligada ao terreno quântico.

Se um projeto desses realmente se realizasse, finalmente seria possível fazer vida nova. Um avanço desses daria início a uma tecnologia viva realmente revolucionária: vida artificial capaz de navegar pelo limite dos mundos quântico e clássico. As células vivas artificiais seriam projetadas como tijolos de edificações vivas realmente sustentáveis; poderiam ser construídos microcirurgiões para consertar e substituir nossos tecidos lesionados e desgastados. As características fantásticas da biologia quântica que examinamos neste livro, da fotossíntese à ação das enzimas, dos narizes quânticos aos genomas quânticos, bússolas quânticas e talvez até cérebros quânticos, poderiam ser todas aproveitadas para, potencialmente, construir um admirável mundo novo de organismos vivos sintéticos quânticos que libertassem seus parentes naturais da trabalheira de satisfazer à maioria das necessidades da humanidade.

Mas talvez seja ainda mais importante que a capacidade de fazer vida nova a partir do nada daria finalmente à biologia uma resposta para a famosa frase de Feynman de que "o que não sei fazer, não consigo entender". Se um projeto desses fosse mesmo bem-sucedido, conseguiríamos finalmente afirmar que entendemos a vida e sua capacidade extraordinária de aproveitar as forças do caos para navegar naquele limite estreito entre os mundos clássico e quântico.

Obscureci o sol do meio-dia, chamei os ventos revoltados,
E entre o mar verde e a abóbada azul-celeste
suscitei atroadora guerra: ao trovão temido e retumbante...
William Shakespeare, *A tempestade*, Ato V, Cena 1

Epílogo: vida quântica

A fêmea de pisco-de-peito-ruivo que encontramos no Capítulo 1 passou o inverno ao sol mediterrâneo e agora saltita entre os bosques escassos e as antigas pedras de Cartago, na Tunísia, engordando com moscas, besouros, minhocas e sementes, todos compostos de biomassa criada com ar e luz pelas máquinas fotossintéticas quânticas que chamamos de plantas e micróbios. Mas agora o sol sobe alto no céu do meio-dia, e o calor feroz secou os riachos rasos que serpenteiam pelo bosque. A floresta está ficando ressequida e inóspita para nosso passarinho europeu. É hora de se mudar.

O dia termina, e a avezinha voa para se empoleirar num galho no alto de um cedro. Cuidadosamente ela se arruma, como fez muitos meses antes, enquanto escuta o chamado de outros piscos que, do mesmo modo, sentiram a ânsia aviária de se preparar para um longo voo. Quando os últimos raios do sol mergulham no horizonte, o pisco volta o bico para o norte, abre as asas e se lança no céu noturno.

A fêmea de pisco-de-peito-ruivo voa rumo ao litoral do norte da África e continua a atravessar o Mediterrâneo, seguindo, no sentido contrário, praticamente a mesma rota que percorreu seis meses antes, guiada, mais uma vez, pela bússola das aves com sua agulha em emaranhamento quântico. Cada batimento das asas é movido pela contração de fibras musculares cuja energia foi fornecida pelo tunelamento quântico de elétrons e prótons através de enzimas respiratórias. Depois de muitas horas, ela chega à costa da Espanha e pousa no vale arborizado de um rio da Andaluzia, onde descansa cercada por vegetação abundante, com salgueiros, bordos, olmos e amieiros, árvores frutíferas e arbustos floridos como a espirradeira, toda ela produto da fotossíntese quântica. As moléculas odorantes entram por suas passagens nasais, prendem-se a moléculas receptoras de odor e provocam eventos de tunelamento quântico que enviam ao cérebro sinais nervosos, por canais iônicos em coerência quântica, que revelam que há flores cítricas por perto, cuidadas por abelhas deliciosas e outros insetos polinizadores que lhe darão sustento adicional para a próxima etapa da viagem.

Depois de muitos dias de voo, a fêmea de pisco finalmente encontra o caminho da floresta escandinava de abetos da qual partiu muitos meses antes. Seu primeiro serviço é encontrar um parceiro. Os piscos machos chegaram vários dias antes, e a maioria encontrou lugares adequados para ninhos, que anunciam às fêmeas com seu canto. Nossa fêmea de pisco se sente atraída por um pássaro especialmente afinado e, como parte do ritual de acasalamento, aceita várias larvas deliciosas recolhidas pelo macho. Depois de um rápido coito, o esperma do macho se une ao óvulo da fêmea, e as informações genéticas quânticas que codificam forma, estrutura, bioquímica, fisiologia, anatomia e até a canção de cada casal de aves são copiadas quase sem falhas numa nova geração de piscos. Os poucos erros do tunelamento quântico serão matéria-prima para a futura evolução da espécie.

É claro que, como enfatizamos em capítulos anteriores, ainda não podemos ter certeza de que todas as características que acabamos de descrever sejam próprias da mecânica quântica. Mas não há dúvida de que boa parte do que é ou foi maravilhoso e exclusivo em piscos, peixes-palhaços, bactérias que sobrevivem sob o gelo antártico, dinossauros que percorreram as florestas jurássicas, borboletas-monarcas, moscas-das-frutas, plantas e micróbios deriva do fato de que, como nós, todos estão enraizados no mundo quântico. Resta muito a descobrir; mas a beleza de qualquer nova área de pesquisa é o total desconhecido. Como disse Isaac Newton:

> *Não sei como pareço ao mundo, mas a mim pareço ter sido apenas um menino brincando à beira-mar e me divertindo de vez em quando ao achar um seixo mais liso ou uma concha mais bonita do que de costume, enquanto o grande oceano da verdade jaz oculto diante de mim.*

Notas

Capítulo 1: Introdução

1   P. W. Atkins, "Magnetic field effects", *Chemistry in Britain*, vol. 12 (1976), p. 214.

2   S. Emlen, W. Wiltschko, N. Demong e R. Wiltschko, "Magnetic direction finding: evidence for its use in migratory indigo buntings", *Science* , vol. 193 (1976), p. 505-8.

Capítulo 2: O que é vida?

1   S. Harris, "Chemical potential: turning carbon dioxide into fuel", *The Engineer*, 9 de agosto de 2012, http://www.theengineer.co.uk/energy-and-environment/in-depth/chemical-potential-turning-carbon-dioxide-into-fuel/1013459.article#ixzz2upriFA00.

2   *Die Naturwissenschaften*, vol. 20 (1932), p. 815-21.

3   Pascual Jordan, 1938, citado em P. Galison, M. Gordin e D. Kaiser, org., *Quantum Mechanics: Science and Society* (Londres: Routledge, 2002), p. 346.

4   H. C. Longuet-Higgins, "Quantum mechanics and biology", *Biophysical Journal*, vol. 2 (1962), p. 207-15.

5   M. P. Murphy e L. A. J. O'Neil, Org., *What is Life? The Next Fifty Years: Speculations on the Future of Biology* (Cambridge: Cambridge University Press, 1995).

Capítulo 3: Os motores da vida

1 R. P. Feynman, R. B. Leighton e M. L. Sands, *The Feynman Lectures on Physics* (Reading, Massachusetts: Addison-Wesley, 1964), vol. 1, p. 3-6.

2 M. H. Schweitzer, Z. Suo, R. Avci, J. M. Asara, M. A. Allen, F. T. Arce e J. R. Horner, "Analyses of soft tissue from Tyrannosaurus rex suggest the presence of protein", *Science*, vol. 316:5.822 (2007), p. 277-80.

3 J. Gross, "How tadpoles lose their tails: path to discovery of the first matrix metalloproteinase", *Matrix Biology*, vol. 23:1 (2004), p. 3-13.

4 G. E. Lienhard, "Enzymatic catalysis and transition-state theory", *Science*, vol. 180:4.082 (1973), p. 149-54.

5 C. Tallant, A. Marrero e F. X. Gomis-Ruth, "Matrix metalloproteinases: fold and function of their catalytic domains", *Biochimica et Biophysica Acta (Molecular Cell Research)*, vol. 1.803:1 (2010), p. 20-8.

6 A. J. Kirby, "The potential of catalytic antibodies", *Acta Chemica Scandinavica*, vol. 50:3 (1996), p. 203-10.

7 Don DeVault e Britton Chance, "Studies of photosynthesis using a pulsed laser: I. Temperature dependence of cytochrome oxidation rate in chromatium. Evidence for tunneling", *BioPhysics*, vol. 6 (1966), p. 825.

8 J. J. Hopfield, "Electron transfer between biological molecules by thermally activated tunneling", *Proceedings of the National Academy of Sciences*, vol. 71 (1974), p. 3.640-4.

9 Yuan Cha, Christopher J. Murray e Judith Klinman, "Hydrogen tunnelling in enzyme reactions", *Science*, vol. 243:3.896 (1989), p. 1.325-30.

10 L. Masgrau, J. Basran, P. Hothi, M. J. Sutcliffe e N. S. Scrutton, "Hydrogen tunneling in quinoproteins", *Archives of Biochemistry and Biophysics*, vol. 428:1 (2004), p. 41-51; L. Masgrau, A. Roujeinikova, L. O. Johannissen, P. Hothi, J. Basran, K. E. Ranaghan, A. J. Mulholland, M. J. Sutcliffe, N. S. Scrutton e D. Leys, "Atomic description of an enzyme reaction dominated by proton tunneling", *Science*, vol. 312:5.771 (2006), p. 237-41.

11 David R. Glowacki, Jeremy N. Harvey e Adrian J. Mulholland, "Taking Ockham's razor to enzyme dynamics and catalysis", *Nature Chemistry*, vol. 4 (2012), p. 169-76.

Capítulo 4: O batimento quântico

1   Da série da BBC TV *Fun to Imagine 2: Fire* (1983), disponível no YouTube: http://www.youtube.com/watch?v=ITpDrdtGAmo.

2   Entrevista à CBC News, disponível em: http://www.cbc.ca/news/technology/quantum-weirdness-used-by-plants-animals-1.912061.

3   G. S. Engel, T. R. Calhoun, E. L. Read, T-K. Ahn, T. Mančal, Y-C. Cheng, R. E. Blankenship e G. R. Fleming, "Evidence for wavelike energy transfer through quantum coherence in photosynthetic systems", *Nature*, vol. 446 (2007), p. 782-6.

4   I. P. Mercer, Y. C. El-Taha, N. Kajumba, J. P. Marangos, J. W. G. Tisch, M. Gabrielsen, R. J. Cogdell, E. Springate e E. Turcu, "Instantaneous mapping of coherently coupled electronic transitions and energy transfers in a photosynthetic complex using angle-resolved coherent optical wave-mixing", *Physical Review Letters*, vol. 102:5 (2009), p. 057402.

5   E. Collini, C. Y. Wong, K. E. Wilk, P. M. Curmi, P. Brumer e G. D. Scholes, "Coherently wired light-harvesting in photosynthetic marine algae at ambient temperature", *Nature*, vol. 463:7.281 (2010), p. 644-7.

6   G. Panitchayangkoon, D. Hayes, K. A. Fransted, J. R. Caram, E. Harel, J. Wen, R. E. Blankenship e G. S. Engel, "Long-lived quantum coherence in photosynthetic complexes at physiological temperature", *Proceedings of the National Academy of Sciences*, vol. 107:29 (2010), p. 12.766-70.

7   T. R. Calhoun, N. S. Ginsberg, G. S. Schlau-Cohen, Y. C. Cheng, M. Ballottari, R. Bassi e G. R. Fleming, "Quantum coherence enabled determination of the energy landscape in light-harvesting complex II", *Journal of Physical Chemistry B*, vol. 113:51 (2009), p. 16.291-5.

Capítulo 5: Procurando a casa de Nemo

1   Êxodo, 30, 34-5.

2   Citado em A. Le Guerer, *Scent: The Mysterious and Essential Power of Smell* (Nova York: Kodadsha America Inc., 1994), p. 12.

3   R. Eisner, "Richard Axel: one of the nobility in science", *P&S Columbia University College of Physicians and Surgeons*, vol. 25:1 (2005).

4   C. S. Sell, "On the unpredictability of odor", *Angewandte Chemie*, International Edition (inglês), 45:38 (2006), p. 6.254-61.

5 K. Mori e G. M. Shepherd, "Emerging principles of molecular signal pro-
   cessing by mitral/tufted cells in the olfactory bulb", *Seminars in Cell Biology*,
   vol. 5:1 (1994), p. 65-74.

6 L. Turin, *The Secret of Scent: Adventures in Perfume and the Science of Smell*
   (Londres: Faber & Faber, 2006), p. 4.

7 L. Turin, "A spectroscopic mechanism for primary olfactory reception",
   Chemical Senses, vol. 21:6 (1996), p. 773-91.

8 Turin, *The Secret of Scent*, p. 176.

9 C. Burr, *The Emperor of Scent: A True Story of Perfume and Obsession* (Nova
   York: Random House, 2003).

10 A. Keller e L. B. Vosshall, "A psychophysical test of the vibration theory of
    olfaction", *Nature Neuroscience*, vol. 7:4 (2004), p. 337-8.

11 M. I. Franco, L. Turin, A. Mershin e E. M. Skoulakis, "Molecular vibration-sensing
    component in Drosophila melanogaster olfaction", *Proceedings of the National
    Academy of Science*, vol. 108:9 (2011), p. 3.797-802.

12 J. C. Brookes, F. Hartoutsiou, A. P. Horsfield e A. M. Stoneham, "Could humans
    recognize odor by phonon assisted tunneling?", *Physical Review Letters*, vol. 98:3
    (2007), p. 038101.

Capítulo 6: A borboleta, a mosca-das-frutas e o pisco quântico

1 F. A. Urquhart, "Found at last: the monarch's winter home", *National Geographic*,
   agosto de 1976.

2 R. Stanewsky, M. Kaneko, P. Emery, B. Beretta, K. Wager-Smith, S. A. Kay, M.
   Rosbash e J. C. Hall, "The cryb mutation identifies cryptochrome as a circadian
   photoreceptor in *Drosophila*", *Cell*, vol. 95:5 (1998), p. 681-92.

3 H. Zhu, I. Sauman, Q. Yuan, A. Casselman, M. Emery-Le, P. Emery e S.
   M. Reppert, "Cryptochromes define a novel circadian clock mechanism in
   monarch butterflies that may underlie sun compass navigation", *PLOS Biology*,
   vol. 6:1 (2008), e4.

4 D. M. Reppert, R. J. Gegear e C. Merlin, "Navigational mechanisms of migrating
   monarch butterflies", *Trends in Neurosciences*, vol. 33:9 (2010), p. 399-406.

5 P. A. Guerra, R. J. Gegear e S. M. Reppert, "A magnetic compass aids monarch
   butterfly migration", *Nature Communications*, vol. 5:4.164 (2014), p. 1-8.

6　A. T. von Middendorf, *Die Isepiptesen Russlands Grundlagen zur Erforschung der Zugzeiten und Zugrichtungen der Vögel Russlands* (São Petersburgo, 1853).

7　H. L. Yeagley e F. C. Whitmore, "A preliminary study of a physical basis of bird navigation", *Journal of Applied Physics*, vol. 18:1.035 (1947).

8　M. M. Walker, C. E. Diebel, C. V. Haugh, P. M. Pankhurst, J. C. Montgomery e C. R. Green, "Structure and function of the vertebrate magnetic sense", *Nature*, vol. 390:6.658 (1997), p. 371-6.

9　M. Hanzlik, C. Heunemann, E. Holtkamp-Rotzler, M. Winklhofer, N. Petersen e G. Fleissner, "Superparamagnetic magnetite in the upper beak tissue of homing pigeons", *Biometals*, vol. 13:4 (2000), p. 325-31.

10　C. V. Mora, M. Davison, J. M. Wild e M. M. Walker, "Magnetoreception and its trigeminal mediation in the homing pigeon", *Nature*, vol. 432 (2004), p. 508-11.

11　C. Treiber, M. Salzer, J. Riegler, N. Edelman, C. Sugar, M. Breuss, P. Pichler, H. Cadiou, M. Saunders, M. Lythgoe, J. Shaw e D. A. Keays, "Clusters of iron-rich cells in the upper beak of pigeons are macrophages not magneto-sensitive neurons", *Nature*, vol. 484 (2012), p. 367-70.

12　S. T. Emlen, W. Wiltschko, N. J. Demong, R. Wiltschko e S. Bergman, "Magnetic direction finding: evidence for its use in migratory indigo buntings", *Science*, vol. 193:4.252 (1976), p. 505-8.

13　L. Pollack, "That nest of wires we call the imagination: a history of some key scientists behind the bird compass sense", maio de 2012, p. 5: http://www.ks.uiuc.edu/History/magnetoreception.

14　Ibid., p. 6.

15　K. Schulten, H. Staerk, A. Weller, H-J. Werner e B. Nickel, "Magnetic field dependence of the geminate recombination of radical ion pairs in polar solvents", *Zeitschrift für Physikale Chemie*, n.s., vol. 101 (1976), p. 371-90.

16　Pollack, "That nest of wires we call the imagination", p. 11.

17　K. Schulten, C. E. Swenberg e A. Weller, "A biomagnetic sensory mechanism based on magnetic field modulated coherent electron spin motion", *Zeitschrift für Physikale Chemie*, n.s., vol. 111 (1978), p. 1-5.

18　De P. Hore, "The quantum robin", *Navigation News*, outubro de 2011.

19　N. Lambert, "Quantum biology", *Nature Physics*, vol. 9:10 (2013), e referências no artigo.

20 M. J. M. Leask, "A physicochemical mechanism for magnetic field detection by migratory birds and homing pigeons", *Nature*, vol. 267 (1977), p. 144-5.

21 T. Ritz, S. Adem e K. Schulten, "A model for photoreceptor-based magneto-reception in birds", *Biophysical Journal*, vol. 78:2 (2000), p. 707-18.

22 M. Liedvogel, K. Maeda, K. Henbest, E. Schleicher, T. Simon, C. R. Timmel, P. J. Hore e H. Mouritsen, "Chemical magnetoreception: bird cryptochrome 1a is excited by blue light and forms long-lived radical-pairs", *PLOS One*, vol. 2:10 (2007), e1106.

23 C. Nießner, S. Denzau, K. Stapput, M. Ahmad, L. Peichl, W. Wiltschko e R. Wiltschko, "Magnetoreception: activated cryptochrome 1a concurs with magnetic orientation in birds", *Journal of the Royal Society Interface*, vol. 10:88 (6 nov. 2013), 20130638.

24 T. Ritz, P. Thalau, J. B. Phillips, R. Wiltschko e W. Wiltschko, "Resonance effects indicate a radical-pair mechanism for avian magnetic compass", *Nature*, vol. 429 (2004), p. 177-80.

25 S. Engels, N-L. Schneider, N. Lefeldt, C. M. Hein, M. Zapka, A. Michalik, D. Elbers, A. Kittel, P. J. Hore e H. Mouritsen, "Anthropogenic electromagnetic noise disrupts magnetic compass orientation in a migratory bird", *Nature*, vol. 509 (2014), p. 353-6.

26 E. M. Gauger, E. Rieper, J. J. Morton, S. C. Benjamin e V. Vedral, "Sustained quantum coherence and entanglement in the avian compass", *Physical Review Letters*, vol. 106:4 (2011), 040503.

27 M. Ahmad, P. Galland, T. Ritz, R. Wiltschko e W. Wiltschko, "Magnetic intensity affects cryptochrome-dependent responses in *Arabidopsis thaliana*", *Planta*, vol. 225:3 (2007), p. 615-24.

28 M. Vacha, T. Puzova e M. Kvicalova, "Radio frequency magnetic fields disrupt magnetoreception in American cockroach", *Journal of Experimental Biology*, vol. 212:21 (2009), p. 3.473-7.

Capítulo 7: Genes quânticos

1 Y. M. Shtarkman, Z. A. Kocer, R. Edgar, R. S. Veerapaneni, T. D'Elia, P. F. Morris e S. O. Rogers, "Subglacial Lake Vostok (Antarctica) accretion ice contains a diverse set of sequences from aquatic, marine and sediment-inhabiting bacteria and eukarya", *PLOS One*, vol. 8:7 (2013), e67221.

2   J. D. Watson e F. H. C. Crick, "Molecular structure of nucleic acids: a structure for deoxyribose nucleic acid", *Nature*, vol. 171 (1953), p. 737-8.

3   C. Darwin, *On the Origin of Species*, cap. 4.

4   J. D. Watson e F. H. C. Crick, "Genetic implications of the structure of deoxyribonucleic acid", *Nature*, vol. 171 (1953), p. 964-9.

5   W. Wang, H. W. Hellinga e L. S. Beese, "Structural evidence for the rare tautomer hypothesis of spontaneous mutagenesis", *Proceedings of the National Academy of Sciences*, vol. 108:43 (2011), p. 17.644-8.

6   A. Datta e S. Jinks-Robertson, "Association of increased spontaneous mutation rates with high levels of transcription in yeast", *Science*, vol. 268:5.217 (1995), p. 1.616-19.

7   J. Bachl, C. Carlson, V. Gray-Schopfer, M. Dessing e C. Olsson, "Increased transcription levels induce higher mutation rates in a hypermutating cell line", *Journal of Immunology*, vol. 166:8 (2001), p. 5.051-7.

8   P. Cui, F. Ding, Q. Lin, L. Zhang, A. Li, Z. Zhang, S. Hu e J. Yu, "Distinct contributions of replication and transcription to mutation rate variation of human genomes", *Genomics, Proteomics and Bioinformatics*, vol. 10:1 (2012), p. 4-10.

9   J. Cairns, J. Overbaugh e S. Millar, "The origin of mutants", *Nature*, vol. 335 (1988), p. 142-5.

10 John Cairns sobre Jim Watson, Cold Spring Harbor Oral History Collection. Entrevista disponível em: http://library.cshl.edu/oralhistory/ interview/james--d-watson/meeting-jim-watson/watson/.

11 J. Gribbin, *In Search of Schrödinger's Cat* (Londres: Wildwood House, 1984; reimp. Black Swan, 2012).

12 J. McFadden e J. Al-Khalili, "A quantum mechanical model of adaptive mutation", *Biosystems*, vol. 50:3 (1999), p. 203-11.

13 J. McFadden, *Quantum Evolution* (Londres: HarperCollins, 2000).

14 Há uma revisão crítica aqui: http://arxiv.org/abs/quant-ph/0101019; e nossa resposta encontra-se aqui: http://arxiv.org/abs/quant-ph/0110083.

15 H. Hendrickson, E. S. Slechta, U. Bergthorsson, D. I. Andersson e J. R. Roth, "Amplification-mutagenesis: evidence that 'directed' adaptive mutation and general hypermutability result from growth with a selected gene amplification", *Proceedings of the National Academy of Sciences*, vol. 99:4 (2002), p. 2.164-9.

16 Por exemplo J. D. Stumpf, A. R. Poteete e P. L. Foster, "Amplification of *lac* cannot account for adaptive mutation to Lac + in *Escherichia coli*", *Journal of Bacteriology*, vol. 189:6 (2007), p. 2.291-9.

17 Por exemplo E. S. Kryachko, "The origin of spontaneous point mutations in DNA via Löwdin mechanism of proton tunneling in DNA base pairs: cure with covalent base pairing", *International Journal Of Quantum Chemistry*, vol. 90:2 (2002), p. 910-23; Zhen Min Zhao, Qi Ren Zhang, Chun Yuan Gao e Yi Zhong Zhuo, "Motion of the hydrogen bond proton in cytosine and the transition between its normal and imino states", *Physics Letters A*, vol. 359:1 (2006), p. 10-13.

Capítulo 8: Mente

1 Entrevista ao *Los Angeles Times*, 14 de fevereiro de 1995.

2 J-M. Chauvet, E. Brunel-Deschamps, C. Hillaire e J. Clottes, *Dawn of Art. The Chauvet Cave: The Oldest Known Paintings in the World* (Nova York: Harry N. Abrams, 1996).

3 Citado em J. Hadamard, *Essay on the Psychology of Invention in the Mathematical Field* (Princeton: Princeton University Press, 1945). No entanto, de acordo com Daniel Dennett em "Memes and the exploitation of imagination", *Journal of Aesthetics and Art Criticism*, vol. 48 (1990), p. 127-35 (disponível em http://ase.tufts.edu/cogstud/dennett/papers/memeimag.htm#5), esse trecho muito citado provavelmente não é de Mozart, e sua origem é incerta. Mesmo assim, decidimos mantê-lo, porque o autor, seja quem for, conseguiu descrever muito bem um fenômeno conhecido, mas extraordinário.

4 J. McFadden, "The CEMI field theory gestalt information and the meaning of meaning", *Journal of Consciousness Studies*, vol. 20:3-4 (2013), p. 152-82.

5 Chauvet et al., *Dawn of Art*.

6 M. Kinsbourne, "Integrated cortical field model of consciousness", em *Experimental and Theoretical Studies of Consciousness*, CIBA Foundation Symposium n. 174 (Chichester: Wiley, 2008).

7 K. Saeedi, S. Simmons, J. Z. Salvail, P. Dluhy, H. Riemann, N. V. Abrosimov, P. Becker, H.-J. Pohl, J. J. L. Morton e M. L. W. Thewalt, "Room-temperature quantum bit storage exceeding 29 minutes using ionized donors in silicon-28", *Science*, vol. 342:6.160 (2013), p. 830-3.

8 D. Hofstadter, *Gödel, Escher, Bach: An Eternal Golden Braid* (Nova York: Basic Books, 1999; 1. ed. 1979).

9 R. Penrose, *Shadows of the Mind: A Search for the Missing Science of Consciousness* (Oxford: Oxford University Press, 1994).

10 S. Hameroff, "Quantum computation in brain microtubules? The Penrose--Hameroff 'Orch OR' model of consciousness", *Philosophical Transactions of the Royal Society Series A*, vol. 356:1.743 (1998), p. 1.869-95; S. Hameroff e R. Penrose, "Consciousness in the universe: a review of the 'Orch OR' theory", *Physics of Life Reviews*, vol. 11 (2014), p. 39-78.

11 M. Tegmark, "Importance of quantum decoherence in brain processes", *Physical Review E*, vol. 61 (2000), p. 4.194-206.

12 Ver por exemplo A. Litt, C. Eliasmith, F. W. Kroon, S. Weinstein e P. Thagard, "Is the brain a quantum computer?", *Cognitive Science*, vol. 30:3 (2006), p. 593-603.

13 G. Bernroider e J. Summhammer, "Can quantum entanglement between ion transition states effect action potential initiation?", *Cognitive Computation*, vol. 4 (2012), p. 29-37.

14 McFadden, *Quantum Evolution*; J. McFadden, "Synchronous firing and its influence on the brain's electromagnetic field: evidence for an electromagnetic theory of consciousness", *Journal of Consciousness Studies*, vol. 9 (2002), p. 23-50; S. Pockett, *The Nature of Consciousness: A Hypothesis* (Lincoln, Nebraska: Writers Club Press, 2000); E. R. John, "A field theory of consciousness", *Consciousness and Cognition*, vol. 10:2 (2001), p. 184-213; J. McFadden, "The CEMI field theory closing the loop", *Journal of Consciousness Studies*, vol. 20:1-2 (2013), p. 153-68.

15 McFadden, "The CEMI field theory gestalt information and the meaning of meaning".

16 C. A. Anastassiou, R. Perin, H. Markram e C. Koch, "Ephaptic coupling of cortical neurons", *Nature Neuroscience*, vol. 14:2 (2011), p. 217-23; F. Frohlich e D. A. McCormick, "Endogenous electric fields may guide neocortical network activity", *Neuron*, vol. 67:1 (2010), p. 129-43.

17 McFadden, "The CEMI field theory closing the loop".

18 W. Singer, "Consciousness and the structure of neuronal representations", *Philosophical Transactions of the Royal Society B: Biological Sciences*, vol. 353:1.377 (1998), p. 1.829-40.

Capítulo 9: Como a vida começou

1 S. L. Miller, "A production of amino acids under possible primitive earth conditions", *Science*, vol. 117:3.046 (1953), p. 528-9.

2 G. Cairns-Smith, *Seven Clues to the Origin of Life: A Scientific Detective Story* (Cambridge: Cambridge University Press, 1985; nova ed. 1990).

3 McFadden, *Quantum Evolution*; J. McFadden e J. Al-Khalili, "Quantum coherence and the search for the first replicator", em D. Abbott, P. C. Davies e A. K. Patki, Org., *Quantum Aspects of Life* (Londres: Imperial College Press, 2008).

4 A. Patel, "Quantum algorithms and the genetic code", *Pramana Journal of Physics*, vol. 56 (2001), p. 367-81; disponível em http://arxiv.org/pdf/ quant-ph/ 0002037.pdf.

Capítulo 10: Biologia quântica: a vida no limite da tempestade

1 M. B. Plenio e S. F. Huelga, "Dephasing-assisted transport: quantum networks and biomolecules", *New Journal of Physics*, vol. 10 (2008), 113019; F. Caruso, A. W. Chin, A. Datta, S. F. Huelga e M. B. Plenio, "Highly efficient energy excitation transfer in light-harvesting complexes: the fundamental role of noise- -assisted transport", *Journal of Chemical Physics*, vol. 131 (2009), 105106-21.

2 M. Mohseni, P. Rebentrost, S. Lloyd e A. Aspuru-Guzik, "Environment-assisted quantum walks in photosynthetic energy transfer", *Journal of Chemical Physics*, vol. 129: 17 (2008), 174106.

3 B. Misra e G. Sudarshan, "The Zeno paradox in quantum theory", *Journal of Mathematical Physics*, vol. 18 (1977), p. 746: http://dx.doi.org/10.1063/1.523304.

4 S. Lloyd, M. Mohseni, A. Shabani e H. Rabitz, "The quantum Goldilocks effect: on the convergence of timescales in quantum transport", arXiv pré-imp., arXiv: 1111.4982, 2011.

5 A. W. Chin, S. F. Huelga e M. B. Plenio, "Coherence and decoherence in biological systems: principles of noise-assisted transport and the origin of long- -lived coherences", *Philosophical Transactions of the Royal Society A*, vol. 370 (2012), p. 3.658-71; A. W. Chin, J. Prior, R. Rosenbach, F. Caycedo-Soler, S. F. Huelga e M. B. Plenio, "The role of non-equilibrium vibrational structures in electronic coherence and recoherence in pigment-protein complexes", *Nature Physics*, vol. 9:2 (2013), p. 113-18.

6   E. J. O'Reilly e A. Olaya-Castro, "Non-classicality of molecular vibrations activating electronic dynamics at room temperature", *Nature Communications*, vol. 5 (2014), artigo n. 3012.

7   I. Stewart, *Does God Play Dice?: The New Mathematics of Chaos* (Harmondsworth: Penguin UK, 1997); S. Kauffman. *The Origins of Order: Self-Organization and Selection in Evolution* (Nova York: Oxford University Press, 1993); J. Gleick, *Chaos: Making a New Science* (Nova York: Random House, 1997).

8   M. O. Scully, K. R. Chapin, K. E. Dorfman, M. B. Kim e A. Svidzinsky, "Quantum heat engine power can be increased by noise-induced coherence", *Proceedings of the National Academy of Sciences*, vol. 108:37 (2011), p. 15.097-100.

9   K. E. Dorfman, D. V. Voronine, S. Mukamel e M. O. Scully, "Photosynthetic reaction center as a quantum heat engine", *Proceedings of the National Academy of Sciences*, vol. 110:8 (2013), p. 2.746-51.

10 M. Ferretti, V. I. Novoderezhkin, E. Romero, R. Augulis, A. Pandit, D. Zigmantas e R. Van Grondelle, "The nature of coherences in the B820 bacteriochlorophyll dimer revealed by two-dimensional electronic spectroscopy", *Physical Chemistry Chemical Physics*, vol. 16 (2014), p. 9.930-9.

11 C. R. Pudney, A. Guerriero, N. J. Baxter, L. O. Johannissen, J. P. Waltho, S. Hay e N. S. Scrutton, "Fast protein motions are coupled to enzyme H-transfer reactions", *Journal of the American Chemical Society*, vol. 135 (2013), p. 2.512-17.

12 J. P. Klinman e A. Kohen, "Hydrogen tunnelling links protein dynamics to enzyme catalysis", *Annual Review of Biochemistry*, vol. 82 (2013), p. 471-96.

13 R. Armstrong e N. Spiller, "Living quarters", *Nature*, vol. 467 (2010), p. 916-19.

14 S. Ludec, *The Mechanism of Life* (Londres: William Heinemann, 1914).

15 T. Toyota, N. Maru, M. M. Hanczyc, T. Ikegami e T. Sugawara, "Self-propelled oil droplets consuming 'fuel' surfactant", *Journal of the American Chemical Society*, vol. 131:14 (2009), p. 5.012-13.

16 I. A. Chen, K. Salehi-Ashtiani e J. W. Szostak, "RNA catalysis in model protocell vesicles", *Journal of the American Chemical Society*, vol. 127:38 (2005), p. 13.213-19.

17 R. J. Peters, M. Marguet, S. Marais, M. W. Fraaije, J. C. van Hest e S. Lecommandoux, "Cascade reactions in multicompartmentalized polymersomes". *Angewandte Chemie International Edition* (English), vol. 53:1 (2014), p. 146-50.

18 D. Hayes, G. B. Griffin e G. S. Engel, "Engineering coherence among excited states in synthetic heterodimer systems", *Science*, vol. 340:6.139 (2013), p. 1.431-4.

19 Dorfman et al., "Photosynthetic reaction center as a quantum heat engine".

20 C. Creatore, M. A. Parker, S. Emmott e A. W. Chin, "An efficient biologically--inspired photocell enhanced by quantum coherence", arXiv pré-imp., arXiv: 1307. 5093, 2013.

21 C. Tan, S. Saurabh, M. P. Bruchez, R. Schwartz e P. Leduc, "Molecular crowding shapes gene expression in synthetic cellular nanosystems", *Nature Nanotechnology*, vol. 8:8 (2013), p. 602-8; M. S. Cheung, D. Klimov e D. Thirumalai, "Molecular crowding enhances native state stability and refolding rates of globular proteins", *Proceedings of the National Academy of Sciences*, vol. 102:13 (2005), p. 4.753-8.

Índice remissivo

Números de página em *itálico* se referem a ilustrações.

bússola convencional, 238

bússola de inclinação, 18-9, 28, 214, 220

bússola de par de radicais, 239, 240

bússola quântica, 236-41

bússola química, 16, 217, 236, 238-9

bússola solar, 210, 212

cadeia causal, 294, 295, 301-2

cadeia respiratória, 113, 118, 121, 165, 354, 387

cães, 174-6

Cairns, John, 271-3, 274-5, 277-8

Cairns-Smith, Graham, 339

Calhoun, Tessa, 164

campo, termo, 319

campo magnético da Terra, *19*, 214-5, *220*; capacidade de perceber, *ver* magnetorrecepção; efeitos sobre reações químicas, 17, 232, 234, 239; mecanismo quântico na bússola das aves, 32-3, 213, 234, 237; orientação das aves, 16-9, 43-4, 215-6, 218-20, 234; orientação dos peixes, 217; papel do criptocromo na percepção, 214, 236-7

campo magnético oscilante, 238-40

canais iônicos: contração muscular, 297, 299-301; dependentes da voltagem, 299-300, *300*, 318, 319; quânticos, 316-22, 392

câncer, 251, 269

carbono, 164, 165-6

cardeal-azul, 221

Carnot, Sadi, 363-4, 368

Casteret, Norbert, 283

catálise, 93, 96-102, 107, 109, 130

caverna de Chauvet, 285-6, 290, 294, 296

caverna dos sonhos esquecidos, A (filme), 286

CCL2, 163

Cech, Thomas, 336

células, 54-6, 59-60

centro de reação: ação da fotossíntese, 365; aproveitamento do ruído molecular, 356-7, 369; artificial, 387; manutenção da coerência, 356-7; máquina térmica quântica, 368, 387; par especial de moléculas de clorofila, 367-8; rota até o, 158, 160-1, *162*, 348, 368; transferência de energia, 157-8, 164, 348, 355; unidade de manufatura molecular, 157

cérebro humano: bulbo olfatório, 179, 181; campo eletromagnético, 318-22; canais iônicos, 316-8; como computador quântico, 304, 311, 312-6; consciência, 44, 291, 294, 302-3, 313; reação a dados sensoriais, 291-3; rede neural, 302; sentido circadiano, 211; sinais nervosos, *296*

Chance, Britton, 116-7, 120-1, 123, 126

Charles, Jacques, 75

Chauvet, Jean-Marie, 283-5, 294, 322

cianobactéria, 334

ciclo de Carnot, 364

citoesqueleto, 154

GRÁFICA PAYM
Tel. [11] 4392-3344
paym@graficapaym.com.br